石油燃爆技术

廖红伟　张　志　王彦明　编著

U0236058

中国石化出版社

内 容 提 要

本书是编者在长期从事石油民用爆破器材产品设计开发与生产实践的基础上编写完成的，全面系统地介绍了石油民用爆破的应用领域、技术特征以及未来石油民用爆破的发展走势，内容涉及石油地震勘探用火工品、石油电火工品、无电缆射孔用起爆器、石油射孔用索类火工品、传爆元件与传爆接头、聚能射孔与石油射孔弹、石油复合射孔、高能气体压裂与油井增产、石油套管的燃爆处理、石油火工品常用药剂、石油火工品的检测检验、井下射孔作业工具等。

本书可作为从事该项技术研究与应用的石油科技人员、教学人员和石油大专院校学生参考书。

图书在版编目(CIP)数据

石油燃爆技术 / 廖红伟,张杰,王彦明编著.
—北京:中国石化出版社,2012.9
ISBN 978 - 7 - 5114 - 1780 - 0

Ⅰ.①石… Ⅱ.①廖… ②张… ③王… Ⅲ.①油气勘
探 - 爆破技术 Ⅳ.①P618.130.8②TB41

中国版本图书馆 CIP 数据核字(2012)第 224818 号

中国石化出版社出版发行
地址:北京市东城区安定门外大街 58 号
邮编:100011　电话:(010)84271850
读者服务部电话:(010)84289974
http://www. sinopec-press. com
E-mail:press@ sinopec. com
北京柏力行彩印有限公司印刷
全国各地新华书店经销
＊
787×1092 毫米 16 开本 14.75 印张 362 千字
2012 年 9 月第 1 版　2012 年 9 月第 1 次印刷
定价:45.00 元

前　　言

　　油、气田开发是一项复杂的系统工程，它涉及许多学科领域。从地震勘探、测井、射孔、完井、修井到压裂增产改造，使用了种类繁多的燃爆技术，这些燃爆技术对石油工业的发展起着极其重要的作用。当今石油民用燃爆已呈现出多元化、系列化、复合化、标准化、智能化以及网络化的发展态势。市场竞争促进了石油民用燃爆技术的快速发展与更新换代。

　　目前，石油民用燃爆是以射孔技术为核心，辅之以起爆、传爆、爆炸做功为依托。未来深穿透、大孔径、高孔密、多相位、无杵堵、低伤害、小碎屑、全通径、防出砂技术的市场需求，标志着成本低廉、使用方便、安全可靠、性能稳定的石油民用爆破技术从单一产品服务向系统服务领域转移。

　　本书是编者在长期从事石油民用爆破器材产品设计开发与生产实践的基础上编写完成的，全面系统地介绍了石油民用燃爆的应用领域、技术特征以及未来石油民用燃爆的发展走势。

　　全书共分12章，其中第1章、第2章、第11章、第12章由西安石油大学石油工程学院廖红伟编写，第4章由兵器工业部213研究所王彦明编写，其余各章由西安石油大学石油工程学院张杰编写。

　　本书在编写过程中查阅了大量的国内外专利文献，为确保该书的科学性及所列数据的有效性，在书后附有这些资料的出处，便于读者参考。

　　本书可作为从事该项技术研究与应用的石油科技人员、教学人员和石油大专院校学生参考资料。由于作者实践经验与认识能力有限，不足之处在所难免，恳请广大读者和同行批评指正。

目　　录

第1章　石油地震勘探及其火工品

1.1　石油地震勘探

地震勘探技术是20世纪发展起来的一种重要的石油勘探技术。地震勘探是通过在地面人工激发地震波，使用精密仪器记录反射和折射地震波（主要是反射地震波），利用计算机数字技术处理记录到的反射地震波，建立地下构造图像和预测地下岩石性质。解释人员利用地下的地质图像确定在哪里打井才可能找到石油。世界上许多著名油田都是通过地震方法找到的，如波斯湾油田、我国的大庆油田等。目前，地震勘探技术已经从二维发展到了三维，从单纯寻找地质构造发展到了地层预测和采油监测。地震勘探技术除了在石油勘探开发领域的应用外，还广泛应用于煤田勘探、水文勘探、地壳研究和工程勘测等领域，成为勘探和地质研究领域一种不可缺少的重要技术。

地震勘探是以岩石的弹塑性为基础，用炸药或非炸药震源，在沿被测点的不同位置用地震勘探仪检测大地振动的一种地球物理方法。勘探震源按激发方式可分为两类：一类为爆炸震源，如硝铵炸药、高能成型药柱、导爆索、电火花引爆气体等；一类为非爆炸震源，如撞击震源、气动震源等。

地震波的传播类似于光的传播，在不同介质中以不同速度传播，遇到物质界面，地震波会发生反射、透射和折射，当从界面反射回的地震波传播到地表，由安置在一定位置的地震检测仪进行检测，同时由计算机对检测信号进行处理，从而得到地震勘探的动态波形。图1.1描述的是石油地震勘探野外数据采集的模拟过程。

目前，在我国地震勘探中使用的震源大多是爆炸震源，爆炸震源的工作原理是：炸药在雷管的冲击作用下，发生剧烈爆炸，爆炸形成的高压气团急剧膨胀，在瞬间作用于周围物体，在爆炸中心，周围物体被破坏，形成破坏带，在破坏带以外，物体只产生形变，形成岩石振动带，此时冲击波转化成地震波。

地震脉冲的强弱与形状取决于激发源的规模、炸药的性质以及介质的性质；地震脉冲显示出了地震波的能量和勘探频率。

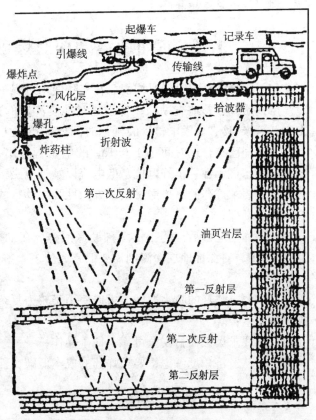

图1.1　地震勘探动态模拟过程

1

（1）地震波的能量　炸药量的大小影响地震波的强度和形状。实验表明，炸药量 M 与地震脉冲的振幅 A 有如下关系：

$$A = k_1 M^{k_2} \tag{1.1}$$

式中　A——振幅，m；

　k_1,k_2——试验系数；

　　M——炸药质量，kg。

当炸药量较小时，k_2 趋于1，地震脉冲振幅与炸药量成正比关系；炸药量大时，k_2 可减小至 0.5~0.1。这是因为炸药量很小时，对岩石的破坏作用很小，爆炸的大部分能量转化为地震波；而炸药量大时，一部分能量用于破坏周围的岩石，分配于地震波的能量比例减小。

（2）地震波的频率　实验表明，地震脉冲的主频 f 与炸药量 M 之间有如下关系：

$$\frac{1}{f} = R_1 M^{R_2} \tag{1.2}$$

式中　R_1，R_2——常数；

　　f——频率，Hz。

也就是说，大炸药量激发时产生的地震波频率低，视周期大，随着炸药量增大，会使脉冲的延续度增大，相位数目增加，但炸药量的改变对不同相位的振幅比影响较小。

爆速与频率的关系也相当密切，爆速越高，整个药包爆炸的时间就越短，地震脉冲窄；爆速越低，地震脉冲就要宽些。从傅立叶分析可以知道，一个脉冲波越窄，频率成份就越丰富，地震波主频就越高。

1.2　石油地震勘探对爆破器材的基本要求

（1）雷管的延迟时间要均衡。在实际使用过程中，电雷管延迟时间在 3~10ms 范围，这对浅层地质调查、地震勘探，特别是对地震波速的拾取带来一定的影响，少则几十米/秒，多则几百米/秒，如果电雷管的延迟时间能保持在 1~3ms 之间，其勘探分辨率可以大幅度提高。我国已有延迟时间小于 0.1ms 的电雷管应用于地震勘探，此外还要求雷管具有良好的密封性、抗水性、抗静电抗杂散电流以及抗电磁辐射能力；

（2）要求炸药的爆炸能量大，方向性强，其目的是使炸药爆炸后的能量主要用于地下矿产资源的勘探；

（3）炸药起爆后，能提供多种勘探频率。在勘探油气资源时，要求地震波的主频率在 25~100Hz，对深部地层探测则需要低频成分多一些，这样地震波可以传递到地下几十公里的深度；

（4）要求炸药的防水性好，可以使用于较为复杂的工作环境，并能有效减少半爆、拒爆现象的发生；

（5）要求爆破器材安全可靠，便于操作；

（6）从经济角度考虑，要求炸药的成本低廉，性能可靠。

1.2.1　地震勘探电雷管

在油气资源的勘探、开发、开采过程中，通过地震勘探电雷管起爆各种震源器材，可以产生地震波，绘出地质结构剖面，探明油藏以及其他矿产资源的分布情况。

（1）用途

用于起爆震源药柱和其他震源器材。

（2）主要性能

安全电流：0.1A 直流电流，历时 5min 产品不爆炸；

串联发火：串联 20 发，通以 3.5A 直流电流，产品应全部发火；

发火电流：3.5A，发火时间小于 1ms；

抗静电性能：电容 500pF，串联电阻 5kΩ，电压 25kV 对产品脚壳放电，不爆炸；

浸水性能：30m 水深，72h 不允许进水及瞎火；

铅板炸孔：铅板厚度 5mm，铅板炸孔不小于雷管外径；

电阻：见表 1.1。

表 1.1　地震勘探电雷管电阻

铜导线长/m	电阻/Ω	铜导线长/m	电阻/Ω	铜导线长/m	电阻/Ω	铜导线长/m	电阻/Ω
2	1.6~2.6	8	3.1~4.5	20	6.3~8.1	30	8.9~11.1
3	1.8~3.0	10	3.7~5.1	22	6.8~8.7		
5	2.4~3.6	15	5.0~6.7	25	7.6~9.6		

1.2.2　震源爆炸索

震源爆炸索（GB/T 12439—1990，图 1.2）主要用于地质、煤田、石油勘探作为地震震源，以及用于金属切割、爆炸压接、爆炸成型等。

主要性能：

颜色：表面呈红色；

直径：8.5mm ±0.2mm；

药芯炸药：太安；

装药密度：37g/m；

爆速：不小于 6500m/s；

防水性能：水深 0.5m，常温 12h，用 8 号工业电雷管起爆应爆轰完全；

使用温度范围：高温（50℃ ±3℃）、6h 外层涂料不熔化，爆轰完全；

　　　　　　　　低温（-40℃ ±3℃）、2h 爆轰完全；

包装方法：每卷 100m，每 2 卷装入一个塑料袋中，每一木箱装 2 袋。

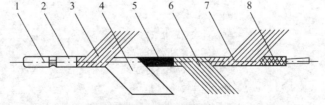

图 1.2　震源爆炸索

1—涂料；2—外层线；3—导火线纸；4—沥青；5—中层线；6—内层线；7—太安；8—芯线

1.2.3　震源药柱

震源药柱（GB 15563—2005）是通过炸药爆炸作为震源激发地震波的爆破器材。震源药

3

柱通常由壳体、炸药柱和传爆药柱组成。震源药柱按其装药的种类可分为：铵梯炸药震源药柱、胶质炸药震源药柱、乳化炸药震源药柱、其他震源药柱；按使用性能可分为：高密度震源药柱($\rho \geq 1.4\text{g/cm}^3$)、中密度震源药柱($\rho = 1.20 \sim 1.40\text{g/cm}^3$)、低密度震源药柱($\rho = 1.00 \sim 1.20\text{g/cm}^3$)、高威力震源药柱、高分辨率震源药柱、地面定向震源药柱等。

图1.3　高威力震源药柱实物照片

1.2.3.1　高威力震源药柱

高威力震源药柱适用于各种不同地质条件的石油地震勘探，主要应用于井下震源。

该类型震源药柱的结构与低密度震源药柱相同，塑料壳体内装填胶质硝化甘油炸药，胶质硝化甘油炸药先经压制成药柱，其后装进壳体内，并用带有雷管座的端盖将壳体密封。该产品具有装填密度大，爆炸威力大，抗水性强以及耐温性能好(可以在 -35℃ 条件下使用)等特点。图1.3提供了这类产品的实物照片；表1.2、表1.3分别列出了该产品的型号规格与主要性能参数。

表1.2　高威力震源药柱产品规格

代号(ZY - ϕ - W - W)	壳体外径/mm	壳体长度/mm	装药品种	装药量/kg
ZY - 35 - 0.1 - W	35	120	胶质炸药	0.1
ZY - 45 - 1 - W	45	568	胶质炸药	1
ZY - 65 - 1 - W	65	304	胶质炸药	1
ZY - 85 - 1 - W	85	224	胶质炸药	1
ZY - 65 - 2 - W	65	532	胶质炸药	2
ZY - 75 - 2 - W	75	246	胶质炸药	2
ZY - 85 - 2 - W	85	370	胶质炸药	2
ZY - 85 - 3 - W	85	517	胶质炸药	3

表1.3　高威力震源药柱主要性能参数

壳体材料	低压聚乙烯
装药密度	$\geq 1.40\text{g/cm}^3$
爆速	$\geq 5500\text{m/s}$
做功能力	$\geq 360\text{mL}$
连接力	$\geq 98\text{N}$
爆炸完全性	爆炸完全
爆轰连续性	$\geq 6\text{kg}$($\phi 65\text{mm}$ 以下)；$\geq 30\text{kg}$($\phi 75\text{mm}$、85mm)
抗水性能	0.294MPa、72h 爆炸完全
高低温爆炸完全性	+50℃、-35℃ 各存放8h，爆炸完全
抗跌落性能	6m 高硬土地面，自由落下不燃不爆
储存条件	避火、防潮、勿与雷管共存
储存年限	1 年

1.2.3.2　高抗水震源药柱

地震勘探中一般采用边钻井、边下震源药柱、边放炮的方式工作，但也有时候先钻井、先下震源药柱而后放炮，这中间拖延时间长达15个昼夜，在这段时间内震源药柱处于井下泥浆的包围之中，受到周围压力的作用，塑料壳体很容易发生变形，产生裂缝，导致塑料壳内进水，从而降低了炸药的发火感度，最终导致震源药柱产生拒爆现象。高抗水震源药柱就是在此背景下产生的，与其他震源药柱不同的是在装药表面涂覆了一层石蜡基的疏水材料，即使震源药柱在0.294MPa水压下存放15天也不会因为壳体破裂进水而导致震源药柱失效。该产品主要应用于水中、泥浆中放置时间较长情况下的石油地震勘探。图1.4(a)提供了该产品的实物照片；图1.4(b)显示的是该产品的解剖图；表1.4提供了该产品的性能参数及其产品规格。

图1.4(a) 高抗水震源药柱实物照片

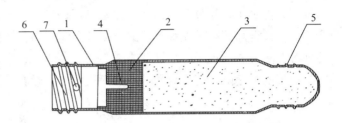

图1.4(b) 高抗水震源药解剖图

1—壳体；2—密封胶；3—炸药柱；4—起爆孔；
5—缩径接头；6—承接螺纹；7—起爆线穿孔

表1.4 高抗水震源药柱主要性能及其产品规格

主 要 性 能			
壳体材料	低压聚乙烯		
抗水性能	0.294MPa，360h，爆炸完全		
其他	同ZY－75－2－G		
产 品 规 格			
代号(ZY－φ－W－S)	壳体外径/mm	壳体长度/mm	装药品种	装药量/kg
ZY－60－2－S	60	620	塑态铵梯炸药	2
ZY－75－2－S	75	450	塑态铵梯炸药	2

1.2.3.3 高分辨率震源药柱

地震勘探的目的是为了查明被勘探区域地下地质构造，包括地层的层次、厚度、走向及地层之间相互作用产生的断裂、褶皱等。一般而言，对地层的分辨率越高越好，这样才能对地下矿产资源的分布情况进行细致了解，而影响分辨率高低的一个主要因素是震源药柱爆炸后的激发频率，影响激发频率的因素有爆炸震源装药的性质、药量大小、埋设深度、爆炸震源的组合状态等。实践证明，高爆速、小药量、深埋设、一定形式的有效组合对提高地层分辨率有积极的意义。

高分辨率震源药柱主要应用于井下震源，适宜各种地质条件，可提高地层分辨率。

主要性能

壳体材料：低压聚乙烯；爆速：不小于6500m/s；装药密度：不小于1.50g/cm³；其他性能：同抗水震源药柱。

表1.5是该产品的型号规格。

表 1.5　高分辨率震源药柱产品规格

代号(ZY-ϕ-W-F)	壳体外径/mm	装药品种	装药量/kg
ZY-60-2-F	60	TNT 及其混合物	2
ZY-70-2-F	70	TNT 及其混合物	2
ZY-70-3-F	70	TNT 及其混合物	3

1.2.4　震源弹用炸药组分及其作用分析

资料显示表明,震源弹用炸药大部分使用散装单质炸药,如 TNT、2#岩石炸药等,它们密度低,能量小,易吸湿,爆炸不完全,现场操作危险性大等。而新研制的震源弹多采用混合炸药,混合炸药除了克服上述缺点之外,还能满足对地质作用时间长、信噪比高、做功能力强等要求。

炸药的爆速随着药柱直径的增大而增大。一般有:

$$D_R = D_\infty - \frac{K}{R} \tag{1.3}$$

式中　D_R——药柱直径为 R 时的爆速,m/s;

D_∞——对应于无穷大直径药柱的爆速,m/s;

R——药柱直径,m;

K——常数。

对于各种炸药药柱,都存在一个最小直径,称为临界直径。例如,药柱密度为 $1.711g/cm^3$ 的 RDX/TNT(65/35)炸药在无外壳情况下的临界直径为 4mm,小于临界直径时,爆轰波不能定常传播,这是由于药柱爆轰时,侧向稀疏波(膨胀波)传入化学反应区的缘故。

对于单质高能炸药,随着装药密度的增加,其爆速也会相应提高。当装药密度为 $1.0g/cm^3$ 时,爆速随密度增加呈线性关系,而在接近炸药晶体密度时,其爆速趋于极限值。大量实验结果表明,在一定密度范围内,炸药装药密度与爆速存在以下关系:

$$D = D_{1.0} + M(\rho_0 - 1.0) \tag{1.4}$$

式中　D——装药密度为 ρ_0 时的爆速,m/s;

$D_{1.0}$——装药密度为 $1.0g/cm^3$ 时的爆速,m/s;

M——装药密度为 $1.0g/cm^3$ 时爆速的增加值,一般取 $3000 \sim 4000m/s$;

ρ_0——装药密度,g/cm^3。

震源弹用炸药向着混合型方向发展,例如,在炸药组分中加入 RDX、TNT 起敏化作用,由于 TNT 的熔化温度低(80.2℃),热塑工艺好,TNT 的加入提高了炸药爆轰感度和威力;在炸药中加入木粉,可调整炸药密度,它又是一种可燃剂,同时能降低炸药的冲击感度和摩擦感度;加入铝粉的目的是为了提高炸药的爆热,同时能确保炸药有足够的做功能力。

震源药柱用炸药也采用 TNT、RDX、或 TNT/RDX 混合炸药,装药采取浇注工艺,以增加装填密度,提高爆炸威力。壳体采用塑料或纸质作为首选材料,在防水密封条件下,尽可能选用廉价材料,以降低生产成本。壳体接近弹头部位带有外螺纹,弹尾也有空心内螺纹,以便弹与弹之间的连接和雷管的正确安装起爆。

专利 CN1086685C 提供了一种石油地震勘探震源药柱及其制造工艺,其组分是:改性硝酸铵、木粉、复合油相材料和TNT；制造工艺是先制备改性硝酸铵，然后依次加入木粉、复合油相材料和TNT，并进行混合，最后冷却装药即得到震源药柱。

专利CN1166960C公开了一种用于石油和煤田三维三分量地震勘探的低爆速（$D = 1700 \sim 2600\text{m/s}$）震源弹。其组成成分按质量分数计，乳化膏体46%～55.5%、泡沫塑料载体3.0%～5.0%、活化抗水硝酸铵40%～50%。其制造工艺如下：先制备乳化膏体、活化抗水硝酸铵和泡沫塑料载体。这三种组分依次将泡沫塑料载体和活化抗水硝酸铵混合，然后加入乳化膏体造粒，冷却后装药。

专利CN2567590Y介绍了一种用于地震勘探的震源药柱。其配方组成是，在壳体内装入乳胶体及TNT炸药，按质量分数计算，前者为60%～80%，后者为20%～40%。其主装炸药的密度为$1.00 \sim 1.50\text{g/cm}^3$。该震源药柱具有制造简单，成本低廉，做功能力强，起爆感度高，抗水性好，对人体及环境污染小等特点，可广泛用于煤田、石油矿产资源的开发利用。

1.2.5 震源药柱新型实用专利介绍

在采用炸药作为震源的地震勘探爆破中，起爆震源药柱时，往往由于震源药柱中炸药本身的感度、雷管起爆威力或爆破网路的人为因素而不能可靠起爆，不但对爆破的后续处理带来许多麻烦，而且造成了不必要的人力、物力损失。

在震源药柱封盖上开设有两个用来装雷管的插孔（图1.5），两个雷管孔的位置可以相切，可以相割，也可以分离，其大小以能固定插入两个雷管为准。生产中，通过机械方式把持住握口，将封盖压入震源药柱内，再在注胶口处注胶封口。使用时，将两发雷管插入两个雷管插孔，组成双起爆网路，这样就可以使其起爆可靠性大幅度提高，可实现双雷管网路起爆。

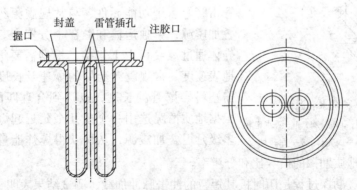

图1.5 震源药柱的双雷管起爆

这是一种典型的起爆可靠性冗余设计，其目的是为了提高震源药柱的起爆可靠性，避免因药柱拒爆而影响勘探结果的精确度。

专利CN2364426Y介绍了一种用于地质勘探的聚能震源弹（图1.6），它包括弹壳体、弹壳体上部相连接的顶帽、尾部连接的尾翼及其内装有的主装炸药。其特征在于，该聚能弹采取轴对称聚能结构，弹壳体上端带有聚能罩。该弹具有装药量小，炸药爆炸能量利用率高，定向性强，抗水性好，对周边地质振动小，结构合理，使用方便等特点。

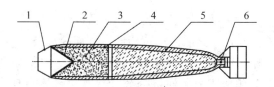

图 1.6　聚能震源弹

1—顶帽；2—锥形聚能罩；3—主装药；4—连接体；5—弹体；6—尾翼

专利 CN2024474U 介绍了一种抗水震源弹(图 1.7)，主要应用于石油、天然气、煤炭等地下资源的地震勘探。抗水震源弹由壳体、带翻边胶塞的口螺、防水电雷管、传爆药柱、复合结构或双层结构的震源药柱组成，该产品大大提高了震源弹的防水抗水能力，在高水压、长时间的作用下能正常爆炸，即使壳体渗漏也不影响其正常爆轰，避免了半爆、拒爆现象的发生。

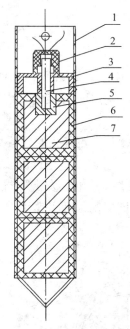

图 1.7　一种抗水震源弹

1—壳体；2—密封帽；3—胶塞；4—防水电雷管；5—传爆药柱；6—内壳体；7—炸药柱

专利 CN1166960C 公开了一种用于石油和煤田三维三分量地震勘探的低爆速震源弹(图 1.8)，该产品最上端设有带有倒叉的雷管座，其余药柱之间通过螺纹连接。本发明优点是震源弹炸药不含 TNT 等有毒成分，不污染环境，制造方法简单，结构合理；在 30m 以内深井具有抗压防水性能，在井中激发纵、横波，频带宽；信噪比高，有效波能量强，可替代横波可控震源。

专利 CN2690899Y 介绍了一种震源延迟起爆具(图 1.9)，它是应用于地震勘探中延迟叠加震源。该技术克服了现有技术中的缺陷，在延迟起爆具内装有导爆管雷管等多个功能元件，与常规震源药柱组合成延迟叠加震源，单独运输和贮存十分安全。延迟起爆具的壳体通过螺纹可上下连接，根据需要组合加长。根据地表速度、常规震源药柱的爆速及长度等参数计算所需塑料导爆管的长度，以达到合理匹配和安全使用；根据地质情况选用一个或几个延迟起爆具组成二级或多级延迟叠加震源，从而获得爆炸能量相互叠加强化的功效，以提高地质勘探的信噪比和分辨率。

石油爆破地震勘探过程是历时极其短暂的冲击脉冲加载，测试结果表明，一个振幅高度集中的信号在非常短的瞬间生成，它的频谱包含了所有的频率成分。为了提供更为精确的勘探结果，通常要求炸药爆炸后形成多级脉冲震动，以提高地震勘探的分辨率。图 1.10 提供了两种具有典型意义的爆破地震勘探测试曲线。

1.2.6　震源枪及其系列产品

震源枪适用于中浅层石油地震勘探，是工程勘探的理想震源，煤田勘探的有效震源和石油勘探的辅助震源设备。表 1.6 是震源枪系列产品主要性能一览表；图 1.11 是 SG23 - Ⅱ 地震枪；图 1.12 是 SG23 - Ⅱ 地震枪示意图。

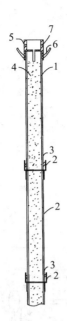

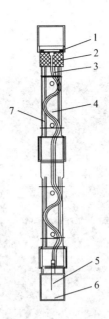

图 1.8　一种低爆速震源弹
1—弹体；2—密封垫；3—接箍；4—药柱；
5—雷管座；6—倒叉；7—起爆线穿孔

图 1.9　一种震源延迟起爆具
1—密封件；2—起爆座；3—塑料导爆管；
4—炸药；5—导爆管雷管；6—弹尾；7—壳体

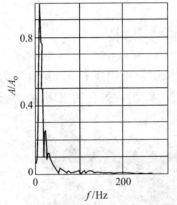

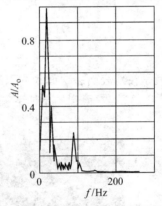

(a) 高爆速TNT震源药柱转换横波频谱

(b) 低爆速延时震源药柱转换横波频谱

图 1.10　两种震源药柱转换横波频谱

表 1.6　震源枪系列产品主要性能

指标 \ 型号	SG23 - Ⅱ	SG23 - ⅡQ	SG23 - ⅡA	SG23 - ⅡQA	SG30 - ⅠQ	SG30 - Ⅰ
	2200×1400×600	φ600×1400	2200×1400×600	φ500×1100	φ600×1800	φ600×1800
外形尺寸/mm	180	100	140	50	170	270
拆件最重/kg		60	60	40	80	100
击发方式	电					
击发致性　适用方式	≤1ms　　　　－40～50℃					
噪音/dB	≤100					
装填方式	手工单发(封闭式)				手工单发(全敞开式)	
组合方式	单枪、多枪					
适用范围	石油、煤炭、工程					
击发能量/kJ	23	23	23	15	45～50	45～50
接收仪器	不限					
枪管寿命(发)	20000					

图1.11　SG23－Ⅱ地震枪

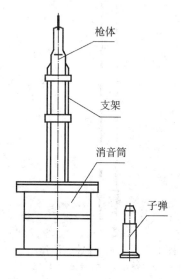

图1.12　SG23－Ⅱ地震枪示意图

枪体

支架

消音筒

子弹

1.3　三维地震勘探

三维地震就是在地表面一块面积内以很小间隔同时观测地下空间内各个方向所有反射波的工作方法(图1.13)。它得到的是地下三维空间"体"的图像,所以叫做三维地震。

图1.13　三维地震勘探实景图

由于地震勘探的测线只提供了二维的信息,要了解一定面积内的地下情况需要把各条测线的地震剖面进行对比,找出相关的信息推断测线之间的地下情况,才能形成整体概念,这就可能产生相当大的人为误差。三维地震是在一定面积上采用地下地震信息的方法,它可从三维空间(立体)了解地下地质构造。这种方法可以提供剖面的、平面的、立体的地下地质构造图像,大大提高了地震勘探的精确度,对于地下地质构造复杂多变的地区特别有效。

三维地震采集的资料经过计算机处理,就可以得到地壳内部类似于CT的图像。三维地震由于是对地下进行高密度资料采集，数据量相当庞大。通常三维地震是从两个方面对油藏进行管理：一是分析储集层是否具有开采价值；二是使干井和低产井数降到最低。在开采的油田上重复进行高精度三维地震观测还可以监测采油过程，指导人们采出尽可能多的石油；开发上使用三维地震资料的特点是从已知井出发，利用特殊处理的三维地震资料对储油层的分布、厚度、孔隙度和含油情况进行分析，及时调整开采方案。这种经济有效的方法正被越来越多地应用到各个油田上，使许多老油田继续保持稳产高产。

第2章 石油电火工品

2.1 油气井的基本类型及完井方式

2.1.1 油气井的基本类型

油气井按照储集层类型分为油井和气井；按结构类型分为直井、斜井和水平井；按有无套管分为套管井、裸眼井；按井下温度可分为高温井、超高温井；按其分布可分为单眼井、丛式井等。

2.1.2 油气井的完井方式

目前，国内外最常见的完井方式有套管射孔完井或尾管射孔完井方式、割缝管完井方式、裸眼完井等，其中以套管射孔完井及尾管完井方式为最多(图2.1)。射孔完井方法其优点主要表现在以下几个方面：(1)能比较有效地封隔和支撑疏松易塌陷生产层；(2)能比较有效地封隔和支撑含水夹层及易塌陷黏土夹层，在确保上述层段不被射开的条件下，可以有效提高油气井产能；(3)能够分隔不同压力和不同特性的油气层，可以选择性地打开产层，实现分层开采、分层测试、分层作业；(4)可进行无油管完井和多油管完井；(5)除裸眼井外，比其他完井方法都经济。

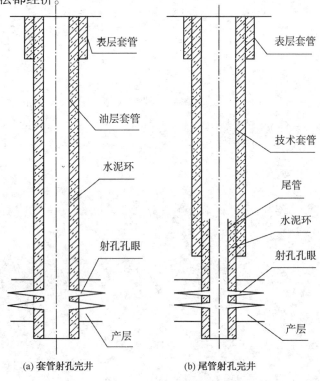

(a) 套管射孔完井	(b) 尾管射孔完井

图2.1 两种完井方式

套管射孔完井对多数油气藏都适用，而尾管完井一般适用于较深的油气井，不但便于射孔完井作业还减少了套管消耗量、固井水泥量及施工作业量。

无论哪一种完井方式，均要求最大限度地保护油气层，防止对油气层产生损害，减小油气流入井筒的阻力；有效地分隔油气层，防止各层之间产生相互干扰，从而达到提高勘探开发整体经济效益的目的。

2.2　电点火器

2.2.1　井壁取芯用点火器

井壁取芯是指利用火药燃烧产生的能量，将岩芯筒（或取芯弹）射入井壁取出岩芯，提供有关地层结构最直接的原始信息，以便对目的层位岩石化学成分以及物理特性进行定量分析的一种工艺措施。其具体操作工艺是，先将药盒装入取芯枪药盒腔内，压入取芯筒，然后将电点火具插入孔内，使电点火具壳体电极与枪体连接，中心电极压在电极杆上，以形成电点火具的两极。图2.2为井壁取芯枪的结构示意图；图2.3是井壁取芯器用点火器及药盒的相关照片。

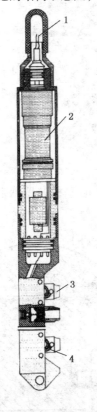

图 2.2　井壁取芯枪

1—电缆；2—选发器；3—岩芯筒；4—钢丝绳

图 2.3　井壁取芯器用点火器及药盒

主要参数：

产品尺寸：DS - A ϕ34.5mm，高 21.75mm；DS - B ϕ27.6mm，高 20mm；

电点火具密封塞：ϕ12.7mm，高 14.8mm；

装药管：ϕ2.2mm；

电点火具装药量：0.15 ~ 0.16g；

13

点火具电阻：$1.5 \sim 2.5\Omega$；

点火具发火电流：0.5A；

点火具安全电流：0.05A；

使用温度：200℃、1h；

抗静电指标：20kV。

SL 系列井壁取芯药盒(Corgun Powder for Sidewall Sampling Series)单发质量为 $5 \sim 9g$，具有安全可靠、操作简便等特点。该系列产品起爆率大于 98%，适用于深度在 $600 \sim 4000m$、温度低于150℃的油气井井壁取芯。图 2.4 是国产的系列井壁取芯药盒相关照片。

表 2.1　SL 系列井壁取芯药盒技术规格和性能指标

药盒名称	药盒长/mm	药盒外径/mm	装药量/g	药盒名称	药盒长/mm	药盒外径/mm	装药量/g
SL20YH	12.2	20	2 ~ 3.5	SL30YH	12	30	2 ~ 6
SL24YH	14	22.8	2 ~ 6	SL37YH	16	37	2 ~ 6
SL27YH	20.8	27	3 ~ 6				

图 2.4　国产系列井壁取芯药盒

图 2.5、图 2.6 分别显示的是美国专利 USP4625645 提供的一种井壁取芯器用电点火器及井壁取芯枪剖面图。

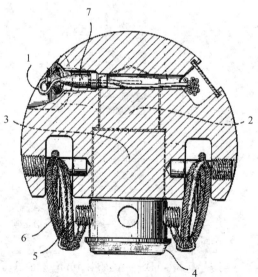

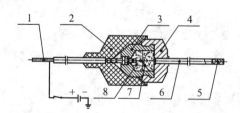

图 2.5　一种井壁取芯器用点火器

1—芯杆；2—绝缘套；3—壳体；4—加强管；
5—密封塞；6—传火通道；7—桥丝；8—点火药

图 2.6　井壁取芯枪剖面图

1—电缆；2—火药室；3—取芯筒；4—电插头；
5—连接螺钉；6—钢丝绳；7—电点火具

14

图 2.7 介绍了一种具有延时功能取芯器用药盒,这种药盒是 SCQX 36.2 型取芯器的专用药盒,其上半部分采用紫铜板,下半部分为耐高温塑料。接地金属片和弹簧分别构成发火电路的壳体极和芯极,盒内装有散装发射药,药盒阻值为 2.1Ω。

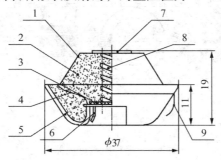

图 2.7　延时取芯药盒

1—壳体;2—发射药;3—绝缘垫;4—桥丝;5—药盒;
6—引火点;7—密封盖;8—弹簧;9—接地片

当取芯器接通发火电路,给芯盒桥丝通电后,桥丝发热点燃发射药,产生推动力,将取芯筒打入地层。因药盒桥丝上涂有绝缘物质,可明显显示取芯器点火的延时特性,一般延期时间为 2s。

2.2.2　杰尔哈特桥塞用电点火器

以下资料提供的是桥塞火药用电点火器的有关技术参数。

耐热能力:120℃,1h;

安全电流:0.2A,5min;

发火电流:1.2A,5s;

电阻:3.5～5.0Ω;

输出压力:70MPa;

点火药:松装 3#黑火药;

桥丝直径:80μm;

桥丝材料:镍铬丝。

图 2.8 提供了一种杰尔哈特桥塞用电点火器的装配图。

专利 CN2476638Y 公开了一种适用于油、气井井下作业工具动力燃料的磁电点火器(图 2.9),其主要构成是在原有电点火器的基础上引入了一个绕有两组线圈的磁环,磁环的初级线圈组与芯杆和壳体构成输入电路。该点火器只有在磁电起爆仪的配合使用下才能完成点火,一般工频电、静电、射频及井下施工环境中的杂散电流均不能使其输出火焰,因此它具有很高的安全性,可有效防止意外点火造成的经济损失。

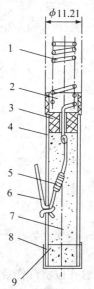

图 2.8　一种桥塞火药用电点火器

1—弹簧;2—胶木塞;3—密封胶;4—管壳;5—发热电阻;6—壳体极;7—黑火药;8—密封帽;9—压装黑火药药柱

2.2.3　井径仪药包用电点火器

当井径仪下放到测量位置以后,引燃装在爆炸筒内的井径仪药包,装药产生的高能气体把扎腿线抛出,井径仪四根测量腿同时张开,仪器开始工作。井径仪药包用作井径仪扎腿线

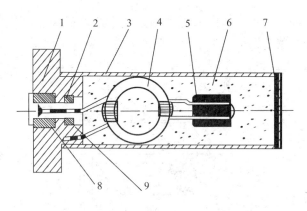

图 2.9　一种磁电点火器
1—点火具接头；2—芯电极；3—壳体；4—磁环；5—电极塞；6—点火药；7—盖片；8—绝缘塞

的抛放动力源。图 2.10 是井径仪药包用电点火器的相关照片，其主要技术指标如下：

装药量 1.2g±0.2g；发火电流 0.4A±0.2A；药包电阻 160Ω±5Ω；耐温 180℃/4h；药包尺寸 φ10mm×40mm，其中发火电流根据电缆的实际电阻，通过电压来调节控制。

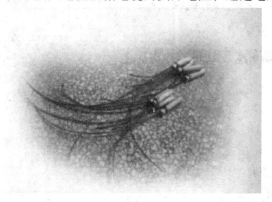

图 2.10　井径仪药包用电点火器

2.3　电雷管

石油射孔按实际作业过程中有无枪体保护可分为有枪身射孔和无枪身射孔。通常条件下，对无枪身射孔而言，要求爆破器材不仅要耐温，而且还要求爆破器材具有承受高压的能力；但对于有枪身射孔作业来说，因有枪体保护，只要求爆破器材耐温，但不要求其耐压。图 2.11(a)显示的是工程爆破用雷管的基本特征；图 2.11(b)是具有冗余发火机构电雷管的桥丝焊接工艺。

2.3.1　耐温 180℃、2h 电雷管

耐温 180℃、2h 电雷管(图 2.12)就是针对我国井下有枪身射孔作业开发研制的一种性能优越的耐高温电雷管。通过大量实验和实际使用证明，该产品性能稳定，满足了技术指标规定的要求。

为了保证在高温条件下雷管发火的安全性与可靠性，耐温 180℃、2h 电雷管必须满足以下技术指标要求：

16

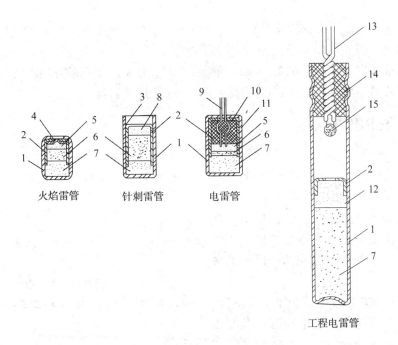

图 2.11（a） 工程爆破用雷管基本结构

1—管壳；2—加强帽；3—虫胶漆；4—绸垫；5—三硝基间苯二酚铅；6—叠氮化铅；7—猛炸药；
8—针刺药；9—电极；10—电极塞；11—桥丝；12—起爆药；13—脚线；14—塑料塞；15—引火药头

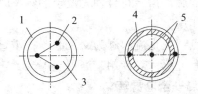

图 2.12（b） 桥丝的冗余设计结构

1—加强帽；2—焊锡点；3—电极塞；4—壳体极；5—桥丝

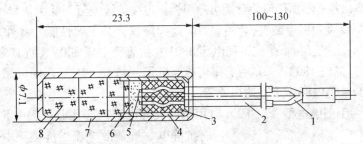

图 2.12 一种油气井有枪身射孔用耐温电雷管

1—脚线；2—塑料套管；3—电极塞；4—加强帽；5—桥丝；
6—羧甲基纤维素叠氮化铅；7—管壳；8—JO－6 炸药

（1）产品加温至 180℃，恒温 2h，不应发生自燃、自爆；

（2）产品经 180℃、2h 高温试验后，通以 500mA±10mA 电流应 100%可靠发火，或常温 600mA±10mA 应 100%可靠发火；

（3）产品经 180℃、2h 高温试验后，通以 100mA±5mA 电流应 100% 不发火；

（4）产品脚－壳间应能承受 25kV 的高压冲击；

（5）产品能炸穿厚 4mm、直径 40mm 的铅板，其孔径不小于产品外径；

（6）产品在枪身中经高温、高压泥浆冲击，不应半爆或自爆。

2.3.2　磁电雷管

自 1979 年英国人发明磁电雷管以来，它以其高安全性、高发火可靠性引起了各国学者的广泛注意。英国、加拿大、日本等国利用电磁感应原理设计而成的磁电起爆系统已成功应用于地面工程爆破。我国 20 世纪 80 年代中期进入实用化研究阶段，上世纪 90 年代初期，自行设计完成的磁电起爆系统应用于油田井下射孔作业，并在除胜利油田以外的各大油田推广应用。

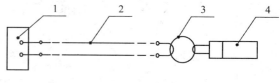

图 2.13　石油射孔用磁电起爆系统示意图
1—高频起爆仪；2—射孔电缆；3—磁芯线圈；4—电雷管

石油射孔用磁电起爆系统（图 2.13）是由高频起爆仪、射孔电缆、磁电雷管以及专用检测仪组成。

磁电起爆系统是指由特定脉冲信号引爆的爆破系统，它以磁芯线圈作为耦合变压器，在线圈次级产生感应电流，当磁电雷管脚线接收到外界高频脉冲信号后，先进行信号识别，若为标准市电 50～60Hz，或频率低于 1000Hz 的交流信号，磁芯线圈处于饱和状态，此时对交流信号响应极低，只有当输入的脉冲信号符合预先设定的频率时，才能在次级回路中产生相同频率的脉冲电流，使电雷管作用。

磁电起爆系统具有以下特点：变直流起爆为交流起爆；雷管脚线时刻处于短路状态；对静电、杂散电流、射频电流刺激钝感；需专用起爆仪起爆。

2.3.2.1　DT－CW180 耐温安全电雷管

DT－CW180 耐温安全电雷管是我国某单位开发研制的一种耐温磁电雷管，该产品作用可靠，操作简便，使用安全。输出能量能可靠引爆 GB 9786—1999 规定的导爆索。通过 5000m 多芯或单芯油矿电缆，井下不加任何装置能可靠引爆。电缆绝缘电阻不低于 0.5MΩ 能可靠引爆，配备该雷管的检测仪表和引爆装置 GN－1 型高能起爆仪。其主要性能为：外形尺寸 大直径 11mm，小直径 8mm，长 60mm；抗工程电压 380V；抗直流电压 300V；抗直流电流 30A；抗静电电压 25kV；产品经 180℃、2h 后起爆可靠；低温 -45℃、2h 后起爆可靠。

2.3.2.2　CL－CW180－Ⅰ型磁电雷管

CL－CW180－Ⅰ型磁电雷管（图 2.14）用于油气井电缆射孔作业过程中起爆导爆索，具有抗静电、抗杂散电流、抗工频电，耐高温等性能，使用安全，作用可靠。其主要技术指标：电阻 0.5～3.5Ω；耐温 180℃、2h；抗静电 25kV；抗工频电 脚－脚加交流电压 380V，不发火；外形尺寸 长度 60mm（不含导线），外径 φ14mm、φ8mm。

在磁电雷管产品十多年的生产和市场运作过程中，其潜在的问题逐渐显现出来，针对我

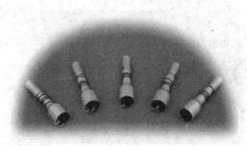

图 2.14　CL－CW180－Ⅰ型磁电雷管

国现有磁电雷管产品结构复杂，抗静电能力较差，生产成本高等一系列问题，提出以下几点改进意见：（1）对现有电雷管（裸雷管）进行外协批量加工，以降低电雷管的生产成本，或者是对生产工艺进行改造，如采用群模压合、群模收口的生产工艺，以提高生产效率，降低生产成本；（2）在磁电雷管可靠发火的前提下，用长度1.0mm、阻值25Ω的贴片电阻取代现有直径30μm、阻值1.5～3.5Ω的镍铬桥丝，以降低电雷管的发火感度，提高其安全性；（3）采用目前较为先进的注塑工艺对磁芯元件进行注塑全包覆技术改造，以彻底杜绝磁电雷管脚-壳间静电电压的泄放渠道，实现其脚-壳间抗静电25kV/5kΩ/500pF的指标要求。

2.3.2.3 CL-CY50型耐压磁电雷管

图2.15提供了一种油气井射孔作业用耐温、耐压磁电雷管，这种电雷管作用原理与常见的磁电雷管作用原理相同，该产品具有抗静电、抗杂散电流、抗泄漏电流、抗工频电、耐高温、作用可靠、使用安全等性能，除此以外，还具有耐高压性能。其主要技术

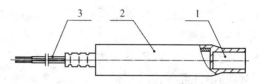

图2.15 一种耐温耐压磁电雷管
1—导爆索插孔；2—电雷管；3—脚线

指标是：在(180±3)℃，(50±2.45)MPa条件下，恒温恒压2h，产品不瞎火、不自爆，结构不发生形变，并能可靠起爆直径6.0mm的塑料皮导爆索，其他技术要求同Ⅰ型磁电雷管。

2.3.2.4 触点式磁电雷管

触点式磁电雷管（图2.16）是根据用户需要开发研制的一种脚线隐形式电雷管，这种电雷管除了裸雷管自身抗静电性能外，磁性元件的引入及其短路设计确保了磁电雷管的输入、输出回路始终处于短路状态。该雷管具有抗静电性能优越、使用安全方便等特点，雷管的输出方式以侧向起爆φ6.0mm的Q/AH0040铅锑合金导爆索为验收标准。

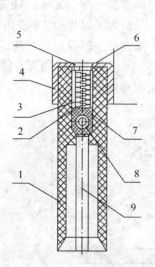

图2.16（a） 触点式磁电雷管
1—管体；2—纸垫；3—弹簧；4—极帽；5—芯极铜帽；
6—虫胶漆；7—固化胶；8—安全元件；9—电雷管

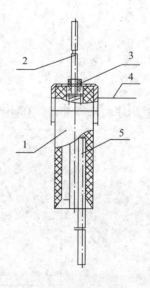

图2.16（b） 触点式磁电雷管发火试验装置
1—触点式磁电雷管；2—插针；3—医用橡皮膏；
4—裸铜线；5—铅锑合金导爆索

2.3.2.5　注灰用磁电雷管

油气井完井作业过程中，往往需要向井底注入一些水泥，待其凝固以达到封固井底或封堵误射层的目的。特别是在电缆桥塞座封后，一般要注入一定量的水泥浆来封固桥塞，以提高桥塞的密封性和抗压性。

注灰(水泥浆)用磁电雷管用于油气井电缆注灰作业过程中的点火起爆，该雷管具有抗静电、耐温耐压、使用安全，作用可靠等特点。

2.3.2.6　延期磁电雷管

随着石油民用爆破技术的不断发展更新，磁电起爆系统向着系列化、多功能方向发展。近年来，井下爆破作业对磁电雷管的延期时间提出了一定的要求，通常要求电雷管的延期时间在 $1 \sim 3s$ 范围内，以满足射孔作业前其他作业工艺过程的完成。如选发射孔(防止起爆仪的残余能量对下级起爆系统的影响)和井下垂向爆炸切割(利用电雷管的延期时间完成切割弹弹体的磁性侧向推靠)等。

2.3.2.7　磁电隔板起爆器

隔板起爆技术在军用爆破产品中应用已相当广泛，把该技术移植到石油民用爆破产品设计开发中来，是近年来军用技术民用化发展的结果。对隔板起爆器而言，通常要求爆破作业完成后，隔板不破裂、不渗漏，密封效果良好。隔板起爆、点火技术在石油民用爆破作业中应用最广泛的是带有隔板的传爆接头(实现爆轰转爆轰)和带有隔板的复合射孔用点火具(实现爆轰转燃烧)。

图2.17(a)是编者根据用户要求设计完成的一种带有隔板的磁电起爆装置，该产品在设计过程中要求磁电雷管起爆后隔板不破裂，并能可靠实现爆轰－爆轰之间的能量传递，其目的是为了保护枪头内的电子设备免遭爆轰冲击以及高压井液的破坏。

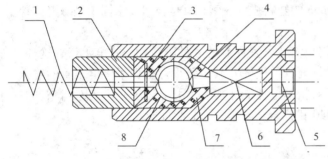

图2.17(a)　一种磁电隔板起爆器

1—弹簧；2—绝缘胶木塞；3—短路片；4—壳体；
5—火焰雷管；6—电雷管；7—固化胶；8—磁性元件

图2.17(b)显示的是在 $p - v$ 平面内不同类别炸药爆轰冲击波在不同介质中传播的雨果尼奥曲线。

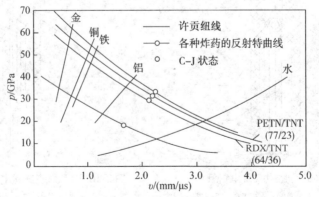

图2.17(b)　爆轰冲击波的雨果尼奥曲线

2.3.3 抗静电独脚电雷管

由于承压密封的需要，作为在油田井下爆破作业中起点火起爆作用的电火工品，无一例外地采取独角结构设计或对电火工品的两根脚线进行有效转换。通常电缆的一根芯线与电火工品的芯极相接，而另一根芯线则与爆破装置的壳体相接。图 2.18 提供了美国欧文石油工具公司井下爆破用的一种独脚电雷管。

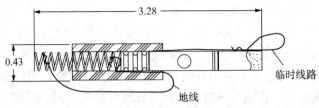

图 2.18　一种抗静电独脚电雷管

图 2.19 提供了美国射孔研究中心公开的一种 Top Fire RED® 电雷管，该电雷管是一种含有抗静电控制电路，性能良好的爆破装置，通常被应用于石油射孔、井下爆炸切割以及井下工具的爆炸分离。该雷管与传统的电起爆器材相比，其安全性能有了大幅度提高，它可应用于地面连续不间断的射孔作业。

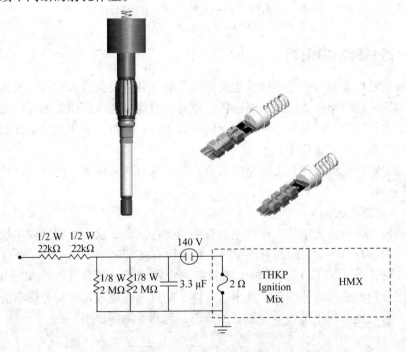

图 2.19　一种具有防静电电路设计的安全型电雷管

技术特征：

（1）该雷管不适宜常规工程爆破；

（2）冗余电子组件提高了其安全性；

（3）瓷质火帽确保了该产品的发火可靠性；

（4）壳体极呈蓬松弹性状态；

21

（5）金属壳体对电磁波具有屏蔽作用；

（6）高能输出装药确保了爆轰能量的可靠传递。

活性材料：

点火药：50mg THKP；

过渡装药：400mg HMX；

输出装药：500mg HMX；

耐温性能：375 ℉/h。

专利 USP5503077 介绍了一种石油射孔用半导体桥电雷管(图 2.20)，在它的壳体内装有耐高温高能猛炸药和一个半导体桥，半导体桥放置在邻近炸药的一端，并与一个火花隙(如电容器、分流电阻器等)相连。一对电导线在火花隙与半导体桥之间，通过导线把电能传递给半导体桥进行激发起爆，该雷管还有一个被电导线穿过的电阻衰减器，如铁球等。

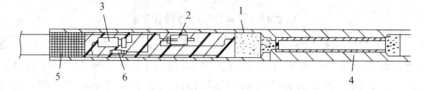

图 2.20 一种半导体桥起爆装置

1—半导体桥；2—火花隙；3—电阻衰减器；

4—输出端；5—电容器；6—分流电阻器

2.3.4 液体钝感电雷管

对有枪身射孔作业而言，当枪体发生泄漏时，高压井液就会进入枪身，枪体内的爆炸装药会因高压作用而发生早爆。液体钝感电雷管就是针对这一现象而研发的一种安全型电火工品，即要求电雷管在枪身泄漏时不能引爆下级爆炸元件；在枪身耐压、密封性能良好条件下能可靠引爆与之相关联的爆炸序列。

液体钝感电雷管也称液体自失效型电雷管，其结构有两种形式：一种是过油孔结构；一种是裸露装药结构。

2.3.4.1 过油孔结构

过油孔结构也叫间隙式结构。这种电雷管的结构特点是，从雷管底部输出端到传爆管或导爆索插孔端面留有 20～25mm 的对接空间，在这段对接管上相隔 22.5mm 垂直交叉处有两个直径 3mm 的孔[图 2.21(a)]。这种电雷管必须在密闭条件下使用，当枪身出现泄漏时，泥浆和水的混合物就进入枪体内部，并由雷管体上的过油孔进入雷管与导爆索的空间，这种混合物的介入有效地抑制了雷管爆轰能量的传递，起到了隔爆作用。

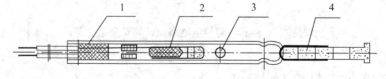

图 2.21(a) E-85 电雷管

1—卡口处；2—发火组件；3—过油孔；4—传爆管

图 2.21(b)是编者在我国石油射孔用磁电雷管的基础上设计完成的一种过油自失效电雷

管。该电雷管的设计思想同样遵循了开孔过油失效的技术特征,在产品生产完成下线后,用单面胶纸将过油孔部位密封;在产品使用前,将单面胶纸撕掉,与导爆索对接、卡腰即可使用。

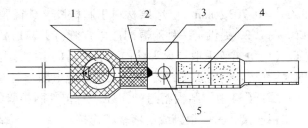

图 2.21(b)　一种过油自失效型磁电雷管

1—敏感元件;2—点火头;3—单面胶纸;4—传爆药;5—过油控

国外专利介绍了一种油井施工用电雷管[图2.21(c)],该电雷管在空气中起作用,而在油和水的液体介质中不起作用。它有一个多孔的外壳和一个多孔陶瓷套管或纤维套管,在套管腔内装有点火药($B/Fe_2O_3 = 15/85$),多孔套管在空气中起着防护作用,它能使导致雷管失效的液体从外部穿透到点火药中。

2.3.4.2　裸露装药结构

裸露装药电雷管产品输出端炸药直接裸露在外[图2.21(d)],一旦枪身发生泄漏,输出装药就会在液体中浸泡失去原有的爆炸性能,起到了安全防护的作用。

上述液体自失效型电雷管在使用过程中均安装于射孔枪底部,以最有效地发挥其安全防护功能。

将这种液体自失效设计思想应用于无电缆起爆器材的设计中去,以提高 TCP 射孔作业过程中的安全性,将是未来无电缆射孔技术发展的一个重要内容。

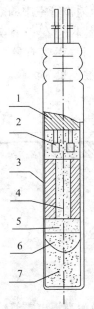

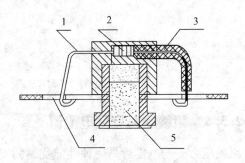

图 2.21(c)　耐温 260℃、1h 电雷管

1—橡胶塞;2—桥丝;3—多孔管;4—点火药;
5—覆盖药;6—起爆药;7—主装炸药

图 2.21(d)　G-21 电雷管

1—接壳;2—发火件;3—接发火线;
4—导爆索插孔;5—底部装药

23

2.3.5　耐温耐压电雷管

通过对国外 11 种耐压电雷管解剖后认为，其耐压结构均采用密闭堵塞式，耐压范围 $3000 \sim 20000 lb/in^2$（$1 lb/in^2 = 0.703 g/mm^2$）。堵塞材料丁腈橡胶、硅橡胶或氟橡胶，将堵塞插入对接套管然后卡口。图 2.22 提供了一种耐温耐压电雷管（P93771），该电雷管的设计突出了以下几个显著特点：（1）电雷管采取点火头结构，焊桥后的电极塞经蘸药头以后直接插入压有起爆药和炸药的大管里；（2）在其脚线之中引入了限流电阻，可有效防止静电、杂散电流等对电雷管的冲击起爆；（3）为了结构密封的需要，对雷管两根脚线进行了有效转换，其中一根脚线与雷管壳体相连接，另一根脚线与堵塞相连接；（4）耐压结构采取了锥形铝堵塞结构，并带有 O 形密封圈和外端用硅橡胶密封的耐压方式，这种结构的电雷管当外界压力作用于硅橡胶并传递到锥形堵塞时，就压迫 O 形密封圈，外界压力越大则压迫越紧，密封性也就越好。实验结果表明，这种电雷管耐压值可达 105MPa，但这种电雷管结构较为复杂，生产成本较高。

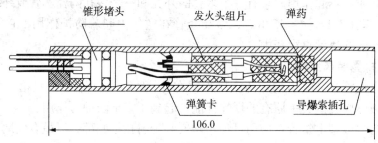

图 2.22　一种耐温耐压电雷管（P93771）

美国专利 USP4998477 公开了一种耐温耐压电雷管（图 2.23），与 P93771 电雷管不同的是，该电雷管在雷管口部堵塞外侧位置增加了一个挡圈，以避免因雷管室中的空气或雷管中药剂因高温而释放出的气体把堵塞冲出，确保了雷管的耐压性能保持在一个较为稳定的状态；在雷管输出端增加了一个导爆索限位固定装置，以确保其对导爆索有较高的起爆可靠性。与 P93771 电雷管相比较，该雷管结构更为简单，起爆传爆性能更为优越。

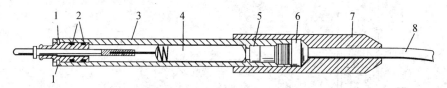

图 2.23　一种耐温耐压电雷管
1—绝缘密封塞；2—销钉；3—壳体；
4—发火电路；5—雷管装药；6—接头；7—连接套；8—导爆索

2.3.6　机械压力安全电雷管

机械压力安全电雷管是一种性能优越的安全型电雷管，它由耐高温电雷管、短路开关和压力触发机构组成。

耐高温电雷管在结构上可采用灼热桥丝式电雷管或点火头，最好选用发火电流大的电雷管，以提高其安全性。目前多采用发火电流 2.5A、安全电流 0.5～1.0A、耐温 180～230℃ 的桥丝式电雷管。

短路开关由外壳、短路套、弹簧等部件组成，它直接将电雷管的两根脚线短路，使电雷管免受静电、射频和杂散电流的危害。

机械压力安全电雷管产品的设计关键是弹簧的设计，要求安全保险机构中的弹簧应在一定外力作用下，可靠压缩；当外力减小到一定值时，又能可靠复位。弹簧抗力大小需满足：

$$\rho g h_n s < F_{弹} \leqslant \rho g h_f s$$

式中　$F_{弹}$——弹簧抗力，N；

　　　ρ——井液密度，g/cm^3；

　　　g——当地重力加速度，m/s^2；

　　　h_n——最小安全距离，m；

　　　h_f——解脱保险距离，m；

　　　s——受压活塞面积，cm^2。

压力触发机构在井液重力作用下，通过电插针打开短路开关，导通来自电缆的电流，常压下电插针与短路开关保持一定距离，使电雷管处于短路状态，电能不能直接加载于电雷管，从而保证了电起爆器的安全性。图 2.24 显示出了该产品的工作原理模拟电路。

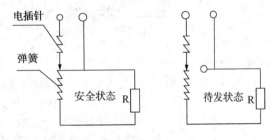

图 2.24　机械压力安全电雷管工作电路

耐温耐压安全起爆装置（图 2.25），具有使用安全，作用可靠，操作简便，耐高温高压等特点。该产品在地面脚–壳之间短路，呈全封闭状态，因此它具有抗静电、抗射频、抗杂散电流、抗雷电和抗漏电等特点。当井下压力大于 2MPa 时，产品进入工作状态，通以 2.5A 电流即可起爆。该产品与常见的电火工品和磁电雷管相比，即使在地面发生误动作也不会发生任何意外爆炸事故，因此确保了地面工作人员的勤务安全。

主要性能参数：

外形尺寸：长 98mm，联接部位 M21×1；

安全电流：0.5A；

发火电流：2.5A；

导通压力：2MPa；

耐温耐压：160℃，60MPa，2h；

产品输出：相当于 8#火雷管。

2.3.7　大电流安全电雷管

大电流安全电雷管（图 2.26）为电缆射孔用雷管，该产品具有防静电，防杂散电流，防射频感应和防误操作等特点。该产品采用了大电流起爆，压控短路结构，可以满足油气井射孔作业地面安全、井下可靠引爆的要求，避免了因杂散电流和误动作引爆雷管而造成的意外伤害事故，保障了地面施工人员的人身安全。

主要性能参数：安全电流 1A；发火电流 ≥2A；工作温度 160℃、2h；工作压力 ≤

60MPa；抗静电 25kV/5kΩ/500pF；起爆器导通压力 ≥2MPa。

（a）耐温耐压安全起爆装置

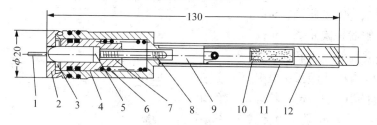

（b）耐温耐压安全起爆装置解剖图

图 2.25　耐温耐压安全起爆装置及其解剖图

1—脚针；2—盖帽；3—垫片；4—外套；5—密封插头；6—弹簧；
7—活动头；8—接地弹簧；9—插座；10—电雷管；11—套管；12—导爆索

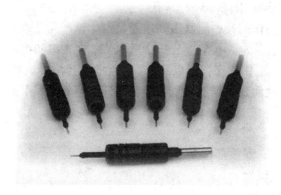

图 2.26　大电流安全电雷管

电雷管设计的最终目的是能可靠引爆下级爆炸元件，如导爆索、传爆管等，以实现爆轰能量的有效传递，它与导爆索的连接有 3 种方式，即轴向连接、旁接和垂直连接。

为了增加电雷管对下一级爆炸元件的起爆可靠性，电雷管与导爆索的连接通常采用轴向连接方式。但这种连接方式对无枪身射孔用电雷管而言，由于高压井液的挤压作用易使导爆索产生活塞效应而脱出，同时这种效应会造成井液向两个爆炸元件处浸入，从而降低了导爆索被起爆的可能性。专利 USP4716832 介绍了一种旁接式起爆的电雷管（图 2.27），即把被起爆的导爆索用细绳或铁丝紧绑在电雷管一侧的半圆形聚能槽内，对于无枪身射孔作业而言，电雷管与导爆索之间的连接方式得到了改善，传爆性能得到了提高。

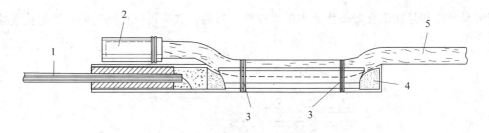

图 2.27 一种具有侧向起爆功能的耐温耐压电雷管

1—发火组件；2—密封帽；3—细绳；4—高能炸药；5—导爆索

2.4 石油电起爆技术的发展趋势

高安全性与高可靠性构成了未来石油民用爆破器材发展的永恒主题。石油电火工品的发展理所当然遵循这一原则。

目前，我国油气井射孔用电雷管主要为磁电雷管和机械压力安全电雷管；国外油气井射孔用电雷管主要有电阻化雷管、选频雷管、冲击片雷管、半导体桥电雷管和爆炸桥丝电雷管。就本质而言，磁电雷管和机械压力安全电雷管仍为起爆药电雷管，只是在原有桥丝式起爆药电雷管的基础上引进了磁性安全机构和压力安全机构，因此，其结构工艺技术简化，系列化产品的开发将是这类产品发展的一个方向。

随着石油民用爆破技术的发展以及市场竞争的日益加剧，新型的无起爆药电雷管、半导体桥电雷管（SCB）、爆炸桥丝式电雷管（EBW）以及具有加密解密功能的微电子智能雷管（亦称数码雷管）将逐步进入石油射孔领域，为未来石油民用爆破技术的发展提供了良好的技术保障。

爆炸桥丝式电雷管（EBWs，Exploding Bridgewire Detonators）最初应用于军事领域，要求 EBWs 具有较大的发火电流和较高的起爆可靠性，它不象传统的加强帽式或电阻式电雷管，EBWs 不含敏感的起爆药如叠氮化铅。

EBWs 最大的优点在于其高安全性，这一点在油田实际使用过程中已得到证实。该型号电雷管内填装有 RDX 或 CP 炸药，其耐温值分别可达 325℉到 400℉，见图 2.28(a)。

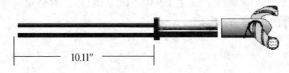

10.11″

图 2.28(a) 一种爆炸桥丝电雷管及其输出方式

专利 USP4777878 公开了一种适合油田井下射孔作业的爆炸桥丝式电雷管［图 2.28(b)］。这种电雷管利用易于汽化的金属，在强电流的作用下，迅速熔化，在瞬间形成强烈的冲击波，以冲击波方式引爆雷管输出装药，完成爆轰。该结构电雷管不含敏感的点火药和起爆药，对静电、射频以及杂散电流刺激钝感，结构简单，性能可靠，适宜于工业化批量生产，具有良好的应用前景。图 2.28(c)是一种冲击片电起爆装置。

所谓微电子智能雷管，是指在普通电雷管中加入一微芯片，通过微芯片中编入的程序（密码）控制雷管起爆，可以通过芯片实现加密安全功能和高精度延期功能，确保了电雷管使用的安全性和其在工程爆破作业中的可控性。目前，数码雷管在国内外石油射孔领域尚未得到应用。

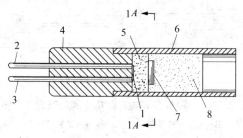

图 2.28（b）　一种爆炸桥丝式电雷管

1—桥丝；2、3—脚线；4—电极塞；5—初级装药；6—管壳；7—冲击片；8—输出装药

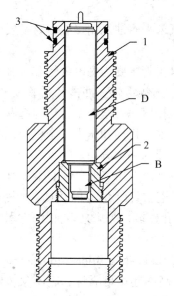

图 2－28（c）　一种冲击片电起爆装置

1—接头本体；2—接头配件；3—密封圈；B—扩爆装置；D—冲击片雷管（EFI）

智能化、高安全性、高可靠性、工艺简单、成本低廉、价格适中、性能稳定将代表着未来油气井射孔用电雷管的发展方向。

第3章 无电缆射孔用起爆器

自 1926 年德莱赛·阿特拉斯公司设计出第一发子弹射孔器，1930 年第一支射孔枪研制成功，1932 年 12 月在加里福尼亚洲门特贝尔油田的 17 号井首次射孔以来，油管输送聚能射孔技术开始了石油完井技术的一场伟大变革。

油管输送射孔系统其英文全称是 tubing conveyed perforating system，简称 TCP 射孔系统，为了和电缆输送射孔相区别又称其为无电缆射孔。该系统在 20 世纪 30 年代曾少量使用，20 世纪 70 年代，GEO – VANN 公司创造了一种改进型的油管输送射孔技术，20 世纪 80 年代初，装备了特殊射孔弹的大孔径、高孔密、多相位、深穿透射孔器在油田使用。之后，油管输送射孔技术才得到了真正意义上的发展。20 世纪 80 年代中期，我国从国外引进这项技术，并在各大油田推广应用。

无电缆射孔用起爆器作为射孔系统中的首发火工件，不仅要承受井下高温，高压环境的影响，还受到振动、撞击、落物、二氧化硫等酸性气体的腐蚀作用。油气井射孔作业被喻为足球场上的临门一脚，而在这临门一脚中扮演重要角色的便是起爆器材作用的安全性与可靠性。图 3.1（a）、图 3.1（b）分别提供了压力起爆系统和投棒撞击起爆系统的工作原理图。

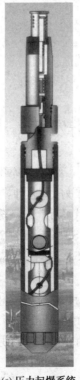 

(a) 压力起爆系统　　　　　(b) 投棒撞击起爆系统

图 3.1　压力起爆系统和投棒撞击起爆系统的工作原理图

3.1 起爆器的作用及分类

起爆器作为石油射孔作业用起爆器材的灵魂与核心，关系到射孔系统能否安全、稳定、可靠作用的关键。

起爆器按其激发方式可分为压力（液压、气压）起爆、撞击起爆和电起爆；按火帽内是否装有起爆药可分为起爆药型和非起爆药型；按其安全性设计可分为激发源阻断型和爆轰波阻断型；按可靠性设计可分为单一起爆源型和冗余起爆源型等（图3.2）。图3.2（b）显示的是美国石油民爆科技工作者设计开发的一种具有飞片撞击起爆和高温排气功能（药剂高温分解释放出气体）的起爆器。

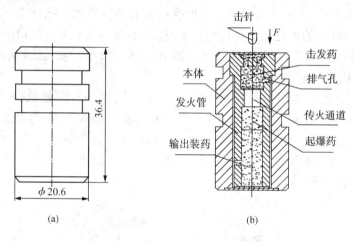

(a)   (b)

图3.2 国内外几种耐高温起爆器

3.2 耐高温击发药

据资料显示，若选用 CMC - Pb$_2$(N)$_3$ 作为击发药，必须添加增感剂。理论分析和实验结果表明，选用 Sb$_2$S$_3$ 作为增感剂效果最好，这种药剂属于两种材料的混合物，其耐温性能通常以耐温性能最差的药剂来代表该混合药剂的耐温性能。经过实验，确定击发药的最佳配比为 CMC - Pb$_2$(N)$_3$: Sb$_2$S$_3$ = 80 : 20。其耐温 180℃、48h，还可以达到耐温 200℃、36h；感度上限为 0.5kg 落锤，落高 0.6m；感度下限为 0.5kg 落锤，落高 0.15m。

据资料介绍 Ti 与 KClO$_4$ 组成的击发药是一种可产生高热量和高压力的击发药，两种组分均为无机物，采用机械混合工艺，是较为理想的耐高温击发药。差热分析和热失重表明，在 300℃ 以下不会发生晶变；在 300℃ 时，KClO$_4$ 晶形由菱形变为立方形；在 475℃ 时，发生热自燃。

按零氧平衡计算，Ti 与 KClO$_4$ 的配比接近 4 : 6，但由于可燃物在加工过程中易氧化，Ti 粉的活性不足 80%，所以最终确定 Ti 与 KClO$_4$ 的比例为 6 : 4。

3.3 销钉抗剪切强度与温度的关系

目前，我国油气井射孔用起爆器所选用的安全销钉均为铜销，而铜销的塑性强，受温度影响大。如何保证起爆器材安全可靠作用，避免井下环境温度和压力的双重影响，一直是科技工作者研究和关注的热点。

起爆器内所装销钉的质量和数量直接影响着射孔作业的成败。在起爆器产品设计过程中，应该注意到温度和压力对销钉抗剪强度的影响。研究结果表明，销钉的抗剪强度随温度的升高而降低，图3.3显示了销钉抗剪强度与温度变化的关系曲线。从图3.3可以看出，对于常温下3.45MPa/支的销钉，在地层93℃条件下，其剪切强度降低6.4%，即实际抗剪强度为3.23MPa/支。

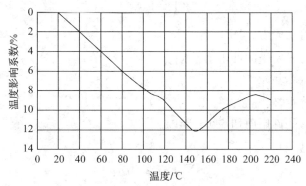

图 3.3 销钉抗剪强度与温度变化关系

近年来，我国加大了对起爆器剪切过程中动态力学性能的研究，如压力波动、机械振动、环境温度等对销钉剪切强度的影响，如在起爆器中设置安全机构，改铜销剪切为钢销剪切等，这些工艺措施的实施，消除或降低了起爆器预剪切应力对其发火可靠性所产生的负面影响。

3.4 压力起爆器

当油井的斜度大于30°时，特别是水平井，一般不采用机械投棒式起爆，而采用井口加压的方式进行起爆。利用压力作为激发源进行点火起爆的起爆器材称其为压力起爆器。

压力起爆器通常由本体、活塞、活塞套和起爆管座组成，它是油管输送射孔中应用最为广泛的起爆器材之一，也是许多压力起爆器设计的基础，如枪头压力起爆器、枪尾压力起爆器、双向压力起爆器(应用于射孔枪串之间)、环空压力起爆器、压力延时起爆器、压力开孔起爆器、测试联作起爆器等。

压力起爆器的设计关键是承压销钉的承压值和可靠剪切值。承压销钉的安全承压值可用下式表示：

$$p_安 \geqslant \beta p_井 \tag{3.1}$$

式中　$p_安$——承压销的安全承压值，MPa；

　　　$p_井$——井筒内目的层的压力值，MPa；

β——安全裕度系数，通常取 1.2 ~ 2.0。

目前，国内外压力起爆器所采用的承压销有多销(20 ~ 40 个)和单销两种，采用单个不同直径的销钉，每次起爆只选 1 根，可以减少因销钉直径差异而产生的累计误差，提高了压力起爆器的设计精度，使用安全、方便、可靠。

压力起爆器的作用过程是：根据压力起爆器所处井下位置的油管压力和所需起爆压力，选择剪切销的强度和数量，当来自封隔器上方的油管压力大于活塞上预先设定的各剪切销的强度极限之和时，并能克服活塞与活塞套之间的摩擦力，在压力作用下，剪断剪切销，活塞向下运动，撞击起爆器，完成起爆功能。

对于投棒撞击起爆，如果起爆器设计为多销，则有：

$$\delta = \frac{\sum F}{n \left(\dfrac{d}{2} \right)^2 \pi} > \lfloor \tau \rfloor \tag{3.2}$$

式中　δ——销钉的剪切应力，MPa；

$\sum F$——起爆器活塞所受的冲击力，N；

n——受剪销钉个数；

d——受剪销钉直径，mm；

$[\tau]$——销钉材料的许用剪切应力，MPa。

依据冲量方程，则有：

$$\sum F \Delta t = M \Delta v \tag{3.3}$$

式中　$\sum F$——起爆器活塞所受的冲击力，N；

Δt——投棒冲击作用时间，s；

M——投棒质量，kg；

Δv——投棒撞击的始末速度差，m/s。

考虑到销钉的剪切应力受预剪切、油管内压力波动、环境温度以及谐振等因素的影响，通常起爆器销钉的剪切应力与其许用剪切应力之间有如下关系：

$$\delta = (0.6 \sim 0.8)[\tau] \tag{3.4}$$

由式(3.2)、式(3.3)、式(3.4)可以估算出所需投棒的最小质量：

$$M_{\min} > (0.15 \sim 0.2)[\tau] n d^2 \left(\frac{\Delta t}{\Delta v} \right) \tag{3.5}$$

对于压力起爆，如果起爆器设计为多销，则有：

$$\delta = \frac{p \left(\dfrac{D}{2} \right)^2 \pi}{n \left(\dfrac{d}{2} \right)^2 \pi} > [\tau] \tag{3.6}$$

式中　p——起爆器活塞端面所受的压力，MPa；

D——起爆器活塞直径，mm；

由式(3.2)、式(3.4)、式(3.6)可以估算出起爆器作动所需的最小压力值：

$$P_{\min} > (0.6 \sim 0.8)[\tau] n \left(\frac{d}{D} \right)^2 \tag{3.7}$$

当 $n = 2$(单销，双面剪切)时，有：

$$M_{\min} > (0.3 \sim 0.4) [\tau] d^2 \left(\frac{\Delta t}{\Delta \upsilon} \right) \tag{3.8}$$

$$P_{\min} > (1.2 \sim 1.6) [\tau] \left(\frac{d}{D} \right)^2 \tag{3.9}$$

3.4.1 压差起爆器

图3.4(a)、图3.4(b)分别提供了一种轴向活塞作动的压差式起爆装置结构图和产品装配图。该起爆器适用于油管输送射孔，可以用在水平井、侧钻井、稠油井或过夹层射孔作业及测试联作中。其设计特点是起爆装置在下井过程中，作动活塞在油管和套管压力共同作用下不能下行，无法使起爆器提前作用，可以有效防止误射孔事故的发生。其作用原理是当起爆器到达预定位置经准确校深后，在井口加压到预定值时起爆，并引爆射孔枪完成射孔。主要技术参数为耐温200℃、48h；耐压60MPa。

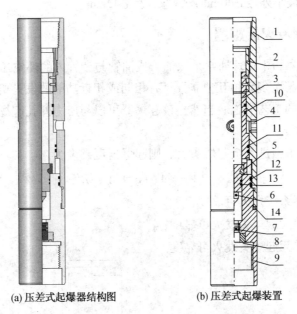

(a) 压差式起爆器结构图　　(b) 压差式起爆装置

图3.4　压差式起爆器装置及结构图

1—壳体；2—剪切组件；3—滑套；4—过滤塞；5—锁块；6—击针；7—撞击雷管；
8—螺塞；9—下接头；10—O形圈ϕ47.2×3.6；11—O形圈ϕ60×4；
12—O形圈ϕ70×4；13—O形圈ϕ31×3.5；14—止动螺钉

3.4.2 安全型压力起爆器

安全型压力起爆器(图3.5)随射孔枪下至油井射孔层位，在井口投球加压，投球剪断稳定销钉，推动环形密封活塞下行，打开本体上的旁通压力通道。然后井液沿旁通压力通道进入起爆器上端空腔位置，形成压力，作用在起爆器活塞上，剪断起爆器销钉，释放击针活塞，使其下行撞击火帽发火，完成起爆功能。

该起爆器的设计表现出了以下几个特点：(1)起爆器在下井过程中不承受井液压力的作用，销钉不会产生疲劳或局部损伤，这就使起爆器的设计压力与实际起爆压力更趋一致，提高了起爆器的使用安全性与发火精度；(2)采用投球和旁通传压工艺相结合，完善了压力起爆器的设计思想，同时可应用于斜井射孔；(3)该起爆器在提高其起爆安全性、稳定性的同时，可能降低了压力起爆器自身的发火可靠性，结构较为复杂，生产成本较高。

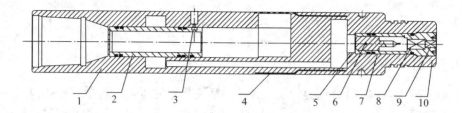

图 3.5　安全型压力起爆器

1—本体；2—环形密封滑套；3—稳定销钉；4—滤网；

5—击针活塞；6—起爆销钉；7—活塞套；8—火帽；9—雷管；10—下接头

主要技术指标：稳定销钉剪切压力 8～10MPa；起爆压力 3.5MPa；最大压力值 60MPa；最大外径 ϕ102mm；最小外径 ϕ40mm；钢球直径 ϕ42mm。

3.4.3　压力双发火起爆器

压力双发火起爆器(图 3.6)通常采取油管或油管与套管内的环空压力进行起爆的一种起爆器材，它采用两套甚至多套相互独立且具有相同或相近功能的发火机构的冗余设计，以提高起爆器发火可靠度的工艺措施。当然，该起爆器可以与压力开孔起爆器复合成功能完备的压力开孔双发火起爆器。

当在原有起爆器中引进冗余起爆头后，则起爆器可靠度为

$$R_s = [1 - (1 - R_a)(1 - R'_a)] \tag{3.10}$$

式中　R_s——起爆器系统发火可靠度；

　　　R_a——第一单元起爆头发火可靠度；

　　　R'_a——第二单元起爆头发火可靠度。

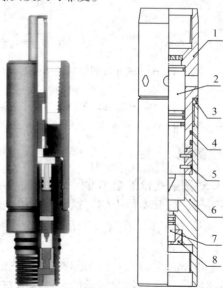

图 3.6　压力双发火起爆器

1—上接头；2—活塞；3—止动螺钉；4—O 形圈，ϕ47.2×3.6；5—剪切销；6—下接头；7—撞击雷管；8—螺塞

若设 $R_a = R'_a = 0.98$，则 $R_s = 0.9996$。

图 3.7 提供的是美国欧文石油工具公司开发研制的一种具有冗余起爆功能的油气井射孔用起爆器材。

3.4.4　压力延时起爆器

在井筒压力小于地层压力条件下进行射孔作业时，这种射孔称其为负压射孔。目前国内外负压射孔通常采用延时起爆法、机械压力开孔法等方法来实现。压力延时起爆是实现负压射孔的一种行之有效的射孔作业工艺。

压力延时起爆是起爆器被击发后，延时 5~7min 再引爆射孔弹，主要目的是利用起爆器的延迟时间，将油管内的压力释放掉或者是将采用电缆对接进行电起爆的电缆顺利起出，以达到负压或无液垫射孔的目的，其起爆方式有液压起爆和气压起爆等。

国内外的压力延时起爆器通常都由本体、击发机构、延期机构和发火输出机构组成。其作用过程是：当作用于活塞上的液柱压力大于起爆器销钉的抗剪强度时，销钉被剪断，活塞向下运动撞击击针，击针击发火帽，火帽点燃点火管，点火管点燃延期管或延期索，延期药（索）燃烧 7min 后，点燃火焰雷管，火焰雷管引爆扩爆管，扩爆管引爆传爆管和导爆索完成延时起爆功能。图 3.8(a) 是美国哈里伯顿公司申请的压力延时起爆器（延期管延时）专利（USP5062485）产品解剖图。

图 3.8(b) 是我国自行开发研制的一种压力延时起爆器装配图。该产品的主要设计思想体现在点火机构采取双发火冗余设计，提高了起爆器的起爆可靠性；延期工艺是依靠延期内外筒外侧矩形槽内呈螺旋状分布的延期索延期，以达到技术条件规定的延期时间要求。

耐温：$(180 \pm 3)℃$、48h；耐压：$\leq 60MPa$；延期时间：$\geq 7min$；输入方式：压力起爆，起爆压力大小按需要确定；输出方式：能正常起爆 AH – QP – 5 产品图规定的传爆系统；贮存年限：火工件正常贮存 2 年。

3.4.5　测试联作双发火起爆装置

测试联作双发火起爆装置（图 3.9）用于 TCP 测试与射孔联合作业，它由旁通接头，压差接头和起爆器三部分组成。当射孔枪到达目的层后，在地面旋转油管使封隔器座封，MFE 测试阀打开，生产孔、测试阀和油管连通。此时座封器以下环空压力减至油管压力而小于封隔器以上环空压力，压差接头和起爆器压差活塞被相继推动产生位移。以上部分的环空压力通过起爆器堵头作用于剪切销上，当井口继续向油管与套管间施加压力时，剪切销被剪断，活塞撞针击发火工件，引爆射孔枪，射孔过程完成。射开的目的层油浆进入压差接头的筛管，流经旁通接头的弧形回油槽，进入测试管柱中，便可以进行测试作业。

测试联作双发火起爆装置分为 A，B 两种型号，具有结构简单，安全可靠，多重防护等特点，可有效避免误射孔等意外事故的发生。起爆器采用双发火机构，提高了射孔作业的一次性成功率。技术指标：A 型 160℃、60MPa、48h；B 型 200℃、100MPa、48h。

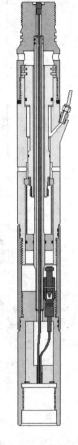

图 3.7　一种国外油气井射孔用起爆器材

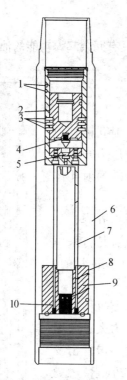

图 3.8(a)　美国哈里伯顿压力延时起爆器

1—密封圈；2—活塞；3—活塞套；

4—抗剪销钉；5—击针；6—本体；7—火帽；

8—螺钉；9—输出管座；10—延期体

图 3.8(b)　一种压力延时起爆器外形图

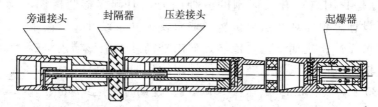

图 3.9(a)　测试联作双发火起爆装置

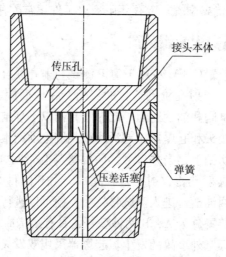

图 3.9(b)　压差接头结构示意图

3.5 机械撞击式起爆器

机械撞击式起爆器材是目前油管输送射孔应用最为广泛的一种起爆器材，主要是因为这类起爆器材操作简单，使用安全可靠，价格适中而被用户所使用。机械撞击式起爆器通常采用投球撞击起爆和投棒撞击起爆，依靠投球或投棒在油管内下落的冲击作用撞击起爆器上的撞针，击发火帽或雷管使其发火，再依次引爆射孔系统中的扩爆管、传爆管、导爆索和射孔弹，完成聚能穿孔的整个过程。

机械撞击式起爆器在设计过程中的重要影响参数有，投掷物的质量、撞击冲量、销钉的抗剪强度以及火工件的发火感度和火工件的耐温性能等。

3.5.1 液体自失效型防砂撞击起爆器

液体自失效型防砂撞击起爆器(图 3.10)是我国油管输送射孔最具代表性的石油民用起爆器材之一。其设计思想是在起爆器本体上开设窗口，当油管内的沉砂或铁锈通过导向管时，便会自动排放到油管与套管的环形空间而沉积到井底口袋。

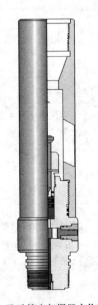 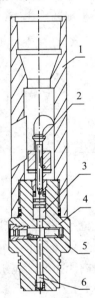

(a) 防砂撞击起爆器实物照片　　　　(b) 防砂撞击起爆器外形图

图 3.10　防砂撞击起爆器
1—防砂接头；2—击针组件；3—撞击雷管；4—安全接头；5—活塞；6—传爆管

当起爆器遇到意外情况，不能正常射孔，需要把管串起出井口。这时由于起爆器中的火工品尚未失去爆炸性能，在管串提升或地面拆卸过程，会由于压差、温差和振动等因素的影响，可能会导致意外事故的发生，这就对起爆器材的安全性提出了较高的要求。

液体自失效型防砂撞击起爆器的活塞在未受机械撞击前，O形密封圈阻止了井液进入火帽、雷管等火工件的安装部位，确保了起爆器发火机构的安全性，当起爆器活塞因受撞击而下移，O形密封圈就失去了密封作用，井液就可以通过活塞套与活塞界面进入火帽、雷管处，导致起爆器内的火工品因井液浸入而失效，确保了管柱起取和拆卸的安全性。

主要技术指标

外形与尺寸：长度(263±5)mm，外径73mm；扣型：输入端2⅞TBG、输出端Tr65×3；耐温耐压：160℃、60MPa、48h或200℃、100MPa、48h；输出功能：产品发火后能可靠引爆传爆管及导爆索。

图3.11提供了一种防砂撞击液体自失效型双发火起爆器，由于该起爆器材高安全性与高可靠性设计思想和工艺技术，标志着我国石油民用起爆器材进入一个新的发展阶段。

图3.11 防砂撞击双发火起爆器

3.5.2 爆轰波阻断型防砂撞击起爆器

爆轰波阻断型防砂撞击起爆器(图3.12)最显著的特征是，当起爆器在地面安装过程中遇到意外情况时，安装在起爆器与射孔枪之间的爆轰波阻断装置，能安全有效地排除这种意外事故的发生，确保了地面施工人员及设备的安全。

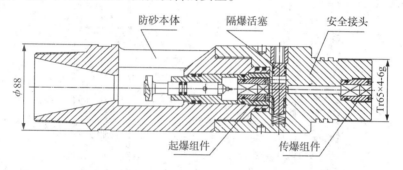

图3.12 爆轰波阻断型防砂撞击起爆器

当起爆器随射孔枪下井到一定深度时，由于井液的压力作用，推动阻断装置中的活塞压缩弹簧，打开爆轰能量传递通道，可以使射孔枪正常作业；如果起爆器拒爆，当射孔管串重新起出时，由于井筒内压力逐渐减小，爆轰波阻断装置又恢复到初始状态，确保了地面勤务处理的安全性。表3.1是爆轰波阻断型防砂撞击起爆器的性能参数。

表3.1 爆轰波阻断型防砂撞击起爆器的性能参数

型号与名称	生产厂家	主要性能参数					输出方式	用途
		耐温/(℃/h)	耐压/MPa	撞击发火能量/(kg·m)	不发火能量/(kg·m)	安全传爆工作压力/MPa		
QBZ3-1 投棒式起爆装置	川南机械厂	160/48	60	2.765	1.12	1.5	可靠起爆传爆系统	用于油管传输射孔
QBZ3-2 投棒式起爆装置	川南机械厂	160/48	60	2.765	1.12	1.5	可靠起爆传爆系统	用于油管传输射孔

3.6　机械撞击－压力起爆器

3.6.1　撞击－压力双发火起爆器

撞击－压力双发火起爆器包括一个投棒撞击点火头和一个压差点火头，两个点火头分别起爆各自的火焰雷管来完成射孔系统的点火过程。在特殊井、重点井的油管输送射孔作业中，如果投棒撞击的点火方式失效，则可以在不起下油管的条件下，利用压力点火的方式完成射孔作业。

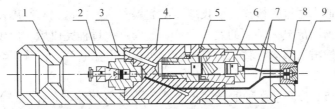

图 3.13　撞击－压力起爆器结构示意图

1—上接头；2—撞击点火头；3—撞击雷管；4—中间接头；
5—压差点火头；6—撞击雷管；7—导爆索；8—下接头；9—传爆组件

冗余起爆是指利用起爆系统中具有相同或相近功能元件的起爆器材，在确保系统安全性的条件下，为了提高可靠性而进行的一种优化设计方法。经典的冗余可靠度理论告诉我们，系统的可靠度随着冗余单元的增加呈增加趋势。

$$R_{s} = 1 - \prod_{i=1}^{n}(1 - R_{i}) \qquad (3.11)$$

式中　R_{s}——冗余起爆系统发火可靠度；

　　　R_{i}——第 i 个冗余单元发火可靠度。

对于双发火起爆系统而言，虽然由于殉爆作用可能不影响系统可靠度，但起爆干扰现象客观存在。对于起爆干扰现象，可以通过以下理论判据给予描述。

$$t_{d} = |t_{1} - t_{2}| > 0 \qquad (3.12)$$

式中　t_{d}——爆轰扰动时间，μs；

　　　t_{1}——第一个冗余单元发火时间，μs；

　　　t_{2}——第二个冗余单元发火时间，μs。

3.6.2　投棒撞击－压力起爆器

撞击－压力起爆器(图3.14)的特点是，该产品安全机构是由撞击解锁机构和发火机构组成，当起爆器处于安全状态时，击针被锁死，即使发生跌落、撞击、谐振等意外情况，这些作用力集中在紧锁钢球上，并不能使击针向下运动撞击起爆器，当系统下至预定位置，在

图 3.14　投棒撞击－压力起爆器

井口投下投放棒，撞击打开解锁机构，击针处于待发状态，并在井液静压作用下，向下运动撞击起爆器，使其发火。

这两种起爆器均可保证系统的安全性，同时又具有较高的可靠性，但与液体自失效型安全起爆装置相比，一旦射孔失败，井内液体会直接从起爆器进入整个射孔器，不易分析事故发生原因和避免其他事故的再次发生；安全自锁起爆装置击针是密封的，井液不能从起爆器位置进入射孔枪，但该起爆装置对起爆器的安全检测要求相对较高。

3.7 撞击-电起爆器

这类起爆装置通常通过投棒撞击或投球撞击起爆器活塞机构，与起爆器内部发火电路相互导通，完成起爆器内部电火工品的发火起爆。起爆点火过程完成后，由于起爆器内部弹性机构的弹力作用，撞击活塞向上移动，与电发火机构的电路断开，以确保起爆器后续作业的安全性。

专利CN2667155Y公开了一种油管输送射孔作业用电起爆器（图3.15），其特殊之处在于金属壳体内安装有电池，电池的一极与电雷管的电极连接，另一极与导电管连接。当导电杆下端的弹性导电体进入导电管内时，导电管与壳体导通，电雷管发火起爆；当导电杆位于下止点时，弹性导电体脱离导电管进入断电腔，电路断开。

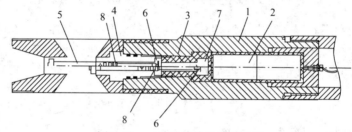

图3.15　一种油管输送电起爆器

1—金属壳体；2—电池；3—导电管；4—导向套；5—导电杆；6—弹性导电体；7—断电腔；8—弹簧

专利CN2268242Y涉及一种油田井下射孔用撞击式热锂电起爆、点火器。这种起爆器主要包括起爆、点火器本体和与本体相配套连接的起爆、点火器外筒，在其内有击针座和击针，击针座内有保险销，其独特之处是在击针座下端设有击发式热锂电池及与其连接的电雷管或电点火具，在它们的外围设有绝缘护套。据介绍，该起爆器可以使起爆、点火互换使用，耐温可达400℃，这是一般机械式起爆器和点火器所不能比拟的。

3.8 夹层井段的起爆传爆

3.8.1 小跨度夹层井段的起爆传爆

在石油射孔过程中，夹层井段的起爆传爆一直是困扰射孔技术发展的关键一环。对于油气井目的层与目的层之间的小跨度夹层，通常借助夹层枪，在未装射孔弹的弹架上采用两根或三根导爆索紧密缠绕的方式跨过夹层区段来完成不同油层之间的射孔，这里并联导爆索之间的相互殉爆强化了夹层区段间的起爆传爆可靠性。就爆破系统而言，这种传爆方式其本质是一种复式爆破网络设计，对于较为复杂的油气资源开发具有现实意义。

专利 CN1156643C 提供了一种在夹层枪两端采用隔板起爆器实现夹层井段起爆传爆的一种实用方法，这里的隔板起爆器具有实现爆轰转爆轰后对夹层枪枪体的密封功能，这样，射孔枪完成射孔后，地层和油气井内的液体无法进入夹层枪枪体内，重复使用夹层枪时不会对环境造成污染，降低了油气资源的开采成本。

3.8.2　夹层井段的增压起爆

增压起爆装置是一种适宜于油管输送射孔系统夹层井段起爆传爆的爆破器材。

通常在油气井测井完井过程中，总会发现有多个目的层存在油气反应，那么在射孔完井过程中如何一次性打开不同深度的目的层，就成了近年来油管输送射孔所关注和研究的焦点。

传统的夹层起爆传爆是利用上位射孔枪引爆后产生的冲击波引爆下位射孔枪，但由于上位射孔枪引爆后产生的冲击波会被井下介质所吸收而急剧衰减，因此采取这种方法常常使下位射孔枪并不能可靠起爆；利用上位射孔枪引爆后产生的冲击波起爆下位射孔枪还会受到枪体中装弹多少，夹层段跨度大小等因素的影响，从而使下位射孔枪的起爆没有一个定量指标。增压起爆技术的出现给夹层段起爆传爆提供了一种全新的设计理念。

增压起爆装置(图3.16)主要由接头、隔板点火器、本体和火药柱组成，它所处的位置位于射孔枪的下端和夹层油管的上端。

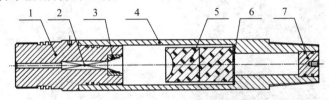

(a)　输出燃烧波型增压起爆装置

1—接头；2—隔板点火器；3—螺钉；4—本体；5—火药柱；6—纸垫；7—堵塞

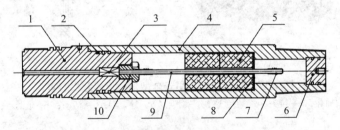

(b)　输出爆轰波型增压起爆装置

1—接头；2—密封圈；3—隔板点火器；4—本体；
5—火药柱；6—堵塞；7—底帽；8—纸垫；9—导爆索；10—螺钉

图3.16　两种夹层井段增压起爆装置

接头的作用是把射孔枪和夹层油管连接起来，其具体尺寸可根据用户要求定制。

隔板点火器分为输出燃烧波型(输出端装耐高温点火药)和输出爆轰波型(输出端装起爆药或火焰雷管)两种。就这两种点火方式而言，前者从点火到火焰输出有较长的延迟时间，而后者只有短暂的延迟时间，这两种点火方式的好处在于可有效防止压力外泄，以确保下位起爆器的可靠起爆。

本体也可称其为承压体，其内腔可放置不同质量的火药柱，这样可通过调节火药柱的重量来调节其产气量的多少及夹层井段的起爆压力。

火药柱可选用耐高温的复合固体推进剂或双基类火药。

增压起爆最突出的特点是把传统夹层段起爆传爆的不确定性进行了相对完整准确的定量描述,满足了不同跨度夹层区段的起爆传爆。

3.8.3 夹层井段多级投棒起爆

多级投棒起爆装置(图3.17)主要应用于油管输送射孔夹层井段的起爆传爆,它是利用上位射孔枪引爆后输出端的爆炸驱动力迫使二级投棒沿夹层油管下落,来完成夹层区段起爆传爆的一种设计方法。可以说,通过射孔系统导爆索爆轰能量的输出保证了机械能作用的连续性。

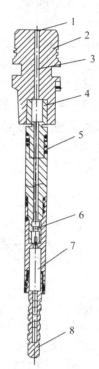

图3.17 一种油气井用安全型多级投棒起爆装置

1—导爆索插孔;2—接头;3—丢手座;4—棒体;5—导爆索;6—活塞;7—延期体;8—棒尖

多级投棒起爆装置主要由接头、棒体、棒尖和延期体四部分组成。

接头的作用是连接上位射孔枪和夹层油管的关键部件,同时也是爆轰能量的传递通道。

棒体一般由四节单元棒体组成,主要是由于棒体深孔加工方面的原因。其作用除了产生机械能外还具有容纳导爆索和延期体的作用,棒体的下落可以通过接头内的传爆元件爆炸后产生的作用力剪断销钉使其下落,也可以通过接头内的炸药柱爆炸后使丢手环破碎迫使其下落。

棒尖是通过螺纹与棒体构成一体,棒尖的设计采取易碎型结构形式,在棒尖外有纵横交织的沟槽,这样便于棒尖自毁后形成碎块从防砂起爆装置的防砂孔排出,而棒体由于直径较大卡在防砂起爆器的导向孔内,呈"悬浮"状态,从而提高了管串打捞和地面勤务处理的安全性。

延期体的作用过程是依靠传爆管引爆后产生的轴向推动力使击针动作，撞击火帽，输出火焰点燃延期药，实现了多级投棒的延期功能。

应该注意到，棒体从下落到棒尖自毁，完成了从爆轰到燃烧再由燃烧到爆轰的一个完整过程，其动作过程的可靠性显得尤为重要。多级投棒起爆不仅适用于单一夹层的起爆传爆，而且还适合于多个夹层区段的起爆传爆，但同增压起爆方式相比，它仅适用于垂直井和小斜度井，对于小距离夹层和大斜度井该方法并不适用。

专利 CN2318396Y 介绍了一种油气井用安全型多级投棒起爆装置，包括一个本体，本体依次配置有击发活塞和延期传爆体，棒尖内放置有炸药，整个装置的中轴线上配置有可与上级射孔枪相连接的导爆索。该方法解决了石油射孔作业过程中垂直井段夹层枪传爆可靠性低的问题，具有安全可靠，工艺简单，施工费用低廉等特征。

还有一种适用于油管输送射孔，在射孔井段夹层处采用油管代替夹层枪进行射孔作业的井下爆破器材，对于夹层段长度超过 100m 的井况，可采用多套投棒装置串联使用。因油管替代了夹层枪，大大降低了施工成本；由于该装置具有延时自毁功能，从而使射孔系统的安全性大大提高。

主要技术指标：

(1) 投棒质量：在装配状态下，全棒质量不小于 9kg；

(2) 耐温：160℃、48h；

(3) 延期时间(自毁时间)：不小于 30s；

(4) 适用于井斜不大于 35°，夹层段长度不大于 100m。

3.9 全通径起爆器

全通径射孔技术是近年来发展起来的一种新型起爆射孔技术，当起爆器起爆完成射孔作业后形成上自起爆器下至枪尾的通径状态，为后续的酸化、压裂以及井下参数的测试提供了便利条件；全通径作业工艺的实施也减少了一次起下油管的次数，降低了劳动强度，提高了完井效率。

全通径起爆器作为全通径射孔作业中的首发火工器材，在产品设计过程中不仅要考虑其发火的安全性与可靠性，还要确保起爆器起爆，射孔弹完成聚能射孔后形成直径接近于油管内径的完整通道，并满足通径大、碎屑少等技术要求，这就为全通径起爆器的设计开发增加了难度。

全通径起爆器的设计开发主要技术难点存在于以下 3 个方面：(1)由于受井下高温高压环境的影响，要确保其有较高的安全性和发火可靠性，必须对全通径起爆器进行防渗漏密封处理，同时所选择的材料应有足够的抗压强度；(2)起爆器相对射孔弹而言，由于装药量少，要使起爆器起爆后内腔形成全通状态，必须增加起爆器中炸药装药量；(3)起爆器内腔材料选用具有一定抗压强度且极易形成碎屑的新型材料，以避免击发机构粉碎后堵塞测试通道。

3.9.1 撞击式全通径起爆器

撞击式全通径起爆器(图 3.18)主要由承压护罩、击针、上下芯件和发火机构组成。其作用过程是，击针被撞击后剪断剪切销，向下运动，击发火帽，火帽输出火焰，引燃火焰雷

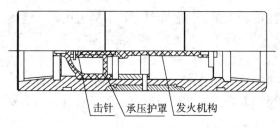

图 3.18　破碎撞击式全通径起爆器

管，承压护罩在爆轰波的作用下与发火机构一同被炸碎，形成通径状态。

这类起爆器的设计关键是易碎材料的选择及承压强度的保证，在实验过程中曾选用铸铁、硬铝等材料作为承压护罩的首选材料，但均无法满足设计要求。后选用新型氧化铝，满足了耐温耐压、易形成碎屑，密封可靠等技术要求。

专利 CN2437853Y 介绍了一种撞击式全通径起爆器，密封盖粘结在外壳上端面，上芯件与下芯件为螺纹连接，上芯件的上端设有突台，下芯件的下端设有突台，外壳内壁上与突台的对接位置设有肩台，击针固定在上芯件的上端面上，内装自毁药柱，上芯件、下芯件分别设有中心通孔，将撞击雷管设置在上下芯件的中心通孔内。这种撞击式起爆器点火起爆后，内件全部自毁，形成通道，并与射孔枪内通孔相贯通，不用起下管柱，便可实施测试酸化压裂三联作工艺。

资料[7]介绍了一种用于 TCP 射孔工艺的全通径起爆器，其被撞击发火后，内部结构将随投棒等落入特制枪串底部，随即可由电缆将测试工具下至目的层进行测试，节省了一次下管串时间与费用，提高了工作效率。

主要技术指标：长度 700mm；外径 ϕ93mm；通径 ϕ50mm；耐温耐压 160℃、60MPa，48h 不失效；扣型可根据用户要求定制。

3.9.2　压力式全通径起爆器

压力式全通径起爆器(图 3.19)的发火过程是，当压力旁路活塞受压剪断剪切销(单销)后，击针击发火工件发火，引爆传爆管和射孔弹，同时炸碎承压护罩形成通径。承压护罩是以新型氧化铝为材料加工而成。

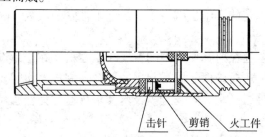

击针　剪销　火工件

图 3.19　破碎式压力全通径起爆器

3.10　TCP 射孔系统的理论模拟与测试结果的对比分析

3.10.1　理论模拟

假设：

(1) 系统工作井况为一单眼垂直井；

(2) 只讨论常开式工艺射孔系统；

44

（3）起爆方式为机械投棒或直接加压起爆，不考虑起爆过程中的动力学过程，只考虑其始末状态；

（4）投棒为一质点；

（5）不考虑石油射孔弹的发火可靠度以及射孔弹爆炸对导爆索传爆性能的强化作用；

（6）忽略导爆索、传爆管完成爆轰时间；

（7）不考虑夹层井段的起爆传爆；

（8）忽略定位短节、传爆接头的实际长度；

（9）忽略监测过程中的杂波干扰。

3.10.1.1 射孔系统的耐温、耐压性

因射孔系统处于同一工作环境，且工作时间相同，则有

$$T_s = \min(T_i) \tag{3.13}$$

$$p_s = \min(p_j) \tag{3.14}$$

式中 T_s——射孔系统耐温值；

T_i——射孔系统中 i 个火工品的耐温值；

p_s——射孔系统耐压值；

p_j——射孔系统中 j 个火工品及其组件（如射孔枪）的耐压值。

3.10.1.2 系统发火时间

系统发火时间是指开始投棒或加压（液压、气压）到系统中第一个火工品作用开始之间的时间。

对于投棒起爆有

$$\sqrt{\frac{2h}{g}} < t_f < \frac{h}{\overline{V}_1} \tag{3.15}$$

对于液压起爆有

$$t_f < t_1 \tag{3.16}$$

对于液压、气压起爆则有

$$t_g < t_f < t_1 + t_g \tag{3.17}$$

式中 h——起爆器活塞端面到井口的垂直距离；

g——当地重力加速度；

t_f——系统发火时间；

$\overline{V}_1$——投棒在井液中运动的平均速度，通常取 $4.6 \sim 7.6 \text{m/s}$；

t_1——加注液体时间；

t_g——加注气体时间（通常选用氮气或空气）。

3.10.1.3 系统机械能转换

以起爆器活塞上端面为零势能点，以投棒为研究对象，根据机械能守恒定律则有

$$E_p - \sum E_f = E_k \tag{3.18}$$

式（3.18）亦可写成

$$\frac{1}{2}mv^2 = mgh - \sum E_f \tag{3.19}$$

式中 E_p——投棒重力势能；

$\sum E_f$ ——投棒运动过程中的能量消耗；

E_k ——投棒到达起爆器活塞端面时的动能；

m ——投棒质量；

v ——投棒到达起爆器活塞端面时的速度。

其中 $\sum E_f$ 包括投棒克服空气阻力、井液阻力、与油管内壁碰撞摩擦以及克服沉积在起爆器活塞端面泥浆、铁锈等的能量消耗。

对于油管内加压或油管与套管环空加压，则有

$$E'_1 + E_1 + E_g = E_i \qquad (3.20)$$

当 $E_g = 0$ 时，则有

$$E'_1 + E_1 = E'_i \qquad (3.21)$$

式中　E'_1 ——油管内液体静压能；

E_1 ——加注液体静压能；

E_g ——加注气体静压能；

E_i ——液体静压、气体气压对起爆器具有的能量；

E'_i ——液体静压对起爆器具有的能量。

3.10.1.4　系统发火条件

对于撞击起爆，投棒到达起爆器活塞端面时所产生的冲击力和液体静压力应满足

$$\delta_0 + \delta'_1 > \delta_n + \delta_f + \delta_i \qquad (3.22)$$

对于液压、气压起爆则有

$$\delta_1 + \delta'_1 + \delta_g > \delta_n + \delta_f + \delta_i \qquad (3.23)$$

当 $\delta_g = 0$ 时，有

$$\delta_1 + \delta'_1 > \delta_n + \delta_f + \delta_i \qquad (3.24)$$

式中　δ_0 ——投棒到达起爆器活塞端面时产生的冲击力；

δ'_1 ——井液自重对起爆器活塞的压力；

δ_n ——作用在活塞销钉上的剪切力；

δ_f ——活塞运动时的摩擦力；

δ_i ——击针击发火帽时的作用力；

δ_1 ——加注液体对起爆器活塞的作用力；

δ_g ——加注气体对起爆器活塞的作用力。

其中式(3.22)即为液压起爆的发火条件。

应当说明的是，δ_n 值是决定施工参数的主要因素，其剪切力数值大小取决于销钉数量（N）、销钉直径（d）、销钉材料弹性模量（E）以及井下环境温度（T）等。若用函数关系式表示则为

$$\delta_n = f(N, d, E, T) \qquad (3.25)$$

如果从能量角度考虑，要使起爆器可靠发火，须满足

$$E_k > E_0 \qquad (3.26)$$

式中　E_0 ——起爆器全发火能量。

3.10.1.5　系统可靠度

对于由起爆器、导爆索、传爆接头、尾声信号弹以及振动信号检测仪组成的串联系统，

其可靠度为

$$R_s = R_a \prod_{i=1}^{n+1} R_{bi} \prod_{i=1}^{n} R_{ci} R_d R_e \tag{3.27}$$

式中　R_s——系统可靠度；

　　　R_a——起爆器发火可靠度；

　　　R_{bi}——第 i 根导爆索发火可靠度；

　　　R_{ci}——第 i 个传爆接头发火可靠度；

　　　R_d——尾声信号弹发火可靠度；

　　　R_e——信号检测仪可靠度；

　　　n——传爆接头个数。

当在传爆接头中引进冗余传爆管时，系统可靠度为

$$R_s = R_a \prod_{i=1}^{n+1} R_{bi} \prod_{i=1}^{n} [1 - (1 - R_{ci})(1 - R'_{ci})] R_d R_e \tag{3.28}$$

式中　R'_{ci}——第 i 个冗余传爆管发火可靠度。

当在原有起爆器中引进冗余起爆头后，则系统可靠度为

$$R_s = [1 - (1 - R_a)(1 - R'_a)] \prod_{i=1}^{n+1} R_{bi} \prod_{i=1}^{n} [1 - (1 - R_{ci})(1 - R'_{ci})] R_d R_e \tag{3.29}$$

式中　R'_a——冗余起爆头发火可靠度。

为了能定量描述系统可靠度的变化情况，设 $R_a = R'_a = 0.98 R_{bi} = 0.98 R_{ci} = R'_{ci} = 0.98 R_d = 0.96 R_e = 0.98$ 时，当 $n = 1$，2，……8 时系统可靠度模拟计算结果见表 3.2。

目前，国内外对起爆头的研究比较活跃，概括起来，冗余起爆通常由撞击起爆、液压起爆、气压起爆和电起爆方式中的功能相同或其中任意两种组合而成。

应该说明的是，虽然冗余设计提高了系统的起爆可靠性，但在多点同步起爆过程中存在起爆干扰，这种现象在某军用环形切割装置起爆过程中有所发现，其结果是由于起爆点之间微秒级时间差而导致爆炸序列的可靠性降低，这点应引起设计者的高度注意。

表 3.2　当 $n = 1$，2，……8 时系统可靠度模拟计算结果

n	1	2	3	4	5	6	7	8
串联系统（Ⅰ）	0.87	0.80	0.68	0.49	0.26	0.07	0.01	0.00
有冗余传爆管的串联系统（Ⅱ）	0.88	0.87	0.81	0.80	0.69	0.67	0.50	0.49
有冗余传爆管和冗余起爆头的串联系统（Ⅲ）	0.90	0.88	0.87	0.81	0.80	0.69	0.67	0.50

美国专利 USP6062310 公开了一种在起爆器内壁呈 120°相位分布的全通径压力冗余起爆装置（图 3.20），该起爆装置的显著特点是，起爆器起爆后易形成通孔；采取压力冗余设计，提高了起爆器的发火可靠性。

实际上，国内外对大斜井、水平井的射孔作业正是利用了液体的可流动性及同一水平面上压力处处相等这一特性，在枪头和枪尾各装一个压力起爆器的冗余设计，来提高一次性射孔作业的成功率，降低完井费用。

3.10.1.6　系统延迟时间

在射孔系统设计过程中，为了准确及时地了解井下传爆序列的传爆情况，通常在射孔枪尾接一具有延时功能的尾声信号弹，以此来判断射孔枪的引爆情况，或是在枪与枪之间加入具有延时功能的传爆接头，对局部枪串的引爆情况进行动态监测。图 3.21 显示的石油射孔

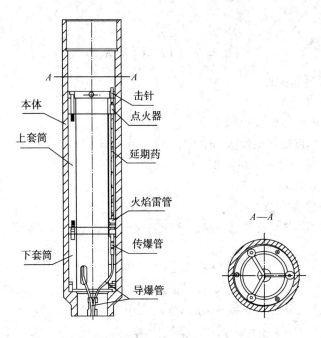

图 3.20　一种具有冗余设计的压力起爆装置

作业过程中爆轰 – 燃烧 – 爆轰转换通用模型。

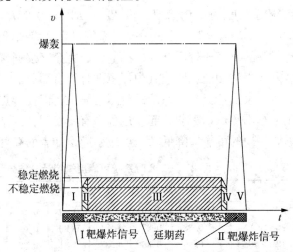

图 3.21　爆轰 – 燃烧 – 爆轰转换通用模型
Ⅰ—Ⅰ靶爆炸信号；Ⅱ—爆轰 – 燃烧不稳定点火区；
Ⅲ—延期药稳定燃烧区；Ⅳ—燃烧 – 爆轰不稳定点火区；Ⅴ—Ⅱ靶爆炸信号

若起爆器为直接加压，枪尾装有尾声信号弹，则系统延迟时间

$$\Delta T = t_{\mathrm{d}} \tag{3.30}$$

式中　ΔT ——系统延期时间；

　　　　t_{d} ——尾声信号弹延期时间。

若起爆器具有延时功能，枪尾装有尾声信号弹，则

$$\Delta T = t_{\mathrm{a}} + t_{\mathrm{d}} \tag{3.31}$$

式中　t_{a} ——起爆器自身延期时间。

因延时传爆接头的引入，会使系统中出现爆轰转燃烧再由燃烧转爆轰的多次反复，从而大大降低了系统可靠度，而在实际使用过程中，只增加一个或两个延时传爆接头，对局部枪的射孔情况进行监测。如果起爆器具有延时功能，枪与枪之间加装一个延时传爆接头，且该传爆接头位于最后一根枪的前端，则系统延迟时间

$$\Delta T = t_a + t_{cn} \qquad n \in N \qquad (3.32)$$

式中 t_{cn} ——延时传爆接头的延期时间。

3.10.1.7 系统振动信号监测

油气井井下爆炸装药所产生的冲击波压力通过连接在井口油管或套管上的压力传感器来接受，那么须满足

$$p_{min} > p_0 e^{-at} \qquad (3.33)$$

对于起爆器部分，冲击波传递时间

$$t_1 = \frac{h}{\overline{V}_s} \qquad (3.34)$$

对于尾声信号弹部分，冲击波传递时间

$$t_2 = \frac{h + (n+1)l}{\overline{V}_s} \qquad (3.35)$$

式中 p_0 ——冲击波在时间 $t = 0$ 时的压力；

p_{min} ——冲击波在时间 t 时的最小压力；

t、t_1、t_2 ——冲击波在油管或套管中的传播时间；

$\overline{V}_s$ ——冲击波在油管或套管中传播的平均速度；

l ——单根射孔枪长度；

a ——压力衰减系数。

其中，p_0 的大小与炸药的类别、爆速、密度、装药量、装药结构以及射孔系统的工作环境等因素有关。

3.10.2 理论研究与测试结果的对比分析

图 3.22 是 2001 年 9 月 9 日在某油田南 53#井射孔作业时测试的结果。监测仪为 DS-1 型射孔监测仪。该井起爆方式为液压起爆，射孔方式为常开式，井深 2087.1~2089.3m，待射层厚度为 $\Delta h = 2.2m$，图 3.22 分别显示出了油管振动曲线和套管振动曲线。由图 3.22 可以得出下述结论：系统发火条件满足 $\delta_1 + \delta_1' > \delta_n + \delta_f + \delta_i$ 的设计压力，系统可靠度 $R_s = 100\%$，$t_1 = 1'30''$，$t_f = 1'10''$，$\Delta T = 10s$。

图 3.23 是 1996 年 5 月 18 日在我国某油田 198#井射孔时利用 ESR-1 油气井尾声信号弹监测仪测试的波形图。

该井起爆方式为投棒起爆，射孔工艺为常开式，井深 3064.8~3073.0m，待射层厚度 $\Delta h = 8.2m$，图 3.23 显示出了射孔过程中时域与波形值域的关系。从图中可以看出，右侧波波形为开始投棒后，投棒和油管内壁碰撞时产生的波形，当投棒经过 108s 时，投棒入水，产生了入水波，当经过 184s、193.5s 时，分别得到了射孔波和尾声波，到 206s 后，油气层出现了反应，产生了反应波。从图 3.23 可以得出如下结论：系统发火条件满足 $\delta_0 + \delta_1' > \delta_n + \delta_f + \delta_i$ 的设计压力，系统可靠度 $R_s = 100\%$，$t_f = 184s$，$\Delta T = 9.5s$。

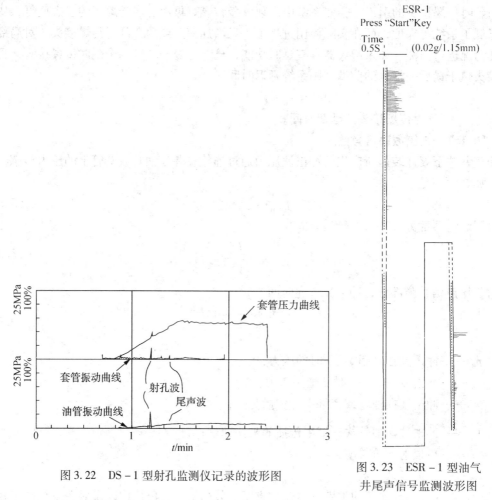

图 3.22　DS－1 型射孔监测仪记录的波形图

图 3.23　ESR－1 型油气井尾声信号监测波形图

3.10.3　结论

（1）油管输送射孔系统的应用克服了电缆输送射孔、过油管射孔技术中存在的弊端，在系统中可以通过延时传爆接头和尾声信号弹对系统局部或全部射孔情况做出及时准确判断，摒弃了以往单凭触觉或听觉判断的不科学方法。

（2）目前，国内外起爆方式和起爆器材种类繁多，但都离不开撞击、液压、气压和电缆起爆这几种方式或任意两种方式的有效合理组合，就起爆器设计而言，虽然冗余设计增加了起爆器的设计成本及其结构的复杂程度，但却提高了射孔系统作用的可靠性，因此，火工产品的冗余设计、裕度设计以及复式爆破网络设计代表了当今石油民用爆破技术的一个发展方向。

（3）理论模拟及实践表明，系统可靠度受系统中每一个具有逻辑功能元件的制约，要想提高射孔系统的可靠性，必须保证系统中每一个爆炸元件具有较高的发火可靠性。目前，由于国产传爆管传爆性能不稳定而导致射孔作业过程中拒爆现象时有发生，这点应引起我们的注意。

（4）弹间干扰的存在不仅影响了射孔弹的穿孔深度而且影响了系统的起爆传爆可靠性，研制开发与高爆速石油射孔弹相配套的耐高温、高爆速、高爆压、高强度、系列化、复合化的塑料皮导爆索构成了未来石油射孔用索类火工品的一个努力方向。

（5）油管输送射孔系统的安全可靠作用，与井下环境温度有密切的关系，由于井下环境温度过高，射孔器材在井下滞留时间过长而引起的导爆索收缩、射孔弹射孔性能不稳定（药型罩松动、脱落）是导致射孔质量低劣的一个重要方面。

（6）双向起爆与多级分段起爆技术、射孔－压裂复合技术、射孔－测试联作技术、全通径射孔技术、定方位射孔技术以及模块化射孔技术的研究开发为油管输送射孔技术开辟了广阔的应用空间，可以预见，油管输送射孔技术的推广应用对于未来石油民用爆破技术乃至石油工业的快速稳步发展将产生深远的影响。

第4章 石油射孔用索类火工品

4.1 石油射孔用导爆索

一般而言，具有线性装药结构且具有一定柔性的爆破器材可以统称其为索类火工品，如导火索、导爆管、导爆索以及延期索等。导爆索分为金属导爆索和非金属导爆索，主要应用于石油射孔作业，而延期索主要应用于压力延时起爆器材。描述导爆索性能的技术指标主要有：耐温、耐压、米药量、爆速、柔性、起爆能力、传爆能力、抗拉强度等。导爆索通常具有以下四种功能：传爆，起爆，点火和爆炸作用。目前我国国产的油气井射孔用导爆索主要有三种规格：φ5.3mm 绿色塑料皮导爆索；φ6.0mm 黑色塑料皮导爆索；φ6.0mm 铅锑合金柔性导爆索。

导爆索生产过程中的断药、细药以及局部低密度装药是影响导爆索能否稳定可靠传爆的关键。有人曾做过这样的实验：把一根直径 6.0mm，长度为 10m 的塑料皮导爆索呈直线水平放置于一露天敞环境中，进行起爆传爆实验，结果塑料皮导爆索并未可靠传爆，也就是说导爆索发生了断爆现象，而同样规格尺寸型号的导爆索在十几米甚至几十米的石油射孔作业中却能可靠传爆，分析其原因，认为是由于射孔弹爆炸后的冲击作用强化了导爆索的传爆性能。在实际生产过程中通过导爆索在线检测装置对生产过程中的导爆索进行合理有效检测，并及时予以剔除，以保证导爆索的生产质量。石油射孔用导爆索在实际使用过程中应注意：导爆索端面应用专用切口钳(图 4.1)或锋利的单面刀片切平，避免形成椭圆形或马蹄形；防止导爆索端面漏药或掉药；应用力将导爆索插到位；用紧口钳或卡口钳将传爆管与导爆索连接部位夹紧，防止松脱(至少卡两道)。

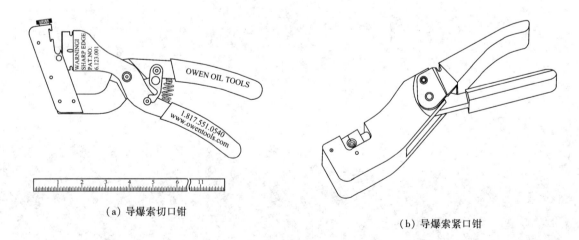

（a）导爆索切口钳

（b）导爆索紧口钳

图 4.1 导爆索切口钳与紧口钳

当然，导爆索出现断爆除了生产过程中的原因以及装配因素以外，与导爆索使用过程中的不规范操作有很大关系，主要表现为拉伸、划伤、割伤、扭伤、砸伤等。其次，导爆索的使用环境对其稳定可靠传爆有一定的影响，这就要求对于超深井或高温井必须根据施工需要选择耐温性能更为优越的爆破器材。塑料皮导爆索在高温环境中滞留时间过长，会导致导爆索长度缩短，药剂缓慢分解，塑料皮老化，径向约束力变小，从而使导爆索传爆性能下降，径向起爆能力降低。

编者曾经做过这样一个实验：取一根1m长的直径为6.0mm铅锑合金导爆索和一根1m长的直径为6.0mm的黑色塑料皮导爆索（两端裸露，盘卷）放进同一烘箱，在恒温180℃、2h后，打开烘箱，使其恢复到升温前的温度，然后进行观察，发现铅锑合金导爆索表面有轻微的裂缝，两端裸露部分为空芯（药剂可能已经自燃），长度略有减少；塑料皮导爆索表面完整，两端裸露部分为空芯，长度缩减为98cm！

图4.2显示的是80RDX和80RDX LS导爆索随环境温度升高的收缩率曲线。

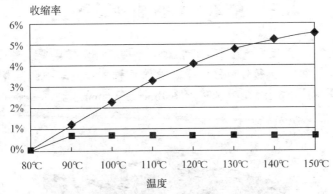

图4.2　80RDX和80RDX LS导爆索热收缩率曲线

影响射孔弹弹间干扰的主要因素有：导爆索的爆速、射孔孔密、弹体强度、射孔弹主装炸药的爆轰速度等。作为石油射孔作业中起爆轰能量传递的导爆索，研制开发耐高温、高爆速、高强度、生产工艺简单、成本低廉的塑料皮导爆索已成为石油民用爆破发展的必然。

在石油射孔作业中，弹间干扰已经严重影响着石油射孔技术的发展，特别是对于大孔径高孔密射孔作业而言，其影响程度更加明显，直接导致射孔性能指标整体下降，为解决这一问题，市场急需爆炸性能优异的塑料皮导爆索，浆状注入法生产的塑料皮导爆索，就是在这一背景下研制生产的一种更新换代产品。

提高导爆索爆速是防止射孔弹弹间干扰的有效手段。随着全通径射孔技术、大孔径高孔密射孔技术以及石油复合射孔技术的发展，对导爆索的米药量、柔性、径向起爆点火能力以及爆速提出了较高的要求，在大孔径高孔密射孔作业过程中，为了有效避免弹间干扰的发生，人们提出提高导爆索爆速，缩短相邻射孔弹间爆轰干扰时间的方法来减小或降低弹间干扰现象的发生。但当导爆索爆速增加到一定量值后，因射孔弹的同步爆炸对射孔系统的威胁时刻存在，也就是说对于高孔密射孔用导爆索爆速应有一个最佳值与其相对应，要求导爆索的爆速不小于7000m/s。

4.2　油井专用导爆索

油井专用导爆索（表4.1）是我国东北某企业从国外引进成套生产设备，开发研制的一种成本低廉，性能优越的塑料皮导爆索，该产品的市场竞争优势必将拉动石油民用爆破器材索类火工产品的更新换代与快速发展。

表 4.1 油井专用导爆索的技术参数和性能指标

型号	外径/mm	药量/（g/m）	炸药类型	爆速/（m/s）	爆压/GPa	抗拉强度/kg	防水/（kPa/h）	耐温/（℃/h）	热收缩
80RDX	5.3	17	RDX	>6700	4.0	68	50/5	150/24	6%
80RDX LS	5.3	17	RDX	>6700	4.0	113	50/5	150/24	1%
80HMX	5.3	17	HMX	>6700	4.0	113	50/5	177/24	1%
80HMX	5.3	17	HMX	>7500	4.0	113	50/5	177/24	1%

4.3　SYB - 1 型油井导爆索

油井导爆索(图 4.3)是我国科技工作者根据石油射孔作业的需要实现连续化自动化生产的民用爆破器材之一。它以耐热炸药为药芯，纤维作包覆物，聚氯乙烯塑料作为防潮层制成。一般情况下，装药量为 18g ± 2g，外径 6.0mm ± 0.3mm，技术指标符合 SY/T 6411—1999 标准。

图 4.3　SYB - 1 型油井导爆索

表 4.2　SYB - 1 型油井导爆索主要性能

外径	6.0mm ± 0.3mm
包覆材料	玻璃纤维等耐温材料作包覆层，外涂聚氯乙烯
装药名称	黑索今
装药量	18g/m
起爆能力	用 1.5m 长的油井导爆索能完全起爆标准的 200g 压装 TNT 药块
传爆能力	索段之间按标准要求连接，用 8 号雷管起爆，爆轰完全
抗水性能	在压力为 50kPa、温度为 10 ~ 25℃的静水中浸 5h 后，按标准方法试验，传爆可靠
耐热性能	120℃ 48h，150℃ 2h
耐寒性能	油井导爆索在 -40℃ ±2℃条件下冷冻 2h 后，按标准方法试验，爆轰完全
火焰感度	按标准方法试验，油井导爆索端面药芯被工业导火索喷燃时不爆轰
耐弯曲性	按耐热、耐寒性能试验的条件保温后弯曲，芯药不洒出，内层线不露出，然后按标准方法连接，爆轰完全
抗拉性能	油井导爆索承受 500N 静拉力后，按标准方法试验，爆轰完全

4.4　铅锑合金柔性导爆索

铅锑合金(Pb－Sb)导爆索是以铅锑合金为壳体材料，以高能炸药为药芯的耐高温导爆索，具有爆速高，精度高，强度高，柔性好，耐高温，传爆性能稳定，作用可靠，使用安全等特点，其产品系列范围从 φ8.0mm 到 φ1.0mm，可根据用户需要任意选择。

铅锑合金柔性导爆索主要用于油田井下射孔弹的引爆，航空航天、船舶的破碎、切割以及其他传爆序列中爆轰能量的传递等。

主要技术指标：长度 ≥5m；耐温 180℃、2h，200℃、2h；耐压 50MPa；柔性弯曲半径 50mm，曲直两次；线密度 23～26g/m；爆速不小于 7000m/s；外壳材料 铅锑合金；主装炸药 RDX。

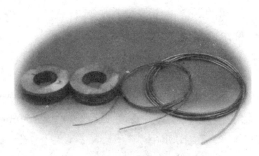

图4.4　铅锑合金导爆索实物照片

目前，由于铅锑合金导爆索和橡胶导爆索生产工艺复杂，成本较高，使用范围狭窄，携带不便等原因在石油射孔领域仅占有很少的市场份额。

4.5　铅锑合金柔性延期索

耐温150℃、48h 铅锑合金柔性延期索主要应用于压力延时起爆器。用户反馈意见表明，该产品安全可靠，使用效果良好。

主要性能：药芯装药 硅延期药(主要成分为硅和铅丹)；燃速 7.58～8.62mm/s；柔性直径为 45mm 的圆棒上，曲直两次。

第5章 传爆元件与传爆接头

5.1 传爆元件

5.1.1 CBG-1型耐温传爆管

CBG-1型耐温传爆管，如图5.1(a)，主要用于油气井射孔及其他爆破作业中。CBG-1型耐温传爆管工作原理是将该传爆管装在射孔枪的枪顶和枪底的导爆索两端，用于导爆索与导爆索或射孔枪与射孔枪之间的爆轰能量传递，它具有感度高、威力大、耐高温、作用可靠、使用安全、操作简便等特点。

技术指标：耐温180℃、2h，160℃、48h；传爆距离35mm；外形尺寸 外径(ϕ7.3mm)、内径(ϕ6.3mm)、长度(37mm)。

图5.1(b)和图5.1(c)分别介绍了美国欧文石油工具公司适合于油管输送射孔作业的耐高温传爆管。图5.1(b)产品的性能参数是：长度$1^3/_8''$($1'' = 25.39mm$)；直径0.241″；主装炸药HMX；耐温400 ℉/1h、300 ℉/100h($1 ℉ = 1.8℃ + 32$)。图5.1(c)产品的性能参数是：长度$1^3/_8''$；直径0.241″；主装炸药NONA和PYX；耐温575 ℉/1h、500 ℉/100h。

图5.1(a) 国产CBG-1型耐温传爆管照片

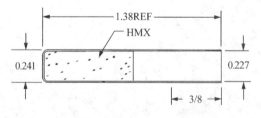

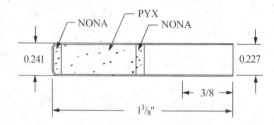

图5.1(b) 美国欧文石油工具公司的一种传爆管　　图5.1(c) 美国欧文石油工具公司的一种传爆管

作为在石油射孔作业中的传爆元件，它起着对爆炸能量逐级传递、逐级放大的作用。如果传爆元件出现拒爆、半爆，那么整个射孔系统将不能正常工作。美国专利USP4716832涉及一种双面聚能的传爆元件，这种传爆元件很好地解决了上下位导爆索的传爆及连接问题，对于开创设计思路具有十分重要的意义。但实际上，在油气井射孔作业过程中，由于传爆接头的传爆孔尺寸较小(ϕ8mm)，要想采取径向聚能传爆则十分困难，因此，在我国油气井用传爆元件的设计过程中，除了传爆管内上下层装有感度较高的炸药，如RDX、HMX、R791以外，同时对管壳在尺寸允许范围内进行了加厚处理，这样做的目的是为了减小传爆元件的径向能量损失，提高其轴向输出效果。

大量的生产实践表明，在传爆元件装药类别、装药量、装药压力以及外径尺寸相同的条件下，采用镍铜管壳比铝质管壳传爆效果好，采取铜质管壳比铝质管壳传爆效果好。分析其原因是因为铜、镍铜的密度大，形成射流后，能量密度大，起爆能量集中，在传爆元件传爆过程中易于形成连续稳定爆轰，起爆可靠性较高，但考虑到生产成本等因素，我国石油射孔用传爆元件大多仍采用铝质管材。图5.2显示的是油气井射孔用传爆管产品的模拟验收方案图。

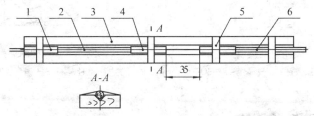

图5.2　油气井射孔用传爆管模拟验收图
1—电雷管；2、6—塑料皮导爆索；3—木条；4—传爆管；5—医用胶布

5.1.2　继爆管

继爆管(图5.3)是用于导爆索与导爆索之间连接并传递爆轰能量的一种传爆元件，因受射孔弹与射孔弹之间节距的限制，通常要求继爆管长度在26mm左右。

以下数据显示的是与继爆管有关的技术参数：外径ϕ7.3mm；长度26mm；装药量700mg；压药压力375kg；炸药名称JO-99。

5.1.3　扩爆管

扩爆管(图5.4)主要应用于各类起爆器材的产品设计中，在起爆器材的产品设计过程中，由于火焰雷管的轴向输出威力不足以使传爆管及导爆索稳定可靠爆轰，因此为了提高起爆器自身的输出威力，通常在火焰雷管的输出端加装扩爆管，以提高起爆器自身的起爆能力及传爆可靠性。与扩爆管有关的技术参数如下：外径ϕ10mm；内径ϕ8mm；高度12mm；装药量1.0g；压药压力2MPa(油压机压力)；炸药类别JO-6。

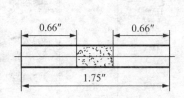

图5.3　一种国外继爆管产品

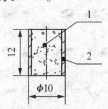

图5.4　扩爆管
1—JO-6炸药；2—硬铝

5.1.4 助爆管

助爆管(图5.5)是根据其在传爆序列中的不同功能和用途命名的。助爆管在特殊条件下也称其为继爆管。由于助爆管的用量较少，用法独特，通常该产品和其他火工产品配套使用。与助爆管有关的技术参数如下：外径 $\phi6.9mm$；长度18mm；装药量960mg；压药压力320kg；炸药类别：JO-6、JO-99。

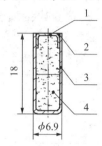
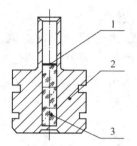

图5.5　助爆管　　　　　　　　　图5.6　一种耐温耐压传爆管
1—加强帽；2—虫胶漆；3—管壳；4—JO-6炸药　　　1—虫胶漆；2—铜壳；3—JO-6炸药

5.1.5 耐温耐压传爆管

耐温耐压传爆管(图5.6)是根据油田井下特殊作业环境而设计的一种具有耐温耐压和密封防渗功能的传爆元件。该产品主要用在与导爆索相连的无壳弹产品和油气井射孔用尾声信号弹产品中。

美国专利USP4716832介绍了一种具有侧位双面聚能的传爆元件(图5.7)，该新型实用发明在当今石油射孔领域能否得到应用，尚且不论，但其灵活新颖的设计思想值得学习。表5.1是美国欧文(OWEN)公司传爆管/连接器技术指标简介。

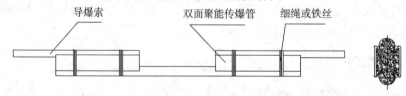

图5.7　一种双面聚能作用的传爆管

表5.1　欧文(OWEN)公司传爆管/连接器技术指标

传爆管名称	编号	直径/in	管壳长度/in	基本装药/g	点火药/g	1h耐温值(℉/℃)	100h耐温值(℉/℃)
HMX双向传爆管	DET-3050-429	0.241	1.375	6.0 HMX	—	400/204	310/154
HMX双向传爆管	DET-3050-429Q	0.241	1.375	6.0 HMX	—	400/204	310/154
PYX/NONA双向导爆索	DET-3050-729	0.241	1.375	5.0 PYX	1.0 NONA	575/302	500/260
PYX/NONA双向导爆索	DET-3050-729Q	0.241	1.375	5.0 PYX	1.0 NONA	575/302	500/260

传爆管名称	编号	直径/in	管壳长度/in	基本装药/g	点火药/g	1h耐温值/(℉/℃)	100h耐温值/(℉/℃)
C-479连接器	DET-3050-479	0.250	1.750	6.0 HMX	—	400/204	310/154
C-579连接器	DET-3050-579	0.250	1.750	6.0 HNS	—	500/260	450/232
131-BP	DET-3050-131BP	1.100	0.850	15.0 BP	低温点火药	325/163	200/93
太平洋科技CP雷管	DET-3050-134	1.100	0.851	5.4 CP	高温点火药	—	340/171

注：表中所列项目的运输级别均为1.4S。

5.1.6　止退片

所谓导爆索止退是利用简单的机械方法使传爆元件和导爆索处于相对静止状态以减小因塑料皮导爆索热收缩对传爆系统可靠性所造成的影响，以此提高传爆序列传爆可靠性的一种简捷而又实用的方法。

在射孔完井过程中，由于井下高温环境的影响，会使传爆管与传爆管之间脱开一段距离。为了减少这种位移量，提高传爆序列的可靠性，通常在传爆管与导爆索连接口部加装有防止导爆索移动的止退元件即止退片。与止退片相关的技术参数：外径 $\phi46mm$；内径 $\phi6.5mm$；厚度 2.0mm；材料 A3 钢。

5.2　传爆接头

5.2.1　防水传爆接头

防水传爆接头（图 5.8）是为了防止油管输送射孔中枪体间发生渗漏而设计的一种连接装置，防水传爆接头的应用有效避免了射孔器自爆、拒爆、半爆、失效以及其他意外事故的发生，主要用于射孔枪枪身的串联。

主要性能：耐温 160℃±4℃，48h；耐压 ≤60MPa；输入 能用 Q/AH 0040 或 SYB-1 型油井导爆索正常起爆；输出 能正常起爆 Q/AH 0040 或 SYB-1 型油井导爆索；环境及例行试验 符合技术条件要求；贮存年限 5 年。

5.2.2　压控传爆接头

压控传爆接头（图 5.9）适用于各种油管输送射孔系统及电缆射孔系统。其独特的结构设计保证了起爆系统在地面或距井口 100m 内任何情况下无法引爆射孔枪，只有在射孔器下井350m 以后，在起爆器正常作用情况下才能引爆射孔枪，确保了射孔系统的安全。

主要参数：输入端与起爆系统连接，输出端与射孔枪连接；耐温 160℃、48h 或 220℃、36h；耐压 60MPa；关闭 1.0MPa；开启 3.5MPa。

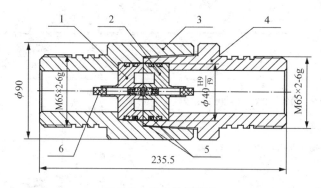

图 5.8　防水传爆接头

1—上传爆管；2—下传爆管；3—上接头；4—下接头；5—密封圈；6—橡胶塞

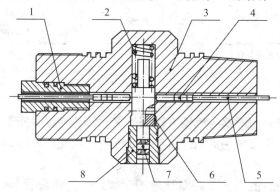

图 5.9　压控传爆接头

1—传爆组件；2—弹簧；3—本体；4—传爆管；5—导爆索；6—定位销；7—活塞杆；8—紧固帽

5.2.3　延期传爆接头

延期传爆接头(图 5.10)适用于油管传输射孔作业中单支射孔枪串是否射孔，以及跨隔射孔－测试作业。可代替普通枪身连接接头，并可对下级爆炸序列能量进行放大，具有结构简单，连接方便，使用安全可靠等特点。

主要技术指标：耐温：140℃、48h；延期时间：$5s \pm 2s$；输入、输出均为爆轰波。

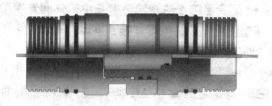

图 5.10　延期传爆接头

5.2.4　隔板传爆接头

专利 CN1156643C 介绍了一种射孔夹层枪防污染保护方法，其设计思想主要表现在将夹层枪腔体的两端密封，在射孔枪与夹层枪间使用隔板起爆的方法，通过上位导爆索爆炸后产生的爆轰波冲击起爆下位导爆索。

该接头(图 5.11)主要由枪间接头和隔板起爆装置组成，该产品设计的最大特点是可靠传递爆轰能量；射孔后，夹层枪可靠密封；夹层枪内无污物，不会造成平台、海洋污染；重

60

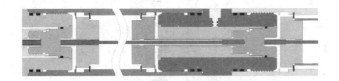

图 5.11　夹层枪隔板传爆接头

复使用夹层枪时，不用清洗夹层枪内部，可降低劳动强度；接头上的泄压阀能可靠释放夹层枪内的气体，保证拆枪安全；若射孔枪断爆，密封段射孔器材可重新利用；该装置可进行双向传爆。其中隔板起爆装置的总长 78mm；外径 52mm；耐压 140MPa；耐温 160℃/48h；装药量 11.2gHMX；储存年限 5 年。

5.2.5　中心对接传爆接头

中心对接传爆接头（图 5.12）通常应用于大直径射孔枪中枪与枪的连接。在大孔径高孔密射孔过程中，如果枪体不处于套管中央位置，则会导致偏离套管一侧的射孔孔径偏小，而紧贴套管一侧的射孔孔眼直径较大，从而使射孔器的效能得不到最大限度地发挥；如果枪体泄压不及时，还可能导致炸枪现象的发生。在模块化射孔过程中，如果枪体不处于套管中央位置，那么枪与枪的连接可能会发生故障，而导致传爆序列中断。

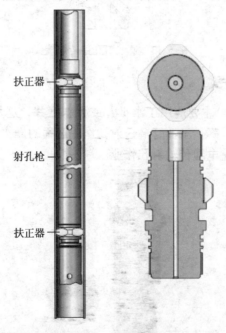

扶正器

射孔枪

扶正器

图 5.12　中心对接传爆接头

5.2.6　选发射孔用传爆接头

选发射孔就是通过电缆传输或油管传输，在一次下井过程中有选择地进行不同油层射孔作业的一种工艺方法。图 5.13 提供的是一种压力起爆用选发射孔传爆接头，其作用原理是，当上位射孔枪引爆后，导爆索的输出端装药爆炸，打通传爆接头中的隔板，然后再通过旁通加压的方式来完成压力选发射孔过程。

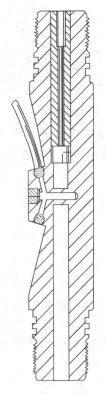

图 5.13　选发射孔用传爆接头

5.2.7　滚轮传爆接头

滚轮传爆接头(图5.14)主要应用于水平井或大斜度井,这种传爆接头能大幅度减低射孔枪与套管之间的摩擦力,降低了油管输送射孔作业过程的操作难度。同时,由于对称性设计,该接头也适合于模块化电缆传输射孔作业。

图 5.14　滚轮传爆接头

5.2.8　定方位传爆接头

偏心翅形定方位传爆接头(图5.15),主要用于枪与枪之间的连接以及水平井的定方位射孔。

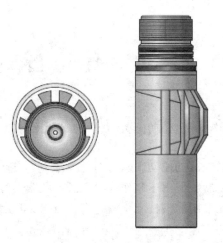

图 5.15　定方位传爆接头

5.2.9　轴承自旋转传爆接头

　　轴承自旋转传爆接头(图 5.16)主要应用于水平井射孔作业过程中枪与枪之间的偏心旋转,它是实现水平井定方位射孔的一种专用接头。该接头采用了隔板结构以及聚能装药结构设计,确保了接头与接头之间的密封性以及传爆序列的可靠作用性。

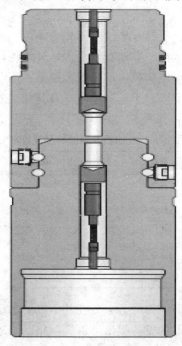

图 5.16　自旋转传爆接头

第6章 聚能射孔与石油射孔弹

6.1 聚能效应与聚能射孔

近年来，虽然由于市场经济的拉动，水力射孔、激光射孔等各种新型射孔技术在国内外石油射孔领域获得了长足发展，但由于其作业周期长、投资费用高等缺点仍未在石油射孔方面获得大面积推广应用，而采用爆破技术手段打开油气层，以其快速、高效、低廉、作业效果显著等特点仍占据着完井作业的重要地位。这种爆破技术就是以石油射孔弹为核心，利用射孔弹爆炸过程中产生的高温高速射流，在极其短暂的时间内（微秒级或毫秒级）把井筒环境与地层环境相互沟通，以形成有效的流油通道。

在工程爆破领域，人们通常用"毫秒微差"的设计思想，来完成各种复杂条件下的爆破作业，但对于井下石油射孔作业而言，用"微秒微差"的设计思想进行产品设计或排除射孔故障，可能更具现实意义。

油气井射孔井段通常由套管、水泥环和地层构成，在井筒内有高压井液，射孔器则在几千米深的高温高压环境下工作。

对于有枪身聚能射孔而言，要打开地层，首先必须依靠聚能射流穿透射孔枪，然后射流经过射孔枪与套管之间的高压水层，穿透套管，再经过水泥环，最后到达地层。

由于我国绝大多数油田地质结构属于低孔低渗油藏，因此，建立健全具有中国特色的原油开发开采理念就显得尤为重要。对于地层渗透率及其相关的判断依据，国家有相应的标准可供参考（表6.1）。

表6.1 油田开发储层分类标准

储层类型	名称	孔隙度/%	渗透率/10^{-3} μm^2
I	特高孔特高渗	>30	>2000
II	高孔高渗	25~30	500~2000
III	中孔中渗	15~25	100~500
IV	低孔低渗	10~15	10~100
V	特低孔特低渗	<10	<10

依据上述认识，对于石油射孔弹而言，要在井下高温高压双重因素和复杂地质条件下完成爆炸作功过程，对其整体性能的发挥提出了更为严格的要求。

6.2 油气井环境因素

6.2.1 环境温度

据文献报道，油气井井下火工品失效的主要原因是井下环境温度和流体静压力对射孔系统起爆传爆序列的综合作用引起，其中射孔失效的50%是由于环境温度对射孔器材及其爆炸序列的影响而引起。对于无枪身射孔来说，不仅要求起爆、传爆及做功火工器材耐温，而且还要承受井下高压环境的影响，因此温度和压力构成了无枪身射孔系统能否安全、稳定、可靠作用的关键。

对于油气井井下目的层温度，可按下列式子进行估算：

$$T = \frac{\mathrm{d}t}{\mathrm{d}h} H + T_0 \tag{6.1}$$

式中　　T——油气井井下目的层温度，℃；

　　　　$\dfrac{\mathrm{d}t}{\mathrm{d}h}$——地温梯度，℃/km；

　　　　H——油气井的垂直深度，km；

　　　　T_0——井场附近地表温度，℃。

可以假设，大港东部油井地表温度为10℃，地温梯度为35℃/km，则在2500m井下，油藏储层位置的温度大约在97.5℃左右。

国外对石油火工品和射孔弹根据产品的耐温性能划分了4个工作区间（图6.1）。其中纵坐标为井底温度，横坐标为某一温度下允许的工作时间，由此，可以查出石油火工品在不同工作区间的最高允许温度及该温度下的最长工作时间。

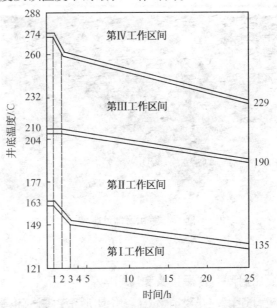

图6.1　国外石油火工品使用范围划分图

我国石油火工品的耐温技术指标大都为180℃、2h或160℃、48h，从图6.1可以看出，这类火工品处于第Ⅱ工作区间。目前我国自行研制的多级脉冲石油复合射孔（DSQ）产品，耐温性能指标为150℃、48h，因此，对于深井、超深井或高温井的复合射孔作业应选用耐温性能更为优越的爆破器材，以最大限度发挥石油复合射孔的作用，避免井下爆轰、爆燃意外事故的发生。

调查结果表明，我国仅有第Ⅰ、第Ⅱ工作区间的产品和少量第Ⅲ工作区间的产品，几乎没有第Ⅳ工作区间的产品，但随着石油天然气钻井完井技术水平的提高以及应对复杂井况能力的增强，未来石油天然气的深层开采必将对石油民用爆破器材的开发与发展提出更高更严的要求。

6.2.2 井液围压

通常在油气井射孔作业过程中，要在井筒内保留一定量的液体，这种液体叫井液，由井液自重而产生的压力称其为围压，围压的大小可以以注满清水井筒的压力来估算。如某口井垂直深度为3000m，则井底压力约为30MPa，考虑到石油火工品在高温高压环境下的作用安全性及可靠性，一般要求所设计的火工品耐压值与井液围压值之间有一个比例系数，这个比例系数称其为裕度系数或安全系数，则射孔系统的实际耐压值为：

$$p_{实} \geqslant \beta p_{井} \tag{6.2}$$

式中　　$p_{实}$——射孔系统的实际耐压值，MPa；

　　　　β——安全裕度系数，该安全裕度系数通常取1.5 ~ 2.0；

　　　　$p_{井}$——目的层压力值，MPa。

6.3　射孔器组件

射孔器组件通常由枪头、枪身、弹架、传爆接头、枪尾组成。图6.2是我国某企业生产的射孔器组件及其系列产品。

图6.2　射孔器部分组件

6.3.1　枪头

枪头组件包括枪头、密封圈、传爆接头和压帽等。

枪头一端由螺纹与枪身连接，并设有环槽，用O形密封圈与枪身形成密封。枪头内部设有空腔，为方便雷管与导爆索之间的连接。枪头另一端与电缆或油管连接。

6.3.2　枪身

有枪身射孔器的射孔枪通常由枪头、枪身和枪尾形成了一个密闭空腔，其作用是保护置于其中的雷管、射孔弹、弹架、导爆索等部件不受井下高压、酸碱及施工冲击振动等因素的影响，射孔作业完成后，其残留物落入枪体底部，可以打捞回收，确保了井下爆破作业的可靠实施。

目前，国产射孔器按射孔枪的外径尺寸及孔密、相位、耐压级别已形成系列产品。

（1）射孔枪外径（mm）：射孔枪的外径规格分为51、60、73、89、102、114、127、

140、152、159、178 等。

（2）孔密（孔/m）：孔密分布为 10、13、16、20、24、26、36、40、60、120 等。

（3）相位数：0 相位、2 相位、3 相位、4 相位、8 相位、16 相位等。

（4）耐压级别：35MPa、70MPa、105MPa、140MPa、175MPa。

射孔枪通常用无缝钢管制成，有带盲孔和不带盲孔两种。我国已有内盲孔式射孔枪应用于井下射孔作业，盲孔的主要作用，一方面是为了防止射孔孔眼处的毛刺卡住射孔枪；另一方面是为了提高射孔弹的穿孔深度。

射孔枪枪身内壁有定位和紧锁机构，确保了枪体内的每发射孔弹都能对准枪体盲孔位置。其定位方式有斜向螺钉法、轴向弹性定位法和螺旋定位法等。

6.3.3 弹架

弹架是射孔弹在射孔枪内可靠定位的有效载体。弹架的设计决定了射孔弹的孔密和相位，也决定了射孔弹穿孔性能的稳定性和射孔器抗震性能的优越性。构成弹架的材质有钢管（板）、塑料和纸筒等，其形状有圆形、方形、六方形和梅花形等。弹架结构设计是否合理，材质选择是否得当，对于射孔弹、导爆索的正确安装以及射孔性能的充分发挥有直接的影响。图 6.3 提供了一种梅花形结构弹架及其装弹方式，该弹架因其合理的结构设计以及良好的力学性能，有效避免了高孔密射孔过程中的弹间干扰，提高了聚能射孔过程中的能量利用率。

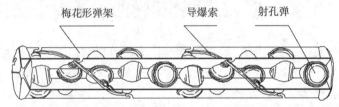

图 6.3　一种梅花形弹架射孔系统

6.3.4 传爆接头

传爆接头是射孔枪与射孔枪之间实现爆轰能量传递的必经通道。按其结构形式可分为单体式和分体式；按其功能可分为压控传爆接头、防水传爆接头和延时传爆接头等；其主要作用是对射孔枪进行连接。

6.3.5 枪尾

枪尾主要用来封闭枪身下端，枪尾一端通过螺纹和密封圈对枪身进行连接和密封，枪尾另一端为圆锥形，下井时起导向作用，尾端通孔便于地面操作和下井时悬挂加重锤。

6.4 聚能效应的基本形式

在石油民用爆破器材产品的开发设计及实际使用过程中，人们有意无意采取了各种聚能结构设计，利用聚能效应以期达到理想的爆破效果。经过多年研究实践，实质上，聚能效应及其结构特征已经贯穿于石油民用爆破器材开发设计及其应用的方方面面，如石油地震勘探、起爆器的起爆、导爆索与传爆元件之间的传爆、射孔弹的聚能穿孔、油管套管的爆炸切割、多重套管的爆破拆除以及石油套管的爆炸开窗等。

通常条件下，油田井下爆破作业是一种历时极其短暂的瞬时动态脉冲加载过程，其作用时间以微秒或毫秒计。因此在石油民用爆破器材产品的设计过程中，要想完成某一动作过程，达到某一特定要求，往往都联想到了聚能效应。就广泛意义而言，聚能效应不仅是指常见的聚能穴结构，还包括如弹体材料的选择、弹体的加厚处理、主装药药柱密度以及主装药最佳长径比等方面。其中以石油射孔产品中的锥形聚能方式最为普遍。图6.4是国外一种线性聚能切割索的剖面图，这类产品通常填装RDX、HMX等系列高能炸药，对目标进行线性切割，以满足工程爆破需要。目前，我国聚能切割索产品已形成系列化，具有一定的批量生产能力，广泛应用于火箭导弹弹体的爆炸分离、沉船打捞、钢性框架的爆破拆除等领域，其壳体材料主要有铅锑合金、紫铜等。

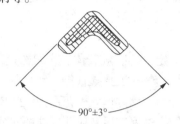

90°±3°

图6.4　一种线性聚能切割索剖面图

6.5　石油射孔弹的组成

通常石油射孔弹是由主装炸药、药型罩和弹体三部分组成。主装炸药提供爆炸所需要的能量；药型罩在爆轰冲击作用下形成射流完成穿孔；而弹体主要起着满足主装炸药和药型罩的合理装配以及调整爆轰波波形结构的作用。

目前，我国石油射孔产品绝大多数以金属粉末药型罩（PML）为主，形成了DP、SDP和BH三大系列，几十个品种，其研发能力和生产水平有了大幅度提高，射孔弹的综合性能指标已迈入先进国家行列。

6.5.1　弹体

目前，应用最多的弹体材料有45#钢和碳钢；对无枪身射孔用弹壳有钢材、陶瓷、玻璃、酚醛塑料和铝合金等。射孔弹弹体的形状、壁厚、质量、强度以及加工精度直接影响着射孔弹爆炸能量的合理有效利用。射孔弹爆炸后，一部分能量用于药型罩的聚能效应；另一部分能量则消耗在壳体的变形、破裂以及碎片飞散。资料显示表明，射孔弹爆炸后只有14%～22%的能量形成射流，而其余的爆炸能量并没有对破甲作出直接贡献。图6.5是高穿深射孔弹和大孔径射孔弹的基本结构及其组成。

6.5.2　主装炸药

在石油射孔产品的设计开发过程中，为了适应井下高温高压环境的影响，射孔弹内的装药普遍选用耐高温炸药，以提高射孔弹自身的耐温性能。同时为保证射孔弹产品保持优良的穿孔性能，在其装药的方式方法上，技术工作者也进行了大胆且富有成效的尝试，具体方法归纳为：

主装炸药一次性填装。这类射孔产品在装药过程中，采用主装炸药一次性填装，如

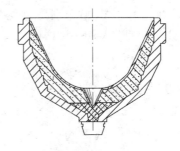

（a）高穿深射孔弹　　　　　　　（b）大孔径射孔弹

图6.5　射孔弹的基本组成及其结构特征

RDX、HMX、R852、JO-6等，这种工艺方法适合于射孔产品的批量生产。

先填装传爆药，再填装耐高温炸药。为了提高射孔产品的起爆可靠性及射孔弹自身的起爆感度，通常在装药过程中先填装感度较高的传爆药，如RDX、HMX、R791等，然后再填装耐温性能好。起爆感度较低的炸药，如JO-6、HNS-Ⅱ、PYX等。这种装药方式不但保证了射孔产品的起爆性能还保证了射孔产品具有良好的耐温性能，可适合高温、超高温井况的射孔作业。

炸药与炸药的复合填装。由于装药工艺的简化及批量生产要求，一般不采用炸药与炸药之间的复合填装方法，但为了提高射孔产品的射孔性能，如大孔径深穿透射孔，这种装药工艺采用了低密度炸药与高密度炸药或低爆速炸药与高爆速炸药之间的复合装药，利用不同密度、不同爆速之间微小的时间差，来提高射孔弹产品的射孔性能。

炸药与还原剂的混合填装。炸药爆炸过程是一个瞬间发生的极其复杂的高速化学反应过程，炸药爆炸会产生极其强烈的爆炸作用力，同时会释放出大量热量。为了有效利用这种爆炸热量即爆热，设计工作者在射孔弹产品的装药设计过程中，混入一定粒度的还原剂，如铝粉、镁粉等，以对炸药产生的爆热进行有效利用，提高射孔产品的射孔效果。

6.5.3　药型罩

药型罩的结构、成分、配比以及制造工艺可以说是一个企业在激烈竞争的市场环境中赖以生存与发展的商业秘密。石油射孔弹药型罩最初均采用铜板冲压制造而成，在20世纪50年代末，国外专家提出了无堵杵药型罩的研究，并于20世纪60年代中期投入使用，研究无堵杵药型罩的目的是为了使射孔弹在完成穿孔过程中迅速汽化、破碎而不形成整体杵堵塞射孔孔道。其设计关键是粉末药型罩沿母线方向质量密度的分布、粉末配方以及烧结工艺等。常见的药型罩配方有Cu-Pb、Cu-W、Cu-Bi、Cu-Ni等，考虑到药型罩的制造工艺及生产成本，通常选用Cu-Pb作为主要原材料来源。

以下是我国某企业关于药型罩生产过程中的有关数据：药型罩成分Cu81%、Pb18%单组分混合粉末；颗粒度100~200目，外加0.5%的石墨作为润滑剂，以增加金属粉末的流动性，压药压力50T。

药型罩的制造工艺为：铜基粉末+添加剂→混料→压制→脱模→预氧化→烧结→整形。

常见的药型罩结构有等壁厚锥形、变壁厚锥形、双锥形、抛物线形药型罩、半球形以及球锥结合形等。图6.6（a）提供了一种等壁厚喇叭形的药型罩结构，该药型罩的显著特点还体现在采用横向多点同步起爆技术，提高了药型罩中间部位的压垮速度，延长了射流的断裂时间，使其聚能效应得以充分发挥；图6.6（b）为一种抛物线型药型罩石油射孔弹；图6.6

（c）、图6.6（d）、图6.6（e）分别是药型罩压制、烧结及射孔弹系列产品照片；图6.6（f）显示了国外某公司药型罩及相关试样的结构特征。

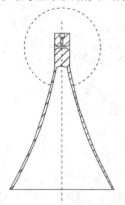 

图6.6（a）　一种等壁厚喇叭形药型罩　　图6.6（b）　一种抛物线型药型罩

图6.6（c）　药型罩的压制　图6.6（d）　药型罩的烧结　图6.6（e）　射孔弹系列产品

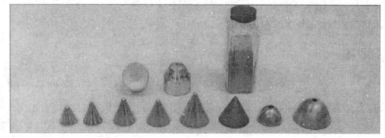

图6.6（f）　国外某公司药型罩及相关试样照片

6.6　聚能射孔作用机理

6.6.1　射孔弹射流的形成过程

射孔弹的设计原理是利用高能炸药爆炸的瞬间，压垮药型罩形成高温、高压、高能量密度的聚能射流，对井下介质进行侵彻，完成穿孔，达到沟通地层油藏的目的。

聚能射孔过程伴随着声、光、热、振动以及复杂的高速化学反应和力学应变过程，对其侵彻机理的研究已成为了解认识、研究开发射孔产品的重要内容。图6.7（a）显示的是通过高速摄影仪拍摄的射孔弹爆炸瞬间的效果图。

依据能量守恒定律，射孔弹爆炸过程中的能量主要用于以下3个方面：爆轰产物的能量

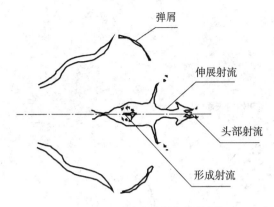

弹屑
伸展射流
头部射流
形成射流

图 6.7(a)　射孔弹爆炸效果图

消耗；弹体碎屑的能量消耗以及高速聚能射流的能量消耗。则有：

$$E_0 - E_s = \frac{1}{2}\left(\sum m_i v_i^2 + \sum m_j v_j^2\right)$$ (6.3)

式中　　E_0——单发射孔弹爆炸释放的总能量，J；

　　　　E_s——爆轰产物所消耗的能量，J；

　　　　m_i——弹体碎屑微元 i 的质量，kg；

　　　　v_i——弹体碎屑微元 i 的速度，m/s；

　　　　m_j——射流微元 j 的质量，kg；

　　　　v_j——射流微元 j 的速度，m/s。

图 6.7(b)是石油射孔弹爆炸后的立体分幅照片，该结果显示，雷管起爆后 3μs 的时间为零(此时爆轰波到达锥顶)，测得每隔 1.4μs 的各交点的位置，同时还测得了射流头部的位置。从图示可以看出，随着爆轰波到达罩壁各部分的次序，罩壁各部分先后依次运动，依次进入对称轴线，在对称轴线附近，由于罩表面激烈变形和碰撞，形成了射流。

图 6.7(c)表示爆轰波阵面到达罩微元 2 的末端，各罩微元在爆轰产物的作用下，先后依次向对称轴运动，其中微元 2 开始向轴线闭合运动，微元 3 有一部分正在轴线处碰撞，微元 4 已经在轴线处碰撞完毕。微元 4 碰撞后，分成射流和杆两部分，由于两部分速度相差很大(约 10 倍)，很快就分离出来。微元 3 接踵而来，填补微元 4 让出的位置，并且发生碰撞，从而形成罩微元不断闭合、不断碰撞、不断形成射流和杆的动态连续过程。

图 6.7(d)表示药型罩的变化过程已经完成，这时药型罩变为射流和杆两大部分。各微元排列的次序，对杆来说，与罩微元爆炸前一致，对射流来说，则是倒转过来的。

微元向轴线闭合运动时，由于金属质量收缩到直径较小的区域，因此罩壁必然冲厚，从而使罩内表面的速度大于外表面的速度。在轴线碰撞时，罩内壁部分得到极大的加速，成为射流，而外壁部分则速度大为降低成为杆。

药型罩除了形成射流和杆外，还有相当一部分形成碎片，主要是由锥底部分形成的，如果罩碰撞时对称性不好，也会产生偏离轴线的碎片；另外碰撞时产生的压力和温度都很高，有时可能产生局部熔化甚至汽化现象。

6.6.2　射流的穿孔过程及其特征

射流破甲通常可分为 3 个阶段：开坑阶段、准定常阶段和终止阶段。图 6.8(a)表示射流刚接触靶板(靶板屈服强度约为 0.7GPa)，然后发生碰撞，在碰撞点产生的压力高达

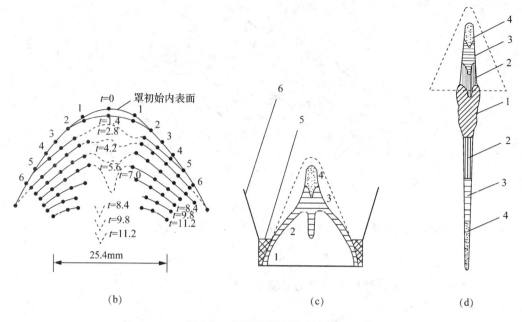

图6.7 射孔弹射流形成过程

200GPa，温度高达5000K；图6.8（b）表示射流正在破甲，在碰撞点周围形成高温、高压、高应变区域；图6.8（c）表示射流4已经附在孔壁上，有少部分飞溅出去，射流3已完成破甲，射流2即将破甲。

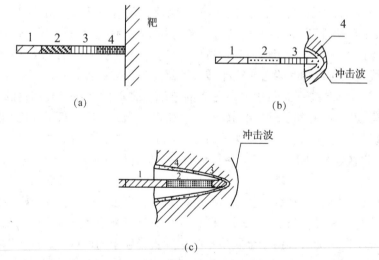

图6.8 射流破甲过程

　　研究结果表明，在距药型罩锥顶一定距离以内的药型罩不起破甲作用，这并不是说锥顶部分不形成射流，而是其形成的射流速度较低，在距离罩锥顶部分一定距离处其微元形成的射流速度最大，在高速运动过程中形成射流的头部，罩锥顶部分的射流则落在了后面。因此，射孔弹射流速度最高点并不在射流的头部，而是在距药型罩锥顶一定距离的某一微元处。

　　射流在空气中延伸到一定程度后，出现颈缩，然后断裂成小段。射流断裂后，各小段射流的长度不再变化，继续运动时，各段射流间距逐渐加大，各段射流侵彻时，由于时间间隔过长，前一段射流侵彻产生的应力状态消失了，后续射流段侵彻时要重新开坑，要消耗额外的能量；断裂射流在空气中运动时，由于不稳定，发生翻转，逐渐偏离其中心轴线，使其穿孔能力大大降低。

依据破甲弹破甲过程中的流体力学理论，可以把聚能射孔弹射流穿孔过程看做是定常理想不可压缩流体，经理论推导后有如下经典关系：

$$\frac{h}{L} = \sqrt{\frac{\lambda \rho_j}{\rho_i}} \tag{6.4}$$

式中　　h——穿孔深度，mm；

　　　　L——射流长度，mm；

　　　　ρ_j——靶板密度，g/cm^3；

　　　　ρ_i——射流密度，g/cm^3；

　　　　λ——射流断裂程度修正系数。

上式表明，射孔弹穿孔深度与射流长度成正比，与射流和靶板密度之比的平方根成正比。

实验结果表明，射孔弹的穿孔孔径和穿孔深度在整靶情况下不易测准，因为孔中常有堵杆，射孔孔道底部存在有残渣，如果用铁丝捅到孔底，所测孔深常常偏浅。用叠合靶做破甲试验，试验后，拆开观察测量，可以方便地得到相关参数。叠合靶（分主靶和副靶）和整靶不同，如果靶板间有较大间隙，则三高区（高温、高压、高应变）传递不下去，当射流遇到各块靶板表面时，都要重新开坑，消耗能量较多，而射流穿过靶板背面时，遇到自由面，消耗能量少一些，两个因素相互抵消一部分，结果是有缝隙的叠合靶孔深比整靶浅，这种试验方法与射孔弹在井下的实际使用情况极为相似（图6.9）。

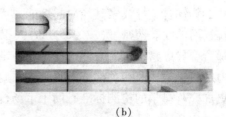

(a)　　　　　　　　　　　　　　(b)

图6.9　模拟实验装置及实验结果照片

图6.9(c)为这种模拟试验的试验装置图；图6.9(d)为射流穿透靶板后射流速度分布。从图6.9(d)可以看出，靶板材料强度愈高，射流穿透靶板消耗的能量就越大，射流穿过靶板后的速度就越小；这种试验方法对于新产品的研制以及高速射流形成过程中的动态监测有一定作用。

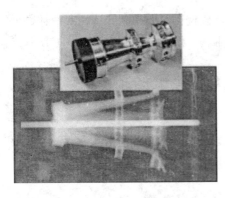

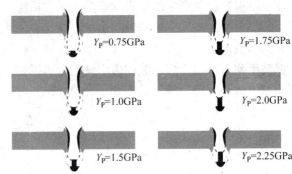

图 6.9(c)　靶板模拟试验装置　　　　图 6.9(d)　射流穿透靶板后射流速度分布

6.7　石油射孔弹起爆可靠性的影响因素

6.7.1　传爆孔形状及大小

射孔弹的发火可靠性是检验射孔弹性能指标的一个重要方面。在射孔弹传爆孔孔径及形状设计方面，有许多经验值得借鉴。通常要求射孔弹传爆孔孔径在 ϕ3mm 左右，传爆孔形状有直孔、锥孔和台阶孔等几种结构形式。

6.7.2　传爆药感度和密度

通常情况下，如果射孔弹内装 RDX 或 R852 这类耐高温炸药，可在射孔弹底部传爆孔位置不填装耐高温传爆药；但对于起爆感度较低的炸药如 JO－6、HNS－Ⅱ 等，应在射孔弹底部填装少量感度较高的炸药作为传爆药如 RDX、HMX、R791 等，以提高射孔弹的起爆可靠性；几乎所有无枪身射孔用射孔弹在主装炸药装填过程中均先装入传爆药。

6.7.3　导爆索的径向起爆能力

导爆索径向起爆能力大小也是影响射孔弹发火可靠性的一个重要技术指标。实践证明，同样规格尺寸的铅锑合金导爆索其径向起爆能力优于塑料皮导爆索，这是因为铅锑合金导爆索经过反复拉拔后的线装药密度(22～25g/m)大于塑料皮导爆索的线装药密度(18g/m)，这可能就是铅锑合金导爆索仍占有石油射孔市场一定份额的原因。目前，我国已开始了导爆索径向起爆能力的量化检测及相关标准的制定，因此，在未来石油民用爆破器材产品的生产验收过程中，更加完善科学的检测标准有助于市场行为的有序与规范。

6.7.4　导爆索与射孔弹的相对位置

就目前我国油田市场用导爆索而言，有两种尺寸规格，一种是 ϕ6.0mm，一种是 ϕ5.5mm，如果起爆射孔弹用导爆索的直径与射孔弹上导爆索凹槽尺寸不相匹配，那么会因为导爆索的弧面滚动或拱起使导爆索径向最佳起爆能量降低，从而影响射孔弹的起爆率。图 6.10(a)提供了一种矩形槽卡箍固索方法；图 6.10(b)显示的是一种片状索卡固索方法。

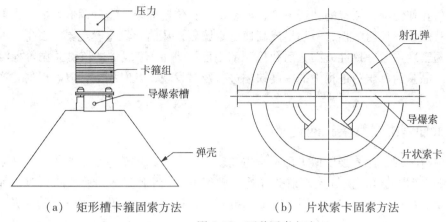

（a） 矩形槽卡箍固索方法　　　　　（b） 片状索卡固索方法

图 6.10　两种固索方法

6.7.5　爆轰波的扰动

就炸药爆炸而言，其作用过程为一动态脉冲加载或动态扰动过程。对于低爆速导爆索来说，由于爆轰速度相对偏低，在射孔弹爆炸过程中，因冲击波的强烈扰动易导致弹间干扰和拒爆现象的发生。油田井下射孔作业过程中，曾出现上、下位射孔弹引爆而中间射孔弹拒爆，可能就是爆轰扰动原因引起。

6.7.6　介质的影响

油气井射孔用导爆索的主要作用是完成爆轰能量传递，但同时对射孔弹也具有起爆作用。导爆索与射孔弹传爆孔之间的介质有下述 3 种：空气介质、井液介质和金属隔板介质。对于有枪身射孔而言，其起爆情况与地面模拟实验情况基本相似，但如果射孔枪枪体发生严重渗漏，由于井液的浸入，会使导爆索与射孔弹传爆孔之间存在液体介质，这种液体介质的存在降低了导爆索的径向起爆能力，同时高压井液的浸入也钝化了射孔弹内主装炸药的起爆感度，使得射孔弹的起爆率明显降低。在实际射孔作业过程中，如果枪体发生渗漏，应及时更换枪体内的火工产品，以确保射孔作业的高效与安全。

对于无枪身射孔而言，除了气体介质、井液介质的隔爆作用外，还有弹体自身金属隔板（隔板厚度在 0.5mm 左右）的隔爆作用，因此，对过油管无枪身射孔作业来说，对导爆索径向起爆能力要求更高，通常要求其耐温、耐压、防腐蚀和具有较大的起爆能量。

6.8　影响射孔弹穿孔深度及稳定性的主要因素

6.8.1　主装炸药的药量、性质及装药密度的均匀一致性

目前，我国有关部门对各类石油射孔用射孔弹装药量进行了明确规定，也就是说，每一种射孔弹其装药量均有一量值范围，主要是考虑到射孔枪枪体的承压能力以及避免井下各种意外事故的发生。当然，并不是说，提高射孔弹穿孔深度及其综合性能指标已不可能，而是可以通过原材料的质量控制、弹体结构的优化设计以及选用耐温性能更为优越的高能炸药，同样可以达到提高穿深、稳定其性能的目的。

射孔弹在压合过程中，通常有 3～5s 的保压时间，其目的是为了提高装药密度的均匀一

致性，特别是射孔弹传爆孔位置的装药密度，如果传爆孔位置的装药密度偏低，那么在射孔弹起爆过程中其爆轰成长期延长，不易形成高速稳定爆轰，从而导致爆燃现象的发生。

在控制装药密度均匀一致性方面，射孔检测部门已引进了 CT 成像、核磁共振等检测设备，以对射孔产品装药、压药过程中的密度缺陷进行及时发现，及时剔除，以确保射孔产品的生产质量。

6.8.2 弹体强度及其结构的完整性

对于高速射流来说，弹体强度似乎已不是主要影响因素，其运动过程主要依靠惯性来维持（高能炸药爆炸产生的爆压值远大于射孔弹弹体破裂值）。当射流运动速度降低时，弹体材料强度的约束作用愈来愈显得重要。采用高强度材料，可以提高射孔弹爆炸后的临界侵彻速度，延长射流的断裂时间，提高有效射流的能量利用率。

6.8.3 药型罩质量密度分布

石油射孔弹中的许多不对称因素，如炸药组分、药型罩质量密度的分布均匀性、炸药层质量密度的分布均匀性以及爆轰波波形结构等都会导致药型罩在高速压垮过程中不对称现象的发生。

药型罩材料及制造工艺对其穿孔性能也有相当大的影响。对于金属粉末罩，不仅药型罩的几何尺寸不对称有影响，其金相组织的不对称也有影响。为了提高射孔弹的穿孔稳定性，确保其整体性能的发挥，必须从各个方面提高装药结构和材料的对称性。

6.8.4 炸高

聚能射孔弹的炸高是指射孔弹药型罩的底径端面到靶板之间的垂直距离；而有利炸高是指与其最大破甲深度相对应的炸高。就射流形成过程而言，一方面随着炸高的增加使射流得以充分拉伸，提高了射流的侵彻深度；另一方面，随着炸高的增加，射流易产生径向能量分散和摆动，从而使射孔效能降低。实验结果表明，理想炸高通常为药型罩底径的 1.5～2.0 倍。

对无枪身聚能射孔弹而言，其炸高是药型罩底径端面到弹壳内壁的距离，称其为固有炸高；对有枪身射孔弹而言，其炸高是药型罩底径端面到射孔枪内壁之间的距离，叫装枪炸高或枪内炸高。在大直径深穿透有枪身射孔器中，枪内炸高小于有利炸高，往往只有二三十毫米，甚至几毫米，这就给射孔性能的充分发挥造成了一定的障碍。

合理的炸高是设计者关注的问题之一。一方面，合理的炸高，可以使射流形成后得以充分拉伸，形成有效的流油通道；另一方面，炸高的增加加剧了弹间干扰现象的发生。因此，装枪炸高对射孔弹的破甲具有双重性，在进行射孔器总体设计时，必须充分考虑到射孔弹的炸高特征，控制好装枪炸高，以确保其聚能效应的有效利用。目前，我国已成功开发出一种内盲孔式射孔枪，这种内盲孔式射孔枪不仅增加了射孔弹的枪内炸高，而且还降低了高压井液对射流的急速冷却作用。另外，国内有人采用偏心装弹的方法，来提高射孔弹的装枪炸高，这种设计思想也值得推广。

6.8.5 射孔弹的运输振动

射孔弹产品下线后，在搬运、运输、贮存、现场装配以及实际使用过程中，会由于各种机械或外力因素使射孔弹射孔性能发生变化。在某公司曾经发生，由于操作人员不慎，射孔弹从手中滑落，掉在地上后药型罩脱落的案例。因此，要保持射孔弹产品质量的稳定可靠，必须从各个环节给予足够注意。图 6.11 是美国专利（USP6454085）公开的一种射孔弹产品装箱方法，主要体现在以下两个方面：纸箱四周填装有带有褶皱的松软材料，以对射孔弹产品的振动起缓冲作用；射孔弹产品采用纸板单元隔离，正反向对接的方式，以避免冲击振动及药型罩变形脱落。

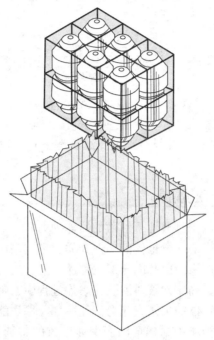

图 6.11　射孔弹产品的包装方式

6.8.6　环境温度的影响

由于油田井下作业井况是一个高温高压的恶劣环境，无论对有枪身射孔还是无枪身射孔，作为射孔弹内所装填的药剂理所当然应具备良好的耐温性能。值得注意的是，由于井下高温环境的影响，炸药在高温环境中长时间滞留会由于药剂发生缓慢的分解反应而释放出气体，正是由于这些气体的产生，一方面使射孔弹内有效爆炸成分减小；另一方面由于射孔弹内高压气室的存在使药型罩发生变形、松动甚至脱落等现象，从而影响了射孔弹结构的完整性和稳定性，影响了聚能射流的形成及对称发展，降低了射孔弹射流的稳定性及穿孔能力。对于内装 RDX、R852、JO-6 炸药的射孔弹来说，在高温环境下药剂分解释放出气体是造成射孔弹药型罩变形、松动、脱落的根本原因之一。

图 6.12 是美国欧文石油工具公司提供的几种耐高温炸药及其相对耐温值的比较关系。从该图可以看出，对于每一种炸药而言，都有一耐温极限与其相对应，恒温时间越长，其耐温性能越低。

目前，应用于油田井下的高能炸药主要有 RDX、HMX、HNS-Ⅱ 单质炸药以及在此基础上衍生而成的混合炸药，如 R852、JO-6、S992 等。因此，开发研制性能优越的耐高温炸药，以满足深井、超深井以及高温井井下射孔作业的需要，已成为未来石油民用爆破发展的迫切要求。

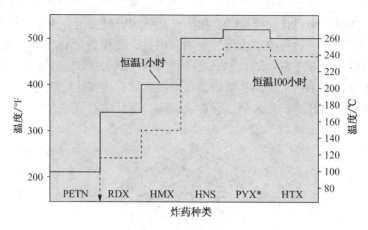

图 6.12　耐高温炸药及其相对值比较

目前,我国石油射孔产品生产单位所提供的射孔数据,均为常温常压下 API - RP - 43 混凝土靶和45#钢靶的测试数据,并没有提供高温状态下石油射孔产品的相关测试数据,这点应引起注意。

6.8.7　环空高压井液的影响

射孔器中的主装炸药提供了打通地下油藏的爆炸动力源。对有枪身射孔而言,聚能射流需要穿过枪体内的空气介质、射孔枪枪体的刚性介质、环空高压液体介质、套管的刚性介质以及地层的岩石介质才能完成聚能射孔的全部过程。

有人认为,几千米井下,高压井液对射孔弹爆炸过程中产生的高温高能高速聚能射流的影响不容忽视,其一,高压液体的急剧汽化会消耗一部分爆炸能量;其二,环空井液的瞬时排空;其三,高压井液的阻挡作用同样会削弱聚能射流的持续稳定发展。以垂直 3000m 井下,孔密 16 孔/m 的 89 枪(无盲孔)在壁厚 7.72mm 的 $5^1/_2$″套管中射孔为例,每米射孔枪中聚能射流在高压水层中穿过的距离为 282.08mm。

目前,就高压井液对聚能射流穿孔性能影响的研究,国内还未见相关专业报道。

6.9　油气井产能比的影响因素

6.9.1　渗透率各向异性对产能比的影响

定方位射孔(Oriented Perforating System)技术是指射孔枪沿 180° 相位角布两排孔眼,并且使射孔弹的发射方位与垂直裂缝方位或最小水平地应力方位正交。该技术是提高低渗透油气藏和裂缝性油气藏完井产能的一项新技术。

美国专利 US 2005/0247447 A1[图 6.13(a)]介绍了一种在油气资源开发过程中,通过确定含油气地层层面(渗透率各向异性),来提高油气井产量的一种方法和设备,以及使用相应的射孔工具在地层中形成沿最小渗透率方向的细长流油通道。该射孔装置是在传统聚能射孔技术的基础之上,结合地层应力和渗透率各向异性的特点设计而成的。

专利 CN 2846739Y 公开了一种定方位射孔器[图 6.13(b)],该射孔器的主要特征在于射孔枪两端有轴向长条定位孔,定位孔内置有与起爆器接头、连接器接头、枪尾上下相连的螺钉,其定位孔方向与射孔枪上的盲孔在同一轴线上,解决了现有射孔器射孔孔眼的随机性问题。

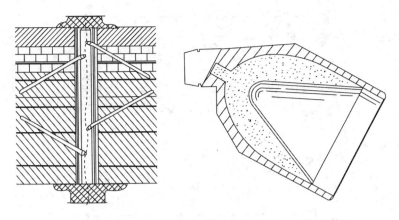

图 6.13(a)　针对地层渗透率各向异性设计的一种射孔装置

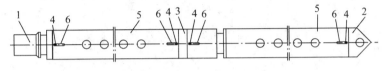

图 6.13(b)　一种定方位射孔枪

1—起爆器接头；2—枪尾；3—连接器接头；4—螺钉；5—射孔枪；6—定位孔

6.9.2　孔深、孔密、孔容的影响

油井产能比随着孔深、孔密的增加而增加，但提高幅度变缓，也就是说仅靠增加孔深和孔密应该有一个限度。从射孔效能角度来看，孔深在达到 800mm 以前，孔密在达到 24 孔/m 以前，增加孔深与孔密效果比较显著。目前，我国射孔弹穿透砂岩的穿孔深度在 450mm 左右，孔密多在 16 孔/m 或 24 孔/m，因此发展深穿透和高孔密射孔技术仍有很大的潜能，但同时应考虑对射孔枪与套管的损害、弹间干扰以及使用成本等。图 6.14(a)提供了原油采收率与地层压力之间的关系，从图中可以看出，对于同一种枪型，射孔孔密愈高，原油产率也随之增加。

一般而言，射孔孔密愈高，地层渗透率愈大．但对于大孔径高孔密射孔而言，可能并不符合上述规律。射孔孔密与地层渗透率之间有一个最佳值，小于或大于该最佳值，都不能构成高孔密射孔的理想效果。

孔容是描述射孔性能的一个综合性指标，其中涉及射孔弹的穿孔孔径、穿孔深度以及单位长度射孔弹的个数(孔密)几个重要参量。其计算方法依据锥体体积计算公式可近似求得。

$$V_\mathrm{m} = \frac{1}{3}\left(\frac{D_\mathrm{m}}{2}\right)^2 h_\mathrm{m}M \tag{6.5}$$

式中　　V_m——单位长度射孔容积，cm^3；

D_m——穿孔孔径，cm；

h_m——穿孔深度，cm；

M——单位长度射孔弹数(孔密)。

图 6.14(b)是一种在 DP 系列射孔弹基础上改造而成的一种大孔径高穿深射孔弹(GH)，该射孔弹最显著的特征是药型罩采取小锥角无底罩的工艺路线，可满足大孔容、高穿深的射孔技术要求。图 6.14(c)显示的是 GH 射孔弹形成的射孔孔道与常规射孔形成的射孔孔道对比结果。

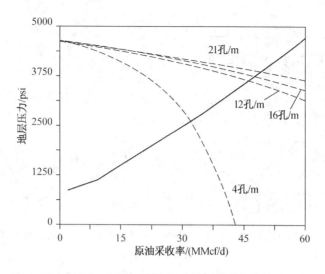

图 6.14（a）　原油采收率与地层压力之间的关系

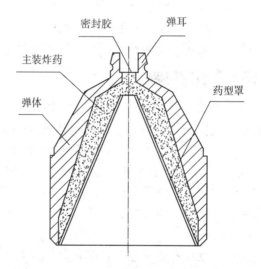

图 6.14（b）　一种大孔径深穿透射孔弹

1—弹体；2—导爆索压槽；3—弹耳；4—主装炸药；5—药型罩

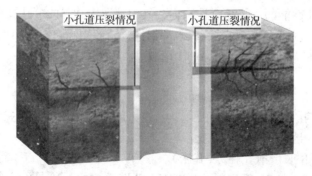

孔道大有利于水力压裂压开地层，孔道小不利于水力压裂压开地层

图 6.14（c）　GH 射孔弹与 DP 射孔弹形成的射孔孔道对比结果

研究结果表明，大孔径深穿透射孔技术能明显降低射孔孔道压力，减缓地层出砂，这对于延长油井使用寿命，提高原油采收率具有积极意义。

6.9.3　射孔相位的影响

相位是指射孔弹在射孔枪枪体空腔内排列时弹与弹之间的水平夹角。国内外常见的相位角有0°、30°、45°、60°、72°、90°、120°、135°、150°、180°等。相位的大小是衡量射孔系统中射孔弹排列密集程度的一个重要技术指标，也是关系到油气井产能比能否提高的一个重要因素。目前我国射孔弹的排布有60°(图6.15)、90°和120°，对于30°和45°相位的射孔器很少有资料报道，可能是因为我国使用的射孔器直径相对偏小的缘故。

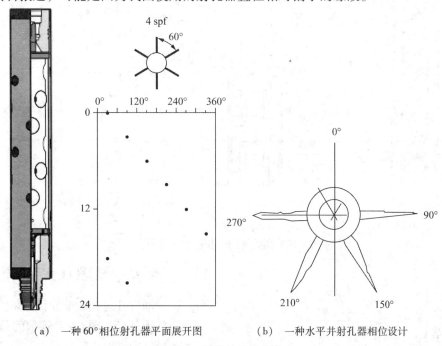

（a）　一种60°相位射孔器平面展开图　　　　（b）　一种水平井射孔器相位设计

图6.15　射孔枪的相位分布

6.9.4　弹间干扰的影响

射孔弹爆炸所产生的聚能射流通常按设计要求，垂直于靶板方向穿出，并能形成有效的流油通道，但对于高孔密射孔系统而言，往往由于上级射孔弹爆炸后产生的冲击波对下级射孔弹爆炸产生强烈的影响，从而形成冲击干扰。射孔作业后的显著特征表现为枪体上的射孔孔眼呈线性滑移，使系统射孔性能大大降低。弹间干扰的存在严重制约了射孔弹射孔性能的发挥，在高孔密射孔条件下，如何避免或降低射孔弹与射孔弹之间的干扰一直是困扰科技工作者的一道技术难题。

解决这个难题应从以下几个方面给予认识：(1)结合现代科技知识，利用计算机辅助工程软件CAE、有限元动力分析软件ANSYS/LS－DYNA等，对射孔弹装枪爆炸过程进行仿真模拟，对射孔弹的弹体结构进行优化设计，提高射孔弹的弹体强度和临界侵彻速度；(2)提高导爆索的爆轰速度，以不低于7200m/s为宜；(3)利用射孔枪枪体展开图进行合理的相位设计；(4)增加弹架强度和隔爆装置。图6.16是一种三发弹处于同一相位的聚能射孔产品装配图，为了避免弹间干扰，在弹与弹之间增加了刚性隔爆装置，以确保其穿孔深度保持在一个稳定的水平。

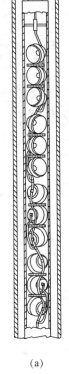

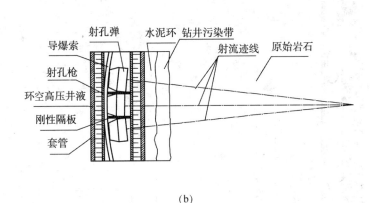

(a)　　　　　　　　　　　　　　　(b)

图 6.16　三发弹处于同一相位的聚能射孔系统

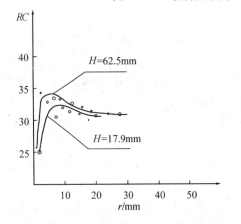

图 6.17　靶板硬度的径向分布

r—离破甲孔壁距离；H—离破甲孔口距离；RC—基体硬度

6.9.5　射孔压实带的影响

油气井射孔的最终目的是以提高产能比为目标。图 6.17 显示的是石油射孔弹钢靶模拟实验过程中，射流对靶板形成孔道硬度径向分布的关系曲线，从图中可以看出，靶板发生了强烈的塑性变形，引起了局部硬化，入口处射流持续时间较长，变形剧烈，硬度最高；愈向孔底变形愈小，硬度也小。该实验证实了射孔孔道压实带的存在及其分布规律。研究结果表明，压实厚度在 10 ~ 17mm 之间，压实厚度增加则产能比降低。压实伤害程度对产能比的影响比较明显，尤其是射孔深度触及钻井伤害区以后，其影响效果显著上升。此时，选择流动效率高的射孔弹很有必要。

6.10　无枪身射孔器

无枪身射孔器按照射孔弹结构和固弹方式分为全销毁型和半销毁型两类。

全销毁型以链节式射孔为代表，射孔弹壳体用铝材料制成，射孔弹上带有连接装置，可以直接连成一串，不需要弹架、枪身等，射孔后只留下炮头部分，其余全部销毁，碎片落入井中；半销毁型有钢丝、钢带和钢板做固弹架3种结构，射孔后弹架可以回收，所以落入井中的碎片要比链节式少。钢丝、钢带型的射孔弹可以使用塑料、玻璃或陶瓷材料制造壳体，碎片呈砂粒状。钢板型的射孔弹采用钢壳材料，耐压性能好。图6.18提供了一种螺旋型无枪身过油管射孔系统局部照片；图6.19是一种钢板型无枪身射孔系统。

图6.18　螺旋型无枪身过油管射孔系统局部照片

6.10.1　无枪身过油管射孔

6.10.1.1　无枪身过油管射孔的基本特点

无枪身射孔器不用钢管做枪身，射孔后没有枪体膨胀问题，容易从井中提到地面，所以在直径受到下井条件限制的过油管射孔作业过程中，射孔弹的装药量可以大一些，这样有利于提高射孔器的穿透能力。

无枪身射孔器的弹架有一定的挠性，在套管弯曲与径缩情况下具有良好的通过性能，一次下井可以射开30m或更厚的油气层，这对射开高压油气层有重要作用。

无枪身射孔器重量轻，操作方便，有利于提高施工效率，减轻工作人员的劳动强度，降低了射孔费用。

无枪身过油管射孔器具有深穿透、低伤害、无杵堵等特点，除了适用于过油管射孔外，还适用于套管井射孔。该产品具有减少作业费用、缩短作业周期、射孔后枪身粉碎落入井底，可直接投产等特点，同时可以实现密闭式射孔，杜绝环境污染和减少井喷造成的损失。

电缆输送式过油管射孔的特点是使用清水代替了图6.19　钢板型无枪身射孔系统示意图
钻井液做射孔液，减小了射孔时的正压差，减轻了固相颗粒对地层的损害，在采用有枪身过油管射孔时，可使全井射孔处于平衡压力条件下；在采用无枪身过油管射孔时，可配合抽吸降低液面高度实现全井负压射孔，但是射孔器的使用受到了油管内径的限制，无法向深穿透、高孔密、大孔径方向发展，使用有枪身过油管射孔时，射孔弹又受到枪身内径的限制。

6.10.1.2　无枪身射孔器的缺点

无枪身射孔器的火工器件处于与液体直接接触状态，射孔弹药柱装在单独密封的壳体内，自由空间小，限制了从炸药分解出来的气体的排放，从而使药柱和炸药承受温度和压力的双重影响，降低了射孔器的性能指标，用玻璃和铝合金制成的壳体耐温耐压能力为100℃和50MPa，塑料制成的壳体为80℃和20MPa，加强型为150℃和80MPa，所以，无枪身射孔器的使用受温度、压力和井深的限制。

无枪身射孔器不像有枪身射孔器那样能保护套管，在套管与油管匹配的尺寸内射孔时，损坏套管的可能性很小，但在小直径套管内射孔时，损坏套管的可能性很大，所以除过油管射孔外，一般不用无枪身射孔器射孔。

无枪身射孔器的单位长度质量轻，特别是用塑料弹壳时，在加重钻井液里使用，下井时比较困难。

6.10.1.3 无枪身聚能射孔弹

无枪身聚能射孔弹采用单个密封结构，射孔弹直接承受井筒内温度和压力的影响，用弹架或非密封的钢管串联后下井射孔。在射孔过程中，射孔弹的爆炸产物(壳体碎片、气体等)直接作用在套管上，由于套管、油管内径的局限，并为了保护套管，射孔弹的结构设计、装药量设计和壳体材料的使用均受到限制，因而，其耐温耐压指标和穿孔性能指标均较低，但在过油管张开式射孔器中，由于特殊的结构允许使用较大药量的射孔弹，其射孔性能指标与有枪身射孔相当。

新型的无枪身射孔弹除了要求射孔弹整体耐温、耐压、密封、具有较高的起爆感度外，还要求射孔弹具有合理的装配尺寸，以便射孔系统在使用过程中具备良好的通透性，同时应注意弹盖与弹架之间的连接以及系统工作状态的挠性处理。

这类射孔弹在设计过程中应注意以下几点：

(1)穿深和孔径是射孔弹两个主要的技术参数，为了达到水泥靶穿深350mm(靶的抗压强度为40MPa)和孔径大于7mm的技术要求，设计时确定的药型罩参数为：形状为锥形；开口直径29.6mm；锥角度为45°；壁厚为0.7mm；壁厚变化率0.9%；高度27.5mm；药型罩的材料配方为铜锦铅钨单质粉末混合；加工工艺为冷挤压成型。

(2)对于弹体的密封，采用丁腈橡胶密封圈密封，经高温高压(105MPa)实验，未发现弹体泄漏。

(3)无枪身射孔弹在设计开发过程中，射孔弹的可靠起爆构成了该产品使用的关键，经大量实验，确定弹体隔板厚度在0.5~1.0mm之间，传爆药选用耐温性能和感度较高的炸药HMX作为传爆药。

(4)为了防止H_2S对弹体的腐蚀，弹体表面进行了镀铬处理。

专利CN2457563Y提供了一种无枪身聚能射孔弹(图6.20)，它主要由弹壳、主装炸药、药型罩、护盖、弹卡、密封圈构成。利用导爆索引爆后产生的高能爆轰波通过弹体隔板引爆射孔弹内的主装炸药，在金属弹壳内形成高压聚能并击碎金属粉末罩、冲破射流通道出口封闭层后形成高压聚能射流，射穿套管壁并进入地层，形成流油通道。该产品具有体积小、结构简单、穿深大等优点，特别适用于过油管射孔作业。

6.10.2 过油管张开式射孔器

由于过油管射孔技术在使用中存在过油管弹药量小、穿深浅，油层产能低等一些问题，致使过油管射孔技术的推广应用受到制约。

1993~1994年，美国先后推出一种新的过油管深穿透射孔系统，又名过油管张开式射

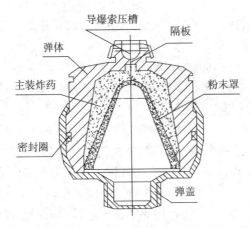

图 6.20 一种无枪身聚能射孔弹

孔系统(图 6.21)。该系统能在通过油管时将弹闭合在枪架中,通过油管后又将弹张开,使其轴线成水平方向,这样,就能在不取出油管的情况下相当于使用一种较大直径的套管射孔枪,该弹装药量不小于23g,穿深是原51枪的4倍以上,从而把过油管射孔技术推进到一个新的阶段。

图 6.21 过油管张开式射孔系统

过油管张开式射孔系统工作原理是:在地面装枪使弹折叠排列,闭合在枪架中,下井到预定深度后通负电流使弹解锁,在拉杆或弹簧作用下弹旋90°与套管壁垂直,做好点火准备,地面发布指令经控制头使系统点火,点火后枪架成碎片与弹壳碎片一起落入井底,控制头则上提回收。

(1)主要技术参数

射孔弹药量:23g;穿深(混凝土靶):≥400mm;入口孔径:≥9mm;孔密:13孔/m;闭合直径:45mm;额定压力:60MPa;额定温度:与 RDX 和 HMX 炸药耐温值相同。

51 × 114DP25 – 1 型转向式过油管射孔器具有转向可靠、点火可靠、深穿透、低伤害、无杆堵等特点。施工成功率高,射孔发射率高。它可以通过51的油管下到指定深度后再使射孔弹由垂直方向转为水平方向,因而可以节省起油管和下油管的费用并缩短作业周期。它可以实现密闭式射孔,杜绝环境污染和减少井喷造成的损失,对海洋石油射孔作业具有较大的技术优势。射孔后枪身粉碎落入井底，可直接投产。适用于过油管射孔，实现深穿透的目的。

（2）技术规格

射孔弹装药量≤25g；穿孔深度≥450mm；入口孔径≥10mm；射孔器闭合枪径51mm；射孔器张开直径114mm；射孔弹耐温150℃、2h（RDX），170℃、2h（HMX）；耐压35MPa；孔密13孔/m；相位180°或90°。

专利CN2464937Y公开了一种无枪身射孔器，它由转换接头总成、上推靠器总成、上接头总成、弹架总成、下推靠器总成和起爆传爆系统总成构成，整体为圆柱形，其外径≤70mm。采用磁吸合推靠方式，使射孔器紧贴井壁，保证射孔器与井壁处于零间隙且与射孔方向一致，磁体可随时更换。可选用上端起爆和下端起爆两种工作方式，引爆旋装在弹架上的多发射孔弹，结构简单、安装方便，作业效率高，特别适用于过油管射孔作业。

无枪身射孔系统在实际作业过程中应注意的几个问题：

① 在选用无枪身射孔时，要根据井下的温度和压力对所选择的爆破器材进行合理匹配，以确保系统作用的安全性和可靠性；

② 由于温度和压力双重因素的影响，在深井作业时尽量不选用无枪身射孔系统；

③ 射孔作业时应尽量避免射孔系统在井下的上提下移，防止射孔系统出现导爆索损伤、掉卡、松动、扭曲、变形甚至脱落等现象；

④ 射孔弹在井下受温度和压力作用，可能会出现变形或裂纹，所以射孔器提出地面后，不要再下井，否则，裂纹扩大，壳体破裂，易发生炸坏套管事故；

⑤ 无枪身射孔系统对套管具有一定的破坏性，对于在油气井中使用时间较长的套管和严重腐蚀的油管，应避免使用无枪身射孔系统；

⑥ 下井速度不宜过快，防止射孔弹碰坏和射孔器下井时遇卡，造成射孔事故；

⑦ 射孔后上提电缆通过喇叭口时，速度不得超过600m/h，通过喇叭口后速度不得超过4000m/h；

⑧ 严格按照装配工艺及施工要求作业，对于出现的异常情况应及时报告主管领导或技术管理部门，以求妥善解决。

6.10.3　DP、SDP系列石油射孔弹

6.10.3.1　DP与BH系列石油射孔弹的命名规则

国内外DP与BH系列石油射孔弹的命名规则大致有以下三种方式：（1）以药型罩的口径尺寸和炸药的主要成分命名，如DP35RDX-1；（2）以射孔枪枪管直径命名，如BH178；（3）以药型罩的口径尺寸及其作用特征命名，如BH58C UP。

对于DP35RDX-1，其中DP是英文单词Deep Penetration的缩写；35是指射孔弹弹体内口径尺寸；RDX是指所填装炸药的主要成分；1是指其型号。对于BH63RDX-1，其中BH是英文单词Big hole的缩写；63是指射孔弹弹体内口径尺寸；RDX是指所填装炸药的主要成分；1是指其型号。

6.10.3.2　国内外DP、SDP系列石油射孔弹的发展

据《中国石油报》报道，2003年7月29日，四川石油管理局测井公司射孔弹厂研制的超深穿透射孔弹SDP43RDX-55-127，在7月23日中国石油工业油气田射孔器材质量监督检验与同类厂家产品的同台竞技中，以1060mm的穿孔深度，力拔头筹，夺得第一。表6.2为该弹厂127弹自检射孔性能一览表。

表 6.2　四川弹厂 127 弹射孔性能一览表

项　目	普通型	高温型	超高温型
产品型号	SDP43RDX－55－127	SDP43HMX－55－127	SDP43PYX－55－127
炸药类型	RDX	HMX	PYX
炸药量/g	45	45	45
深度/mm	1080	1080	850
孔径/mm	13.2	13.4	12.3
检测时间	2001.8	2001.3	2001.3
备注	四川检测	四川检测	四川检测

据 2004 年 12 月 29 日黑龙江电视台报道,大庆射孔弹厂研制开发的特深穿透射孔弹,通过了中国石油工业油气井射孔器材质量检验中心的检测。检测结果表明,该系列射孔弹平均穿深为 1053mm,单发最高穿深为 1188mm,该类产品具有射孔后孔径大、无杵堵、低伤害等特点。据悉,在此基础上,该厂根据国内外油气井油层套管不同的特点,研制出了 1 米弹的 1MD－1、1MD－2、1MD－3 型系列产品。

专利 CN2315293Y 介绍了一种超深穿透射孔弹(图 6.22),它包括壳体、药型罩、上端孔、主装炸药、起爆药和封胶。药型罩为一上薄下厚的圆锥形空心罩,压入壳体内孔中为紧配合。药型罩与壳体内孔之间的空间,装满主装炸药和传爆药,以封胶封好。该实用新型与已有技术相比,爆炸作用力更大,穿透力更强,穿透深度更大,可达 1000mm 以上,满足了低渗稠油的开采需要,丰富了我国深穿透射孔弹的品种,提高了该类产品的市场竞争力。

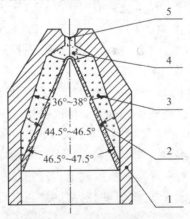

图 6.22　一种超深穿透射孔弹
1—壳体;2—药型罩;3—主装炸药;4—起爆药和封胶;5—上端孔

SDP 系列超深穿透射孔弹是在 DP 系列射孔弹基础上发展起来的适合于我国地质特征的新型产品,与同样直径的 DP 系列射孔弹相比,其穿深指标能提高 10%～15%,但孔径要稍小一些。这类产品主要适用于对穿深指标要求特别高油井的射孔作业。表 6.3 是我国某公司 SDP 系列超深穿透射孔弹射孔性能一览表;图 6.23(a)、图 6.23(b)分别为 SDP46HMX－1 射孔弹产品的外形尺寸及实物照片。

表 6.3　我国某公司 SDP 系列超深穿透射孔弹射孔性能

射孔弹型号	射孔器外径/mm	孔密（孔/m）	装药量/g	48 小时耐温/℃	套管外径/mm	API RP－43 混凝土靶		45# 钢靶	
						孔径/mm	穿深/mm	孔径/mm	穿深/mm
SDP36RDX－1	89	16	25	121	140	8.8	555	8.6	189
SDP46HMX－1	127	16	43	160	178	10.2	1098	11.5	251

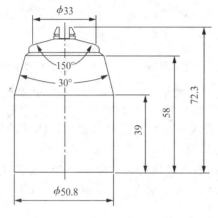 

图 6.23(a)　SDP46HMX－1 外形尺寸　　　图 6.23(b)　SDP46HMX－1 实物照片

据射孔器材检测中心 API 混凝土靶的产品检测表明，我国 1300mm SDP 特深射孔器平均穿孔深度已达到 1385mm，穿孔孔径达到 15.4mm，稳定性达到 95.45%，射孔枪、射孔器射孔后各项技术指标均超过设计要求。

PowerJet Plus 射孔弹。PowerJet Plus 低碎屑聚能射孔弹是斯伦贝谢公司在长水平井段射孔并增加产能的有效手段。现代射孔系统是根据新的美国石油学会 API－RP－19B 程序测试的。测试结果显示，这种射孔弹的穿深为 43.9in(1114.6mm)，孔道入口直径 0.31in(7.87mm)。因穿透深度超过了侵入带，所以增加了有效井眼半径。此外，射孔井段压力的降低，减轻了局部损害，缓解了地层出砂。

在高强度砂岩岩芯中，PowerJet Plus 射孔弹的穿透深度及流动面积至少比现有技术多20%~30%。单位炸药性能的提高使得 PowerJet Plus 射孔弹更为有效。

美国专利 USP5479860 公开了一种可同时进行多点起爆的聚能射孔弹(图 6.24)，这种射孔弹包括一个外壳、一个雷管组件、能产生向心压力的高能炸药和一个有聚能几何形状的金属药型罩。其中雷管组件包括有一个微秒级瞬发电雷管的预定结构，这些电雷管可用爆炸箔起爆器、爆炸桥丝、火花隙或激光技术来同时对高能炸药进行多点同步起爆，以提高药型罩的压垮速度和临界侵彻能力。

为了最大限度地发挥聚能射孔的爆炸效能，提高射孔弹爆炸过程中的能量利用率，且以保护射孔枪和套管不受损坏为目的，国内外石油民爆科技工作者以增加射孔孔径和射孔深度，提高油气井产能为目标，对聚能射孔的作用从各种角度进行了认识，并提出了相应的工艺实现途径。专利 USP6679327 介绍了一种带有半圆形加强护板的射孔装置(图 6.25)。据介绍，该装置能有效减少射孔弹爆炸过程中的径向能量损耗，提高了射孔弹的性能参数，完善了聚能射孔的设计思想。为避免井下意外事故，特别是大药量聚能射孔事故的发生，进行了新的工艺尝试。

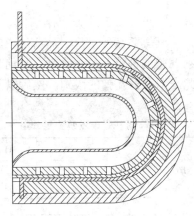

图 6.24　一种多点同步起爆聚能射孔弹示意图

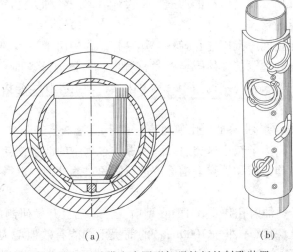

（a）　　　　　　　　　　　（b）

图 6.25　一种带有半圆形加强护板的射孔装置

目前，国外石油射孔产品具有连续化，自动化生产能力，年生产能力约 5000 万发，并大量出口。图 6.26 显示的是美国贝壳石油公司射孔弹产品的一条自动化生产线。

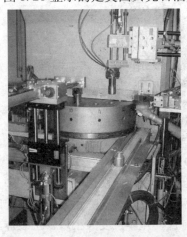

图 6.26　国外射孔弹产品自动化生产线

6.10.3.3　DP 系列石油射孔弹的设计思想

对于刚性介质而言，爆轰波的反射符合几何光学定律。对于石油射孔弹而言，其射流的形成正是利用这一原理进行设计的。可以说射孔弹弹体结构为一典型的爆轰波波形发生器，只是为了达到聚能穿孔这一目的，其爆轰波经过反射后所形成的波形为锥形波而已。

为了公平合理地评价一种射孔弹的性能和质量水平，目前，国内采取的是对射孔弹按其装药量进行分组（表6.4），依此来划分射孔弹的级别，然后以不同的级别要求对射孔弹进行性能和质量评价。

表6.4　射孔弹单发装药量分组

组别	I	II	III	IV	V	VI	VII	VIII	IX
总装药量/g	≤12.5	12.6~16.0	16.1~20.0	20.1~25.0	25.1~32.0	32.1~35.0	35.1~38.0	≥38.0	

在石油射孔弹产品的开发设计过程中，为了最大限度提高射孔弹的穿孔孔径、孔道深度、孔道容积、降低杆堵、提高地层的渗透率，设计者采取各种方法减小或降低弹体结构设计不合理所带来的能量损耗。

这里的能量损耗是指同一批次射孔弹在爆炸穿孔过程中由于弹体材料方面存在缺陷、弹体结构设计是否合理、药型罩与弹体配合的紧密程度、弹体内外表面有无明显的沟槽直角、药型罩密度分布是否均匀、装药结构是否对称等因素，使射孔弹性能指标呈现出较大范围的波动。

就 DP46RDX-1 海洋系列石油射孔弹而言，由于装配工艺的需要，要求在弹体外表面车制弹架槽和固弹卡槽，为了减小这类射孔弹在爆炸过程中的能量损耗，除了对弹体结构进行优化设计外，还应对弹架槽和固弹卡槽部位进行圆角过渡处理，以避免应力集中所带来的能量损耗。

DP46RDX-1 海洋石油射孔弹是在 DP46 型射孔弹基础上开发研制的一种新型弹种，其最大特点是在一定穿孔深度（不小于1000mm）的前提下，能有效地增大射孔弹的穿孔孔径。该弹可适合于 102、127 枪枪型，井下使用结果表明，该弹能大幅度提高油气井的采收率。图27(b)显示的是该产品的外形尺寸。

图 6.27(a)　DP46RDX-1 海洋石油射孔弹

试验结果及用户反馈意见表明，高孔密射孔枪系统在地面模拟靶实验过程中，由于弹间干扰，射孔弹的穿孔深度明显降低、穿孔性能指标明显下降。这除了与射孔弹弹间间距、导爆索爆速有关外，还与射孔弹弹体结构设计合理与否、弹体强度大小以及主装炸药爆速的高低有密不可分的关系。因此，有效增加弹体强度有助于减小射孔弹爆炸过程中的相互干扰，延长后续射流的断裂时间，提高其轴向输出能力。

对于射孔弹爆炸装药所产生的冲击波压力，可通过下列式子进行描述：

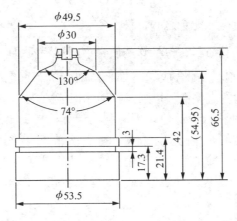

图 6.27(b)   DP46RDX - 1 海洋射孔弹外形尺寸

$$p = p_0 e^{-at} \tag{6.6}$$

式中 p ——冲击波在时间 t 时的压力；

p_0 ——冲击波在时间 $t = 0$ 时的压力；

t ——冲击波在空气介质中的传播时间；

a ——压力衰减系数。

其中，p_0 的大小与炸药的类别、爆速、密度、装药量、装药结构以及射孔系统的工作环境等因素有关。

图 6.28 提供了一种同等条件下同样装药量的无壳射孔弹和有壳射孔弹爆炸后的空气冲击波 $p-t$ 曲线。由该曲线可知，带壳弹爆炸后表现出强劲的爆轰脉冲现象，而无壳弹则由于爆炸能量随空气冲击波的迅速扩散而降低了其爆炸威力。

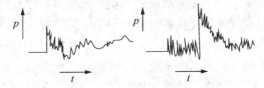

(a) 无壳射孔弹的 $p-t$ 曲线；   (b) 带壳射孔弹的 $p-t$ 曲线

图 6.28   无壳和带壳射孔弹爆炸后的空气冲击波曲线

基于上述认识，为了解决射孔弹弹体结构设计不合理而引起的爆炸能量损耗及弹间干扰，应从以下几个方面给予注意：

① 弹体宜选用强度较高的材料，如碳钢、45$^{\#}$钢等，以降低爆炸能量的径向损耗，提高射孔弹的轴向穿孔能力。

② 避免弹体内外表面出现明显凹槽或直角，如果确系工艺方面的需要，应对沟槽、直角部位修钝处理，以降低弹体材料的应力集中。

③ 为了降低射孔弹爆炸过程中的热损耗，可在弹体内表面镀一层低熔点金属(形成汽态绝热层)来减少爆热向外界传递，以提高射孔弹的能量利用率。

对于射孔弹来说，通常用其输出能量的质量指标来衡量射孔弹爆炸能量的利用率。

$$\eta = \frac{\sum E_i}{\sum m_t} \tag{6.7}$$

式中 η —— 射孔弹输出能量质量指标，J/g；

$\sum E_i$ ——各有效射流微元能量总和，J；

$\sum m_t$ ——装药结构的总质量，包括炸药质量、药型罩质量以及弹体质量等，g。

④ 注意药型罩与弹体之间的配合应始终处于紧配合状态，包括在井下高温环境中的使用，以确保射孔弹弹体结构的完整性，增强其轴向输出能力。

⑤ 对于射孔弹弹体内部结构设计建议采取利用计算机辅助工程软件、有限元动力分析软件等动态仿真模拟技术等其他优化设计方案，避免仅靠经验反复改进设计的不科学方法，以确保石油射孔弹弹体结构在冲击载荷的作用下更加科学规范、合理有效。

⑥ 对于高孔密射孔，应从提高导爆索爆速、延长射孔弹弹体破裂时间方面，避免弹间干扰的发生。

（1）高稳定型石油射孔弹

石油射孔弹的耐高温高稳定性是射孔弹产品自身极其重要的一项技术指标。耐高温高稳定性主要表现在射孔弹产品的原材料选择、零配件加工、生产运输储存及其在井下高温高压环境中的安全可靠、有效使用等方面。

《油气井聚能射孔器通用技术条件》（SY/T 5128—1997）中对石油射孔弹地面穿钢靶试验穿孔深度及稳定性进行了量化要求，要求射孔弹的穿孔稳定性应不小于90%。

$$W = \left(1 - \frac{S}{X}\right) \times 100 \tag{6.8}$$

式中　　W ——穿孔深度稳定性，%；

S ——试样组标准偏差，mm；

X ——试样组穿孔平均值，mm。

由于油田井下作业井况是一个高温高压的环境，无论对有枪身射孔还是无枪身射孔，作为射孔弹内所装填的药剂理所当然应具备良好的耐温性能。目前，就各类公开文献资料显示表明，射孔弹内主装炸药大致有 RDX、R852、HMX、JO-6、HNS-Ⅱ系列以及 PYX 系列炸药等。表6.5提供了4种常见耐高温单质炸药的耐温性能参数。

表6.5　RDX、HMX、HNS-Ⅱ、PYX 的热分解温度

炸药	熔点	分解温度/℃					
		1h	2h	24h	48h	100h	200h
RDX	204	171	163	134	125	114	107
HMX	276	—	210	170	163	156	145
HNS-Ⅱ	316	260	—	246	239	232	190
PYX	360	288	285	—	250	—	232

值得注意的是，由于井下高温环境的影响，上述几种炸药在高温环境中长时间滞留会由于药剂发生缓慢的热分解而释放出气体，正是由于这些气体的产生，一方面使射孔弹内有效爆炸成分减小；另一方面由于射孔弹内高压气室的存在使药型罩发生变形、松动甚至脱落等现象，从而影响了射孔弹结构的完整性和稳定性，影响了聚能射流的形成及对称发展，降低了射孔弹的穿孔能力。表6.6、表6.7、表6.8分别列出了有关 RDX、HMX、HNS-Ⅱ、PYX 四种耐高温单质炸药在150 ℃、175 ℃和200 ℃高温环境下的真空安定性试验结果。

表 6.6　150℃真空安定性试验结果　　　　　　　　　cm³·g⁻¹

表 6.6　150℃真空安定性试验结果　　　　　　　　　$cm^3 \cdot g^{-1}$

炸药	加热时间/天				
	2	7	14	21	28
RDX	3.2	10.5	11.3	13.5	16.8
HMX	1.2	8.9	32.0		

RDX 在第 28 天试样全部分解；

HMX 在第 13 天试样全部分解。

表 6.7　175℃真空安定性试验结果　　　　　　　　　$cm^3 \cdot g^{-1}$

炸药	加热时间/天					
	2	7	14	21	28	35
RDX	4.2	15.1				
HMX	3.1	31.2				
HNS-Ⅱ	0.2	0.4	0.5	0.6	0.7	0.8

RDX 在第 6 天试样全部分解；

HMX 在第 7 天试样全部分解。

表 6.8　200℃真空安定性试验结果　　　　　　　　　$cm^3 \cdot g^{-1}$

炸药	加热时间/天					
	2	7	14	21	28	35
HNS-Ⅱ	0.4	0.7	1.0	1.2	1.4	1.6
PYX	0.1	0.1	0.2	0.2	0.2	0.3

由上述实验数据可以看出，对于内装 RDX、R852、JO－6 炸药的射孔弹来说，在高温环境下药剂分解释放出气体是造成射孔弹药型罩变形、松动、脱落的根本原因之一。

在上述认识的基础上，编者设计并综述了以下几种耐高温高稳定性石油射孔弹。

① 具有排气功能的耐高温高稳定性石油射孔弹

为了提高射孔弹在高温环境下的穿孔稳定性，确保井下作业安全可靠有效实施，编者提出了一种具有排气功能的石油射孔弹，这类射孔弹内主装炸药为 RDX 或 R852，与常规射孔弹不同的是，其排气孔对称开设在药型罩口部外侧母线位置，孔径大小为 2－R0.5mm。正因为排气孔的存在，从而极大地缓解了药室气体压力对射孔弹结构及其性能的影响，提高了射孔弹的作用效果及其适用范围，避免了射孔弹爆炸后枪体泄压不及时而造成的炸枪卡枪事故的发生。

② 以 HNS－Ⅱ为主装药的耐高温高稳定性石油射孔弹

尽管 HNS－Ⅱ耐温性能比较好，可以满足井下高温环境的作业要求，但由于其流散性差、爆速低、威力小、爆轰不充分(爆炸后在靶场周围出现黄色烟雾)而影响了其正常使用。为了提高这类射孔弹的起爆感度，增加其轴向输出能力，编者设计了一种以 HNS－Ⅱ为主装药的耐高温石油射孔弹，这种射孔弹和常规射孔弹几何外形没有差别，只是在 HNS－Ⅱ炸药中均匀混入3%～5%、粒度在 5～7 μs 的铝粉或镁粉，以提高 HNS－Ⅱ炸药的爆热及其做功能力，进而拓展了其应用范围。传爆药选用感度和流散性较为理想的 R791 或 HMX 作为始发装药。

③ 弹盖压接型耐高温高稳定性石油射孔弹

专利 CN2405008Y 显示了一种高稳定性石油射孔弹（图 6.29）。该产品主要用于油气井的射孔作业，它是由弹体、药型罩和主装炸药组成，在弹体的口部有挡圈和压盖。由于挡圈和压盖将弹体、药型罩及主装炸药紧锁固定，使其在生产运输储存及高温射孔作业过程中保持弹体、药型罩和主装炸药不发生相对移动，从而保证了射孔弹的最佳设计状态，保证了射孔性能参数的相对稳定性，对于避免弹间干扰也有积极意义。

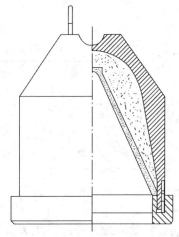

图 6.29　一种高稳定性石油射孔弹

④ 弹体收口型耐高温高稳定性石油射孔弹

这种射孔弹为了保证弹体和药型罩始终处于连接配合状态，采取了弹体口部周向均匀收口法。该工艺方法简单可行、实用有效。

⑤ 螺钉紧固型耐高温高稳定性石油射孔弹

专利 USP6035785 介绍了一种保证射孔弹药型罩和弹体不易发生分离的高稳定性石油射孔弹。该专利的主要设计思想是在弹体外侧靠近口部位置，有均匀分布的螺钉起到了紧固连接作用，从而也保证了射孔弹各项性能指标的相对稳定、统一和完整。

（2）绝热型石油射孔弹

油田井下聚能射孔是一种作用时间极其短暂的高温高压高速爆轰过程，尽管射孔作业从起爆到完成聚能穿孔的时间只有数十微秒，但其爆轰过程却伴随着极其复杂的高速化学反应。对于射孔弹爆炸过程的热传递可以从飞散的弹片烫手这一信息采集过程得到证实，因此，射孔弹爆炸过程中的热传递同样构成了影响射孔弹穿孔性能发生变化的因素之一。

具有绝热功能的石油射孔弹跟常规射孔弹相比，在结构设计上并没有多大差别，只是在射孔弹内壁电镀了一层低熔点金属锌（锌的熔点为 419.5℃），正因为这种微量低熔点金属的存在，在射孔弹爆炸的瞬间，这类金属迅速汽化，形成了一层具有绝热功能的汽态保护层，避免了射孔弹爆炸过程中的能量向射孔弹弹体以及外界的传递，起到了绝热保护作用，提高了射孔弹的能量利用率。

（3）微差型石油射孔弹

油气井聚能射孔过程是射孔弹内装药爆炸后所形成的高速高能量密度射流的积聚与发展过程。石油射孔产品在石油民用爆破中的作用主要是为了完成聚能穿孔，即利用聚能射流在油气井目的层位置形成射孔孔道把地层环境与井筒环境相互沟通达到采油目的。那么如何最大限度地发挥石油射孔弹的射孔效能，强化石油射孔产品的整体性能，提高地层渗透率一直是石油科技工作者关注和研究的课题。

所谓微差设计是指利用射孔弹产品自身的结构特点，使射孔弹在爆炸过程中形成具有不同速度梯度连续接力的瞬时聚能射流，以期实现聚能效应及其作用效能的最大发挥与利用。

这里从石油射孔产品的结构设计入手，试图通过典型图例对石油射孔弹弹体结构的微差设计、药型罩的微差设计、主装炸药的微差设计以及复合型微差设计进行理性分析和工艺改进。

经系统检索与深入研究国内外石油射孔产品后认为，石油射孔产品在弹体内部结构微差设计方面主要表现为以下两种形式：等间距微差设计和递增间距微差设计，依此原理设计而成的石油射孔弹可统称其为多级射流石油射孔弹或集束射孔弹。

① 等间距弹体多级射流石油射孔弹

专利 USP6619176 介绍了一种射孔弹内部等间距微差设计的石油射孔弹，该产品的主要设计思想是利用在射孔弹弹体内部轴线方向加工有等间距逐渐增大的台阶状同心孔，使射孔弹在爆炸过程中形成连续动态接力射流，以提高石油射孔产品的穿孔孔径和穿孔深度。

② 递增间距弹体多级射流石油射孔弹

编者在吸收和借鉴国外产品设计思想的基础上，根据我国石油射孔产品的设计工艺及使用要求，提出并设计完成了一种可以对聚能射流进行连续接力、逐级加速的石油射孔产品（图6.30）。该产品的主要特点体现在，弹体内部台阶状同心孔沿射流方向水平长度具有等差数列分布，使射孔弹爆炸后所形成的射流得到逐级加速，从而达到大孔径、深穿透、防出砂的目的。该产品与我国多级脉冲石油复合射孔技术相结合，可形成超级脉冲石油复合射孔的新型实用技术。目前，该技术已被中国专利局授予新型实用专利发明权。

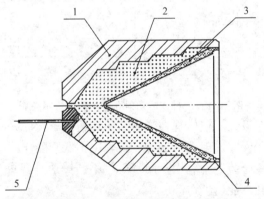

图 6.30　一种多级射流石油射孔弹

1—弹体；2—主装炸药；3—药型罩；4—封口胶；5—压丝

③ 大孔容石油射孔弹

大孔容射孔弹，主要包括前级弹体、传延体和后级弹体三部分，该弹在 API – RP – 43 混凝土靶中的穿深不仅超过 850mm，而且射孔孔道的孔容远大于一般的深穿透射孔弹的射孔孔道容量，适合于稠油井的射孔作业。

大孔容石油射孔弹是由初级射孔弹和次级射孔弹组成，主要用于石油开采作业。该产品通过合理的装药及结构设计，采用两级射孔有机组合的方式完成射孔作业，当初级射孔弹起爆后，由初级射孔弹产生的聚能射流首先将油层套管、水泥环射穿，并触及油层一定深度；初级射孔弹起爆后，传爆药被引爆，进而引爆次级射孔弹；在初级射孔弹爆炸穿孔的基础上，次级射孔弹再将射孔深度穿得更深，孔径扩至更大。该产品采用两级射孔技术有效叠加的方式，弥补了现有产品穿孔孔径小和穿孔深度不甚理想的弱点，丰富和完善了聚能射孔产品的设计思想，对于油气井的稳产高产具有一定的现实意义。

该产品的设计关键是如何合理有效地实现两级射流之间的延时控制。目前有以下3种方法：利用主装炸药的性质类别或炸药压合过程中的密度差异进行延时；利用两个微秒级电引信雷管进行延时；通过直径 $1\sim2mm$ 的银管导爆索进行延时。

④ 双锥罩石油射孔弹

双锥罩石油射孔弹是我国最早开始研究开发的一种高科技产品，其主要目的是为了提高石油射孔弹的穿孔孔径及穿孔深度，以期实现石油射孔产品综合性能指标的大幅度提高。但该类产品在开发研制过程中因弹体结构复杂，工艺实现难度较大，工艺稳定性差，生产成本较高而未能大面积推广应用。该弹的工艺控制是利用前后两个药型罩相互叠加，同时也体现了射孔产品的微差设计思想。

美国专利 USP6840178 介绍了一种变锥角射孔弹用药型罩(图6.31)，据了解，这类射孔弹可实现多级射流微差射孔，可满足大孔径、深穿透的射孔技术要求。

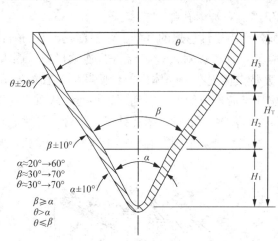

图6.31　一种变锥角射孔弹用药型罩示意图

石油射孔产品的微差设计不仅体现在弹体结构和药型罩设计方面，还表现在弹内装药的微差设计方面，如大孔径深穿透射孔。这种装药采用了低密度炸药与高密度炸药或低爆速炸药与高爆速炸药之间的复合装药，利用不同密度、不同爆速炸药爆炸后所形成的微小时差，来提高射孔弹产品的穿孔性能(图6.32)。

石油射孔产品中的复合型微差设计是指通过改变射孔弹弹体结构、药型罩成分配比及其结构形状或填装不同密度不同爆速的炸药等综合措施来实现射孔产品的微差设计，提高射孔产品整体性能的一种优化设计方法。通过仔细观察，可以看出，图6.32完全体现了射孔产品复合型微差设计这一主导思想。

通过技术跟踪与产品设计，站在发展的角度对石油射孔产品的微差设计进行了分析认识，使我们认识到，未来石油射孔产品正向着大功效、多功能、复合化，系列化方向发展；石油射孔产品中的微差设计对于完善射孔产品的设计思想，对于改善提高射孔产品的整体性能必将发挥积极而有效的作用。

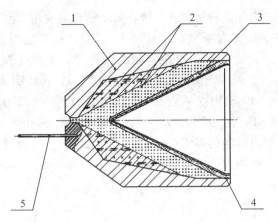

图 6.32 炸药装药微差设计的一种石油射孔弹

1—弹体；2—复合型主装炸药；3—复合型药型罩；4—封口胶；5—压丝

6.10.4 BH 系列石油射孔弹

6.10.4.1 高孔密射孔的防砂机理

通常把孔密大于 20 孔/m 的射孔技术称为高孔密射孔。在胶结疏松砂岩射孔时，当储层压力较低，岩石应力较高时，射孔孔眼可能产生剪切破坏，如果产能或压差较高时，可能会导致孔眼周围压力梯度增高，从而使孔眼产生了张力破坏。孔眼的力学性质不稳定，导致储集层大量出砂甚至坍塌。

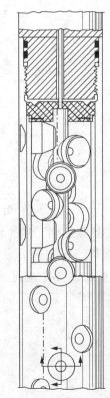

高孔密射孔器与同枪型的深穿透射孔器相比，其穿孔深度略浅，但其射孔孔密高，孔道容积大，原油渗流面积也大。在井筒液体流动时，当井眼压力低于储集层压力时，就会产生拖曳力，使得地层砂粒向井筒内流动，从而引起地层出砂，通过降低流体的流动速度，使流体对砂粒的拖曳力小于岩层的胶结强度，从而使砂粒粘结在一起，显示了高孔密射孔的防砂特性。高孔密射孔有效降低了液体流动速度，达到了防止地层出砂的目的。

BH 系列大孔径石油射孔弹是近几年从国外引进的具有一定发展前景和市场竞争优势的新型弹种。BH 是 big hole 的英文缩写，其命名规则同高穿深（DP）系列石油射孔弹。其特点主要表现在以下几个方面：（1）射孔孔径大，孔道规则，无杆堵，穿深理想；（2）射孔孔密高，其布弹方式通常呈螺旋形或双螺旋形均布形式；（3）由于其射孔孔径大，孔密高，布弹方式严谨，降低了每个射孔孔道的出油压力，减缓了地层出油速度，对于油气田勘探开发中出现的"三低一高"（低产、低渗、低丰度、高出砂）地层有一定的作用；（4）弹体材料选用锌或锌铝合金，射孔弹爆炸后不会在井筒内留下弹片碎屑，对于保证全通径作业的可靠实施，避免井筒污染有显著的作用；（5）由于独特的布弹方式和科学的相位设计，有效避免了射孔弹爆炸后对枪身、套管及水泥层的损伤。

图 6.33 大孔径高孔密射孔系统

图 6.33 为一种典型的高孔

密射孔系统。图 6.34 是大孔径高孔密射孔系统在海洋油田的应用。附表 6 提供了国内外常见的几种大孔径高孔密射孔弹的性能参数。

据资料显示，我国已设计定型和正在研制的大孔径石油射孔弹主要有 BH25RDX－1、BH42RDX、BH43RDX－1、BH48RDX－1、BH51RDX－1、BH54RDX－1、BH54RDX－2、BH57RDX32、BH58RDX、BH61RDX－1（102）、BH61RDX－1（127）、BH61RDX－1 海洋、BH61RDX－2 海洋、BH63RDX、BH64RDX－1，由于大孔径射孔弹具有射孔孔密高、孔道清洁、无杆堵、防止地层出砂等诸多优点而受到用户的青睐。这类射孔弹可根据其装药分为 121℃/48h 和 160℃/2h，前者主装炸药为 R852，后者主装炸药为 JO－6。

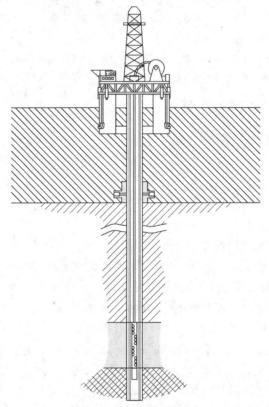

图 6.34　大孔径高孔密射孔系统在海洋油田的应用

实验结果表明，油气井产能比与射孔弹穿孔深度、射孔孔密之间存在着密切的关系，其关系曲线如图 6.35 所示。

6.10.4.2　BH 系列射孔弹射流形成的计算模型与物理模型

依据定常、理想不可压缩流体力学理论，射流速度和射流质量与药型罩锥角之间的关系为：

$$v_j = \frac{1}{\sin\frac{\beta}{2}} v_0 \cos\left(\frac{\beta}{2} - \alpha - \delta\right) \tag{6.9}$$

$$m_j = \frac{1}{2} m (1 - \cos\beta) \tag{6.10}$$

其中 v_j 为射流速度；v_0 为压合速度；m 为药型罩质量；m_j 为射流质量；β 为压合角；α 为

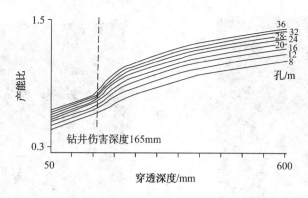

图 6.35 孔深、孔密与油井产能比的关系曲线

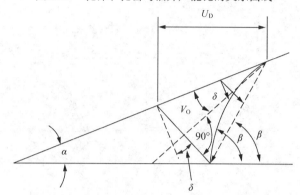

图 6.36 BH 系列射孔弹射流定常流动计算模型

半锥角；δ 为压合变形角。

当 $\alpha = \beta$，$\delta = 0$ 时，有：

$$v_j = v_0 \, \mathrm{ctg} \, \frac{\alpha}{2} \qquad (6.11)$$

$$m_j = m \sin^2 \left(\frac{\alpha}{2} \right) \qquad (6.12)$$

6.10.4.3 国外大孔径石油射孔弹的发展及现状

国外大孔径石油射孔弹的发展经历了漫长而艰难的发展历程，到目前为止，大孔径石油射孔弹设计生产工艺日趋稳定成熟，可以大批量投放市场。其产品装配总成及模拟实验过程从图 6.37(a) 和图 6.37(b) 中可以得到证实。

近年来国外石油民用爆破科技工作者在已有产品的基础上不断总结，推陈出新，设计完成了功能强大的大孔径高孔密石油射孔弹，图 6.38 显示了一种大孔径多功能石油射孔弹的产品结构图。这种射孔弹均采取了多种技术的复合设计，其中有药型罩成分及结构的复合设计、弹体结构的微差设计以及主装炸药配方的优化设计等，这种复合技术的应用使石油射孔产品更具有实用性和前瞻性。

石油射孔作业是一种高温高压高速射流形成的过程，而射流的形成是依靠主装炸药及弹体的共同作用来完成。就理论而言，对于刚性介质爆轰波反射完全符合几何光学定律。那么在石油射孔弹产品设计过程中，为了达到一定目的，如实现大孔径深穿透射孔，可通过改变爆轰波波形达到上述要求。所谓惰性体就是具有一定结构形状尺寸的物质，它的存在不参与炸药的高速化学反应，只是起到改变爆轰波的形成及发展。

99

（a）大孔径高孔密射孔系统装配总成　　　　　（b）大孔径高孔密射孔系统模拟实验照片

图 6.37　国外大孔径高孔密射孔系统应用实例

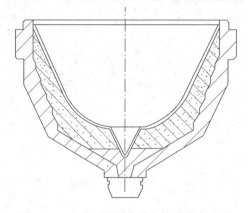

图 6.38　一种双锥罩大孔径多功能射孔弹

　　含有隔板的石油射孔弹。这里的隔板只起到改变爆轰波波形产生、发展及形成的作用，不参与化学反应。隔板材料通常可选用有机玻璃、45#钢或 A3 钢、硬铝等材料，形状也多种多样，有片状、圆台状、圆弧状、异形结构等，其形状及尺寸主要取决于射孔弹的内部结构及其工艺实施过程。图 6.39 是一种含有圆台状有机玻璃的大孔径石油射孔弹。

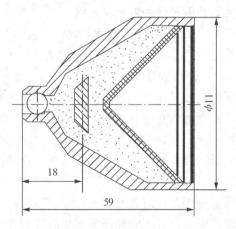

图 6.39　一种含圆台状有机玻璃射孔弹

　　含惰性球的石油射孔弹。在射孔弹穿孔过程中，为了提高药型罩中间部位的压垮速度、抑制射流头部的运动速度，有人提出在药型罩内侧最底部镶入一个一定直径的钢珠，以此来分配药型罩各部分所承受的爆炸能量。这里的钢珠也不参与化学反应，但它前移了射流在射孔弹中心轴线上的碰撞位置，同样可实现大孔径深穿透之目的。

含惰性环的石油射孔弹。和含隔板、惰性球射孔弹不同的是，含惰性环的石油射孔弹，惰性环一般为刚性介质并紧贴在药型罩内侧靠其口部位置或作为一个挡圈卡在药型罩口部。这里的惰性环在射流形成过程中可有效降低形成杆体部分药型罩的运动速率，减小了射孔过程中射流对地层的二次污染，提高了地层渗透率。如果惰性环卡设在药型罩口部位置，对于保证药型罩与弹体紧配合的始终性，对于提高射孔弹的穿孔稳定性、降低杆堵会起到积极的作用。

图 6.40 显示的是大孔径高孔密射孔弹产品的安装方法。具体安装方法是，用专用工具压边固弹或把射孔弹对准弹孔上的燕尾槽，安装进弹架后，把射孔弹旋转一角度即卡装在弹架上。

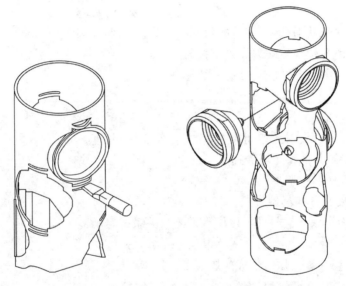

图 6.40　大孔径高孔密射孔弹的安装方法

图 6.41 是一种典型的大孔径高孔密双射流石油射孔弹，这种射孔弹的显著特点是，导爆索位于射孔弹及弹架的中央位置，射孔弹爆炸后可相成具有相同功能的两束射流，提高了射孔系统的射孔孔密，同时该弹可旋转 90°方向任意安装。这类射孔弹也可应用于复合射孔，射孔枪枪体不需要开孔密封处理，枪体密封性能良好，爆轰、爆燃压力泄放及时，有利于岩石裂缝的启裂与延伸。

目前，我国石油射孔市场大孔径高孔密的射孔孔密为 32L/m 和 40L/m 两种，试验结果表明，对同一规格射孔器而言，孔密愈高，弹间干扰愈严重；弹间间距愈小，弹间干扰愈严重。

弹间干扰是指射孔弹爆炸过程中上级射孔弹爆炸产生的冲击波对下级射孔弹爆炸产生强烈的影响，从而形成冲击干扰，使系统射孔性能大大降低，这种现象称为弹间干扰。影响射孔弹弹间干扰的主要因素有导爆索的爆速，射孔孔密，弹体强度，射孔弹主装炸药的爆轰速度等。

对于弹间干扰，其发生的条件可以用时间参数进行判定：

$$t_1 > t_2 \tag{6.13}$$

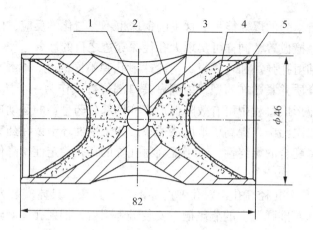

图 6.41　一种大孔径高孔密双射流石油射孔弹

1—细纱布；2—弹体；3—主装炸药；4—药型罩；5—封口胶

式中　　t_1 ——相邻两射孔弹之间导爆索完成爆轰的时间，s；

　　　　t_2 ——射孔弹弹体破裂爆轰干扰时间，s。

其中相邻两射孔弹之间导爆索完成爆轰的时间为：

$$t_1 = \frac{l}{v_1} = \frac{2\pi r \sqrt{1+(\mathrm{ctg}\beta)^2}}{v_1} \qquad (0 < \beta < \frac{\pi}{2}) \qquad (6.14)$$

式中　　l ——相邻两发射孔弹间导爆索的直线（弧线）长度，m；

　　　　v_1 ——导爆索的稳定爆轰速度，m/s；

　　　　r ——园柱形弹架半径，m；

　　　　β —— 射孔弹布局螺旋角，（°）。

对于弹体破裂爆轰干扰时间可以用下列函数关系式表示：

$$t_2 = f(p_m, v_2, \sigma_1, \sigma_2) \qquad (6.15)$$

式中　　p_m ——射孔弹爆炸后形成的爆轰干扰压力，MPa；

　　　　v_2 ——主装炸药爆速，m/s；

　　　　σ_1 ——弹体应力强度，MPa；

　　　　σ_2 ——外力约束强度，MPa。

对于高孔密射孔，当上位射孔弹爆轰冲击压力大于下位射孔弹的抵抗力时，则发生弹间干扰，即

$$p_m > p_n \qquad (6.16)$$

式中　　p_n ——受干扰射孔弹的最大抵抗力，主要包括射孔弹的弹体强度，缓冲介质对爆轰波的吸收能力以及弹架的约束力等，MPa。

p_m 可以表示成：

$$p_m = p_0 e^{-at_m} \qquad (6.17)$$

式中　　p_0 —— 射孔弹在时间 $t=0$ 时的爆压，MPa；

　　　　t_m —— 与 p_m 相对应的干扰时间，μs；

　　　　a —— 压力衰减系数。

其中，p_0 的大小与射孔弹主装炸药的类别、爆速、密度、装药量、装药结构以及射孔系统的工作环境等因素有关。

理论模拟结果表明：高孔密射孔中的弹架干扰与导爆索爆速、弹架直径、弹架强度、相

位角、射孔弹弹体强度以及射孔弹主装炸药瞬时爆压等因素有关。目前,普遍认为,提高导爆索的爆速,增加弹体强度可有效避免弹架干扰的发生。

6.10.4.4　国内大孔径石油射孔弹的现状与发展

我国石油科技工作者根据国外石油射孔技术的发展动向,在吸收借鉴国外先进技术的基础上,建立了具有中国国情的射孔思想,积累了丰富的实践经验,针对我国油气层的地质结构和井下作业要求,设计出了适合我国油气井特点的大孔径石油射孔系列产品。其中最具典型意义的是 BH54RDX – 2 型射孔弹和 BH61RDX – 1 型海洋石油射孔弹。

BH54RDX – 2 型射孔弹,图 6.42(a),是一种新型大孔径小碎屑深穿透射孔弹,该弹的壳体采用小碎屑材料,在射孔弹完成射孔后,壳体形成小于 2mm 的细小颗粒,特别适用于稠油层段的防砂射孔。BH54RDX – 2 射孔弹射孔孔径大、可降低射孔段的压降及每个射孔单孔道的出油压力,减缓出油速度,从而对防止地层出砂具有现实意义。该系列射孔弹有的弹体采用锌铝合金,壳体易碎;有的采用锌做弹体材料,不会在井中留下碎屑。射孔弹以若干条螺旋线的形式均布,相位的独特设计能有效避免射孔弹爆炸后所形成的冲击波在枪身及套管上产轴向裂纹;图 6.42(b)显示的是一种 178 型高孔密大孔径深穿透射孔弹照片。

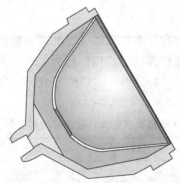

图 6.42(a) BH54RDX – 2 型海洋石油射孔弹

图 6.42(b) 178 型高孔密大孔径深穿透射孔弹

（1）药型罩结构及材料的优化设计

大孔径石油射孔弹的弹体通常呈碗状结构，药型罩为抛物线型、抛物线无底罩型和抛物线双锥罩型。弹体结构和药型罩的结构特征决定了其射流的形成和发展。大孔径、高孔密、多相位、深穿透、无杆堵构成了未来聚能射孔技术的发展方向。表6.9提供了一种国外大孔径石油射孔用药型罩的成分配比。

表 6.9　一种大孔径石油射孔用药型罩的成分配比

金属粉末成分	质量百分比
Mo	0.5% ~ 25%
Cu	0 ~ 10%
W	60% ~ 85%
Pb	10% ~ 19%
C	0 ~ 1%

（2）布弹方式的合理设计

相位设计是大孔径高孔密射孔技术发展的关键环节。目前，在我国大孔径高孔密射孔技术中，布弹方式通常为螺旋形或双螺旋形，相位角为120°、135°/45°等几种形式；国外弹体分布的相位角为120°、135°/45°、150°/30°、138°等几种。表6.10是178型高孔密大孔径深穿透射孔器性能参数。

表 6.10　178 型高孔密大孔径深穿透射孔器性能参数

型号	BH56RDX－71－178
规格	孔密：40 孔/m
产品说明	药型罩采用粉末冶金材料，采用特殊的药型罩成型工艺和结构设计。该产品具有穿透深度长、在岩层中形成的孔道大、规则，无杆堵的特点。适用于稠油、疏松易出砂地层的射孔施工作业
使用温度	130℃/24h
产品技术参数及性能	穿深：≥400mm（API 混凝土靶），孔径：≥20mm

（3）超高孔密同轴射孔弹的前景展望

目前，我国已自行开发研制成功 120 孔/m 超高孔密石油射孔系统。这种射孔系统可适用于非胶结地层的防砂射孔，但由于该射孔系统单位长度的孔容参数较小（$V_{超}/V_{127} = 0.615$。其中，$\phi_{超} = 7.2mm$，$L_{超} = 185mm$，$D_{超} = 120s/m$；$\phi_{127} = 11.9mm$，$L_{127} = 826mm$，$D_{127} = 16s/m$），从而影响了油气井采收率的大幅度提高，对于油气井的稳产高产不具有现实意义。图6.43（a）和图6.43（b）分别显示了国外石油科技工作者对未来大孔径高孔密同轴射孔技术提出的设计构想。

6.10.5　防砂技术与防砂射孔

油井出砂是砂岩油层开采过程中的常见问题，胶结疏松的砂岩油层，地层中的砂粒有可能随油气一起进入井筒作业环境。如果油气的流速不足以将砂粒带至地面，砂粒就会逐渐在井筒内堆积，砂面上升将会掩盖射孔层段，阻碍油气流入井筒甚至使油井停产，出砂严重时有可能引起井眼坍塌、套管损坏。

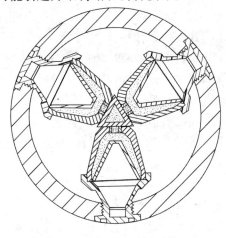
（a）单平面三发弹射孔系统

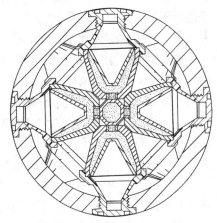
（b）单平面四发弹射孔系统

图6.43　超高孔密同轴射孔系统的设计构想

对于大多数未胶结和弱胶结油气井，传统的方法是，只要存在出砂风险就使用控砂技术，但从产能的角度讲，使用控砂装置代价太高。使用最佳的射孔方法，可以最大限度地减少射孔井生产期间的出砂量。

防砂射孔技术是为解决含砂地层砂粒堵塞油井问题而开发的一种新型射孔技术。射孔防砂与以往的砾石填充完井法、塑料胶结法、边界固砂法相比具有早期防砂、原地防砂、成本低廉、有效期长、工艺简单等特点。但在该产品的实际开发过程中存在弹间干扰、防砂材料的选择封装以及防砂材料在射孔孔道内的定位等问题。目前，该技术仍处在探索发展阶段。

6.10.5.1　小井眼复合射孔防砂技术

一种油井用对称复合射孔防砂装置（CN2495808Y，图6.44），由射孔枪、双射流射孔弹、防砂材料、助推药块及点火药块组成。由于该产品采取了对称式双射流射孔弹，并且在射孔弹两侧对称分布有防砂材料和固体助推剂，减小了射孔枪的径向尺寸，提高了防砂材料和固体助推剂的填装量，使射孔枪内的有效空间得以充分利用，具有简洁、高效、低耗、使用寿命长等特点，更适合于小井眼的防砂射孔作业。

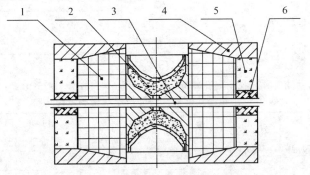
图6.44　小井眼复合射孔防砂装置
1—防砂材料；2—主装炸药；3—导爆索；4—射孔枪；5—固体助推剂；6—点火药块

6.10.5.2　超高孔密防砂射孔技术

一般认为，一方面，超高孔密防砂射孔技术具有孔密大、渗流面积大的特点，在产能不变的情况下，降低了液体的流动速度，降低了地层与井筒之间的压力差，减缓了地层出砂；另一方面，由于射孔孔眼小，有利于砂拱的形成，也起到了防砂作用。

高树臣等人于2003年申请了一种油气井超高孔密射孔器（CN2592864Y，图6.45），其设计思想是，在弹架周围有固弹螺孔，螺孔在弹架周围按螺旋式设置，可以是四相位、六相位或八相位，射孔弹尾部带有螺纹。该产品的主要特点是：固弹螺孔在弹架周围按螺旋式加工，可以增大射孔密度，达到高孔密射孔；可以根据不同地质情况对射孔孔密进行调整；射孔弹设置在弹架外，可以大大提高射孔孔密，突破了传统的弹架内安装射孔弹的思维模式。该产品结构简单，设计巧妙，具有较强的防砂功能。

DP25RDX – 1(120)型射孔弹是专为小井眼超高孔密防砂射孔器设计的，其射孔深度刚好接触到地层但不是很深。这种射孔技术对于防止油井出砂有显著的作用。

射孔弹内的装药可选用不同种类的耐高温炸药，可适合于不同井况的射孔作业。表6.11提供了与超高孔密相对应射孔弹的技术规格和性能指标；图6.45(b)显示的是该产品的外形尺寸；图6.45(c)是DP25RDX – 1(120)射孔弹装配后的效果图；图6.45(d)是DP25RDX – 1(120)型超高孔密射孔弹射孔后的弹架、射孔枪及套管照片。

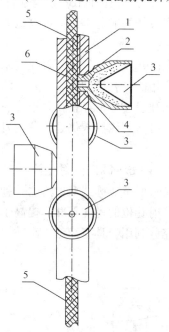
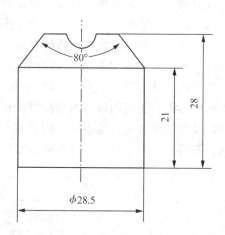

图6.45(a)　一种油气井高孔密射孔器　　　　图6.45(b)　DP25RDX – 1(120)型射孔弹

表6.11　超高孔密射孔弹的技术规格和性能指标

射孔弹型号	射孔器外径/mm	孔密/(孔/m)	装药量/g	48h 耐温/℃	套管外径/mm	API – RP – 43 混凝土靶		45# 钢靶	
						孔径/mm	穿深/mm	孔径/mm	穿深/mm
DP25RDX – 1	51	16	7	121	73	7.2	185	7.2	75
DP25RDX – 1(76)	76	40	5.5	121	114	5.5	160	7	75
DP25RDX – 1(89)	89	67	5.5	121	127	5.5	160	7	76
DP25RDX – 1(102)	102	120	6	121	140	5.5	185	8	85

图 6.45(c) DP25RDX - 1(120)射孔弹装配后的效果图

图 6.45(d) DP25RDX - 1(120)型超高孔密射孔弹射孔后的弹架射孔枪及套管照片

6.10.5.3 大孔径防砂射孔技术

大孔径射孔弹药型罩大都采用抛物线型设计,射孔弹爆炸后能在套管上形成大的孔径,降低了单个射孔孔道的出油压力,减缓了地层的出油速度,对于防止非胶结地层出砂具有现实意义;同时这类射孔弹也适用于稠油层段的防砂射孔。图 6.46(a)、图 6.46(b)分别显示了 BH61RDX - 1 海洋石油射孔弹的外形结构尺寸及其实物照片。

6.10.5.4 防砂射孔弹防砂射孔技术

防砂射孔是指射孔弹在射孔的同时,射孔弹前仓体中的侧向火药被高温高速射流点燃,将具有耐高温性能的合金丝球推向射孔孔道、充填进射孔孔道中,这些防砂材料在射孔孔道中重新分配、钩连、组合、固结变成丝网状交织在一起,并在射孔孔道内或套管孔眼处形成丝状物的阻挡层,防止砂粒流入井筒(防砂材料固结强度大于 10MPa;防砂粒径不小于 0.1mm;射孔孔道过滤层渗透率不小于 30 μm^2)。

防砂射孔弹通常由两部分组成,一部分为聚能射孔部分,一部分为前仓体部分。聚能射孔部分主要完成穿孔,要求射孔弹具有大孔径、浅穿深的特征,当射孔弹被引爆后,射流以极高的速度向前运动,此时,高温高压射流将前仓体中的助推药环点燃,助推药环被点火燃

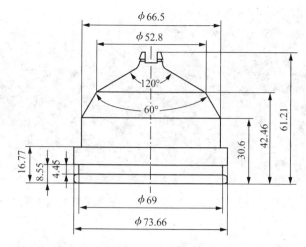

图 6.46(a) BH61RDX-1海洋石油射孔弹的外形尺寸

图 6.46(b) BH61RDX-1海洋石油射孔弹的实物照片

烧后产生巨大的压力,推动防砂材料向中心运动,并从前仓体前端的圆孔喷出,充填进射孔孔道中,此时进入射孔孔道中的固结剂因受高温加热,使防砂材料相互缠绕、盘结形成具有一定固结强度的防砂过滤塞;另一种观点认为射孔弹应在爆炸后 100~400ms 内,被送入射孔孔道内的定位剂发生爆燃,把防砂材料推向套管口部,完成防砂筛的最后定位。

图 6.47(a)是根据常规射孔防砂理论推断出的防砂射孔弹的工作模型;图 6.47(b)是根据该思想设计完成的一种防砂射孔装置。

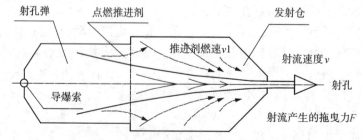

图 6.47(a) 防砂射孔弹工作模型

FS-54 系列充填式防砂射孔技术是在射孔弹射孔的同时,将具有耐高温的合金钢丝球

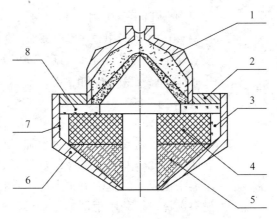

图 6.47(b)　一种具有防砂功能的石油射孔弹

1—主装炸药；2—挡板；3—缓燃型助推药环；4—不锈钢丝防砂材料；
5—树脂防砂材料；6—前仓体；7—固结剂；8—速燃型助推药环

充填到射孔孔道中，钢丝球进入射孔孔道后由球状变为网状并交织在一起，在射孔孔道内或套管孔眼处形成滤塞状钢丝网和砂粒混杂在一起的阻挡层，形成了砂拱，防止砂粒的流出。表 6.12 是 FS－54 充填式防砂射孔弹的技术规格。

表 6.12　FS－54 充填式防砂射孔弹技术规格

射孔器外径/ mm	套管外径/ mm	孔密/ (孔/m)	相位/ (°)	主装药药量/ g	发射药药量/ g	耐温/ ℃	API－RP－43 混凝土靶	
							孔径/mm	穿深/mm
127	178	11	90	29	30	150/2h	13	280

在防砂射孔弹设计开发过程中，由于存在下述几方面的问题，使其发展受到一定影响。

（1）由于防砂射孔弹主装炸药装药量较少（同样规格 127 弹装药量为 38g），射孔弹射孔性能不能给予充分发挥，对地层渗透率影响较大；

（2）在该产品的设计开发过程中存在防砂材料、固结材料的封装与选择问题；

（3）防砂材料在射孔孔道中的定位问题。目前有人认为应把防砂材料固结于射孔孔道，有人则认为把防砂材料应固结于射孔孔道口部。

防砂射孔，作为一种新型射孔技术，仍有许多问题值得我们探究，但无论如何，它因其自身具有早期防砂、原地防砂、设备简单、成本低廉、操作方便、快速有效的特点而受到用户的欢迎，其潜在的商业价值，必将促使该技术的快速发展与日益完善。

6.10.6　全通径射孔

对于石油射孔系统而言，在某些特定条件下，需要对石油射孔器材结构进行特殊设计，如全通径射孔作业。所谓全通径射孔是指射孔系统在射孔作业完成后，从上至起爆器下止枪尾形成接近油管内径尺寸的完整通道，其主要目的是不用起出油管就可为后续测试、酸化、压裂、排污等作业提供畅通的作业空间。与此要求相对应，就为相应的起爆器材、传爆器材及射孔器材的设计开发提出了较高的要求。

6.10.6.1　全通径射孔技术图例显示

图 6.48 显示的是一种典型的全通径射孔系统工作模型；图 6.49 为国内全通径射孔枪解剖图。

以下数据提供的是我国某单位开发研制的 114 通径射孔枪的技术参数：

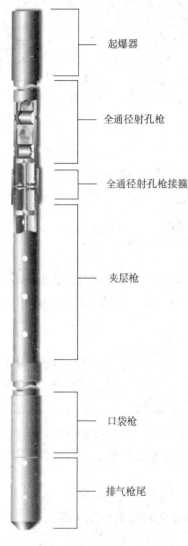

图 6.48　全通径射孔工作模型

起爆器

全通径射孔枪

全通径射孔枪接箍

夹层枪

口袋枪

排气枪尾

型号 T114C40 - 8；枪体 $\phi114.3 \times 10$；耐压 105MPa；孔密 40 孔/m；相位 45°/135°；枪长 1000mm、2000mm，按需要定制；旋向 右；盲区 200mm；弹架 $\phi80 \times 1.5$；弹孔 $\phi42mm$；密封圈 106×3.55；最大外径 $\phi127mm$；通径 $\phi91mm$。

6.10.6.2　全通径射孔用起爆器

全通径射孔用起爆器是全通径射孔作业的关键，也是全通径射孔作业的技术瓶颈。编者在研究国内外全通径起爆器结构设计的基础上，提出了选用锌铝合金作为其通径材料选择以及利用矩形槽、V 形槽的应力结构设计，提高了全通径作业的可靠性(图 6.50)。

6.10.6.3　全通径射孔用石油射孔弹

全通径射孔弹的弹体选用易碎性材料制成，和全通径起爆器等器材配套使用。

在全通径射孔产品的设计开发过程中，为了达到用户的设计要求，其弹体选用易碎性材料如锌或锌铝合金等作为全通径射孔弹弹体的首选材料。图 6.51 显示的是美国贝克公司研制的一种全通径石油射孔产品选用不同材料作为弹体爆炸后的实验结果对比图。

6.10.6.4　石油射孔用夹层弹

随着石油射孔技术的发展，全通径射孔技术愈来愈引起人们的注意。由于全通径射孔技术具有施工周期短，节约成本，无须起出管柱一次可完成射孔作业及测试联作等工艺要求而受到用户的认可，但在全通径射孔技术的发展过程中，夹层井段的全通技术成了制约全通径射孔技术向前发展的瓶颈和障碍。在这种情况下，石油射孔用夹层弹(图 6.52)应运而生，这种射孔弹可以对射孔枪内的弹架等零件具有破坏和粉碎作用，夹层弹仅射穿射孔枪但不伤及套管，从而可形成上至射孔枪下止枪尾的通径状态，为下一步的测试联作创造了前提和条件。

6.10.6.5　全通径射孔用弹架

专利 CN2483505Y 介绍了一种全通径射孔用弹架(图 6.53)，该弹架由易碎金属铝或锌铝合金制成，弹架主体螺旋布置装弹孔和弹座，每组装弹孔和弹座中心重合，这样一方面弹架受温度及压力影响较小，弹间间距稳定；另一方面，射孔弹爆炸后的冲击作用使弹架破碎成细小颗粒，顺着射孔枪枪体落入特制枪管底部，满足了全通径射孔技术的要求。

6.10.6.6　全通径射孔用传爆接头

专利 CN2438832Y 介绍了一种全通径射孔用传爆接头(图 6.54)，该传爆接头主要由传爆接头主体、上下芯件和中心管组成。上下芯件和中心管由易于破碎的金属材料制成，当导爆索及射孔弹爆炸后，上下芯件及中心管破碎为一定粒径的碎屑，以便爆炸后的碎屑能从枪体中顺利排出。

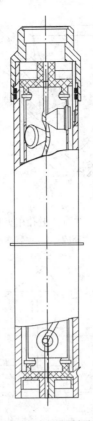

图 6.49　国内全通径射孔枪解剖图

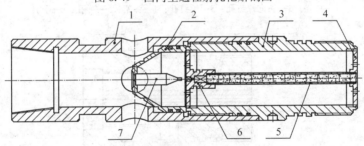

图 6.50　一种全通径起爆器

1—上接头；2—密封盖；3—下接头；4—下芯件；5—芯杆；6—上芯件；7—击针

图 6.51　美国贝克公司全通径射孔弹性能对比实验结果

6.10.6.7　全通径射孔用通孔弹

全通径石油射孔用通孔弹是全通径射孔技术使用过程中的一种辅助手段。在全通径射孔技术开发过程中，常常会因为技术不完善，通道气阻等原因使射孔系统中的弹片碎屑不能及时排出，从而影响了全通径作业的正常、可靠实施。全通径石油射孔用通孔弹（图6.55）正是为了打通射孔中的通道设计而成的一种新型产品，其特点是利用通孔弹爆炸后产生的沿管

111

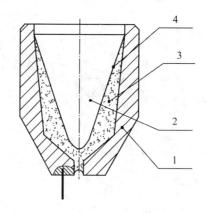

图 6.52 一种石油射孔用夹层射孔弹

1—弹体；2—聚能形炸药腔；3—主装炸药；4—炸药内表面

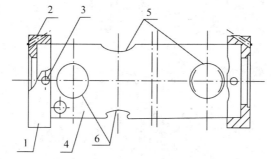

图 6.53 一种全通径射孔用弹架

1—压盖；2—斜向螺钉孔；3—螺钉孔；4—弹架；5—弹孔；6—弹座

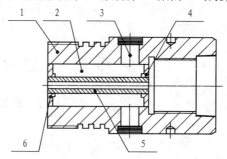

图 6.54 一种全通径射孔用传爆接头

1—本体；2—内空腔；3—泄压孔；4—下芯件；5—中心管；6—上芯件

线向下方向聚能射流对枪体中的弹片碎屑进行疏导和排空，进而有利于全通径射孔作业的可靠实施。

依据全通径射孔的技术要求，我国石油科技工作者对全通径射孔及其工艺技术进行了积极而富有成效的探索，已经设计出了适合于石油射孔用全通径作业系统。实验结果表明，这种射孔系统已经表现出了优越的技术性能和良好的发展前景，它作为一种新型实用技术必将打破传统射孔技术的窠臼，建立全新的射孔理念，拉动石油射孔技术及相关产业的更新与发展。

6.10.7 水平井射孔

水平井完井作业是近年来原油开采开发过程中面临的新课题。如何保证射孔器在射孔层段可靠定位，在水平状态下如何确保射孔系统安全可靠作用，如何最大限度地提高油气井产

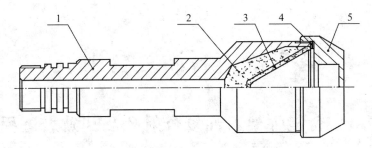

图 6.55　一种全通径射孔用通孔弹

1—弹体；2—主装炸药；3—药型罩；4—密封垫；5—弹盖

能等诸多问题是石油工业发展所面临的难题。

　　国内外公开发表的技术文献显示表明，对于水平井射孔作业，通常采用引鞋式作业工艺和重力偏转作业工艺。为了确保射孔系统在射孔层位可靠发火，通常在枪头和枪尾各装一发压力起爆器的冗余设计，来提高射孔系统的作业可靠性；为了确保射孔管串能在水平井拐点处自动偏转，在与起爆器相连的相关位置安装有万向接头或旋转轴承。水平井射孔系统中的起爆、传爆序列设计与常规射孔并没有多大差别；但对于水平井的射孔相位有一定的要求，主要是考虑到提高油气井产能，保护产层，防止地层出砂。

第7章　石油复合射孔

7.1　含能弹架石油复合射孔及其破岩过程

石油复合射孔作为一种新型实用爆破技术可以认为是一种远距离控制爆破。远距离是指井下数千米深的作业井况；控制爆破是指复合射孔既要满足常规的射孔技术要求，又要保证爆破器材内的装药与枪体结构、套管钢级以及地层岩石抗压强度之间满足一定的匹配关系，即要求不发生炸枪、卡枪、掉枪，不形成套损，从而最大限度提高复合射孔的能量利用率，只有这样才能保证复合射孔技术的优越性得以充分体现。

由于我国地域辽阔，地质结构复杂，这就决定了复合射孔技术应根据各区块、各油田井下的具体特点给以灵活应用。那么石油复合射孔的破岩机理是建立在哪些理论之上，其作用过程又分为哪几个阶段，这里就这方面的问题作一论述。

从工程爆破角度出发，人们就岩石的爆破机理及其作用过程已经做了大量而又系统的研究，并提出了一些具有创新意义的假设及推论。但就石油复合射孔的破岩机理及其作用过程国内尚未做系统而又深入的研究。

编者认为，石油复合射孔的破岩过程可分为以下几个阶段：射孔孔道的形成、射孔孔道的启裂、射孔孔道的扩展、岩石裂缝的贯通、岩石裂缝的支撑以及岩石裂缝的止裂。

7.1.1　射孔孔道的形成

射孔孔道的形成是通过射孔弹被引爆后产生的高温、高压、高速射流对岩石进行强烈挤压破碎而形成的一种锥形孔道。众所周知，在射孔孔道形成过程中会产生有碍液体流动的弹片碎屑，而这些影响地层渗透率的碎屑通常称其为"杵"，同时由于射孔作业过程中聚能射流的挤压破碎在射孔孔道周围形成了一层致密的压实带，正是由于这种压实带（应力罩）的存在，使油气井的采收率大大降低。图7.1给出了计算机模拟的标准射孔技术对地层岩石所产生的伤害。

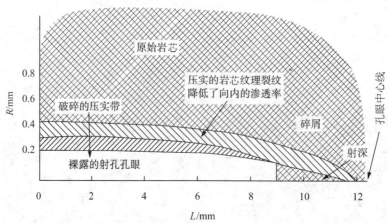

图7.1　标准射孔技术产生的伤害

理论模拟

假设：

（1）复合射孔器装药结构为含能弹架型；

（2）复合射孔器为一高压储能器；

（3）射孔孔道形成与高能气体压裂之间不存在叠加与干扰；

（4）加载于射孔孔道的能量为有效能量。

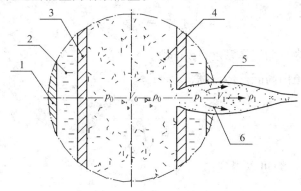

图7.2　含能弹架复合射孔的几何模型

1—套管；2—环空井液；3—枪身；4—爆生气体；5—射孔孔道；6—高速气流

依据能量守恒：

$$Q_Z = Q_i + Q_j \tag{7.1}$$

式中　Q_Z——火药完全燃烧释放出的能量，J；

　　　Q_i——加载于射孔孔道内的有用功，J；

　　　Q_j——无用功，J。

　　其中

$$Q_Z = K_v m_t \tag{7.2}$$

式中　K_v——单位质量火药燃烧释放出的热量，J/g；

　　　m_t——火药的总质量，g。

$$Q_j = Q_{j1} + Q_{j2} + Q_{j3} \tag{7.3}$$

式中　Q_{j1}——油管上举形变、枪体套管胀形所消耗的能量，J；

　　　Q_{j2}——推动环空液柱上举所消耗的能量，J；

　　　Q_{j3}——热传递所消耗的能量，J。

　　对于 Q_i 可通过下列关系式推导。

　　射孔器对射孔孔道的做功功率为：

$$N_{(t)} = n p_{(t)} Q_{(t)} \tag{7.4}$$

式中　n——单位长度的射孔孔眼数；

　　　$p_{(t)}$——射孔器内压力，MPa；

　　　$Q_{(t)}$——每个射孔孔眼单位时间内的气体排放量，cm^3/s；

　　射孔器单位时间内单孔气体排放量：

$$Q_{(t)} = S V_{(t)} = \frac{1}{4} \pi D^2 V_{(t)} \tag{7.5}$$

式中　S——射孔孔眼的截面积，cm^2；

D——射孔孔眼的直径，cm；

$V_{(t)}$——高能燃气的喷射速度，m/s。

由(7.4)、(7.5)式可得：

$$N_{(t)} = \frac{1}{4}\pi n D^2 p_{(t)} V_{(t)} \tag{7.6}$$

如果将高能燃气体看作理想不可压缩气体，那么其喷射速度可用伯努利方程求解：

$$p_0 + \frac{1}{2}\rho_0 V_0 = p_1 + \frac{1}{2}\rho_1 V_1 \tag{7.7}$$

式中 ρ_0——射孔器内高能气体密度，g/cm^3；

ρ_1——射孔孔道内高能气体密度，g/cm^3。

由于$V_0 \approx 0$，且$p_1 \gg p_0$，有

$$V_{(t)} = \sqrt{\frac{2p_{(t)}}{\rho_1}} \tag{7.8}$$

由式(7.6)、式(7.8)可以得到：

$$N_{(t)} = \frac{1}{4}\pi n D^2 p_{(t)} \sqrt{\frac{2p_{(t)}}{\rho_1}} \tag{7.9}$$

将式(7.9)对时间积分，可以求出高能燃气对射孔孔道所作的功：

$$Q_i = \int_0^t N_{(t)} dt = \frac{1}{4}\pi n D^2 \int_0^t p_{(t)} \sqrt{\frac{2p_{(t)}}{\rho_1}} dt \tag{7.10}$$

那么，加载于射孔孔道有效能量的百分率为：

$$W = \int_0^t N_{(t)} dt = \frac{1}{4}\pi n D^2 \int_0^t p_{(t)} \sqrt{\frac{2p_{(t)}}{\rho_1}} dt / K_v m_t \times 100\% \tag{7.11}$$

上述过程仅对含能弹架型石油复合射孔的作用过程及能量分配率进行了模拟。由于目前国内外石油复合射孔器的结构形式较多，这就增加了理论模拟的复杂程度及其理论判断的准确性，但无论如何，它作为一种基础性研究，对于生产实践仍具有一定的指导意义。

石油复合射孔作业是一个作用时间极其短暂(毫秒级)，并伴随高速化学反应及热作用、力学作用的过程。在考察复合射孔对岩石破碎过程时，往往过多地关注高能燃气对岩石的启裂过程，对于与之相伴而生的高温热效应在强化复合射孔的后效能量方面观点并不十分明确。复合射孔单位质量(固体推进剂)、单位长度、单位时间加载于射孔孔道的能量有以下关系：

$$W_a > W_b > W_c \tag{7.12}$$

式中 W_a——一体式复合射孔，J；

W_b——袖套式复合射孔，J；

W_c——分体式复合射孔，J。

可见，对于一体式复合射孔而言，由于高能燃气能量利用率高，能量释放快速集中，因此对于地层的延缝效果明显。而分体式复合射孔其最佳高能燃气能量并未集中于射孔井段，且聚能射孔作用过程与高能燃气的作用过程存在明显的时间差，因此分体式复合射孔的大多数能量因井液排空、套管形变以及热效应而损耗，相比之下分体式复合射孔能量利用率最低。

116

7.1.2　射孔孔道的启裂

当射孔枪内的固体推进剂被导爆索和射孔弹产生的火焰点燃后，所产生的高温高压气体迅速膨胀，在冲击波和高压气流的共同作用下，爆生气体通过射孔孔眼对地层施加压力，产生应力集中效应，即通常所说的"气楔"。在岩石不发生启裂前，射孔孔道内壁一直受力，此时岩石具有准静态特征，当这种爆生压力超过岩石的抗拉强度后，产生裂纹，并迅速失稳、扩展，出现裂缝。

7.1.3　射孔孔道的扩展

爆生气体所形成的压力在后续压力的推动下使岩石裂纹的发生呈成长之势。

依据上述分析，认为石油复合射孔中岩石裂缝的扩展需满足以下条件：

$$\delta_{地层} < \delta_{爆生(min)} < \delta_{枪体} \tag{7.13}$$

$$\delta_{地层} < \delta_{爆生(min)} < \delta_{套管} \tag{7.14}$$

7.1.4　岩石裂缝的贯通

在研究地层岩石的断裂时，通常把近井带岩石看做无限大岩石平面。由于通常情况下复合射孔的相位呈90°，那么在多个气楔的共同作用下，岩石即发生断裂并向远处扩展形成裂缝网络，进而把近井带以外的天然裂缝相沟通，以达到增大渗流面积，提高地层渗透率的目的。图7.3显示出了美国桑迪亚实验室高能气体压裂形成的岩石裂缝综合图。

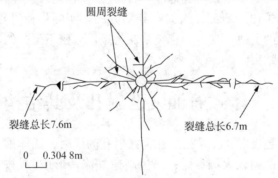

图7.3　桑迪亚固体推进剂在凝灰岩试验中的裂缝综合图

7.1.5　岩石裂缝的支撑

岩石裂缝启裂、贯通以后可能会因为地层围压、地壳运动等因素的影响使启裂的岩石裂缝重新闭合。为了有效防止这种现象的发生，延长采油周期，国内外专家学者从不同角度对这一现象进行了剖析认识，归纳起来可分为以下几种观点：

（1）研磨性材料支撑理论

在复合射孔产品设计过程中，为了防止启裂后的岩石裂缝重新闭合，可人为地在火药中或射孔枪枪体中加入碳化硅、二氧化硅等研磨性支撑剂，从而使固体砂粒流随高速气流的推进进入岩石裂缝中，进而起到支撑岩石裂缝面的作用。

（2）岩石错动支撑理论

当射孔孔道存在爆生气体产生的压力时，这种压力不但对岩石产生扩张，而且还存在剪切错位。当其受力超过岩石的弹性应力时，所形成的裂缝因其表面凹凸不平又错位，所以未加支撑剂却不易闭合。图7.4描述的是由这种效应而推断出的支撑机理。

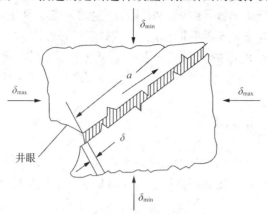

图7.4 剪切位移支撑偏轴裂缝机理示意图

（3）砂积支撑理论

复合射孔作业后，试井表明，裂缝中虽然缺乏支撑剂，但还是形成了有效的流油通道，这是脉冲气体极快地升压和随之而来的气体高速冲刷裂缝层的结果（砂积作用）。

7.1.6　岩石裂缝的止裂

当爆生气体压力降低到不足以启裂地层岩石时，岩石启裂过程随之终止。

上述破岩过程是为了便于研究，人为对其划分的。实际作业过程是射孔孔道形成、启裂、扩展以及岩石裂缝的贯通、支撑、止裂是互为条件、密不可分的，其完成过程仅需数十毫秒甚至数百毫秒即告结束。

7.2　一体式石油复合射孔及其结构特征

石油复合射孔也称超级射孔，是指射孔弹在射孔的同时，固体推进剂被导爆索、射孔弹或点火器所产生的爆轰产物或火焰点燃，产生高速气流，形成"气楔"，沿射孔孔眼作用于地层，在近井带附近形成多条呈辐射状径向裂缝，以改善油气井渗流条件，大幅度提高油气井采收率的一种新型工业技术。一体式石油复合射孔是指以导爆索和射孔弹为点火源，充分、合理、有效地利用射孔枪内的有限空间填装火药及支撑剂的一种复合施工工艺。一体式复合射孔因导爆索、弹架、射孔弹以及固体推进剂等处于枪体内同一空间也称其为含能弹架石油复合射孔。

20世纪80年代初，美国石油科技工作者于1983年系统完整地提出了石油复合射孔技术概念，并率先申请了专利，开创了石油复合射孔工业化革命的新纪元。二十多年来，石油复合射孔被国内外石油科技工作者所认识、创新和发展。20世纪90年代中期，一些技术先进、工艺成熟的复合射孔产品相继走向市场，为石油复合射孔技术的产业化开辟了崭新的途径。

7.2.1　石油复合射孔与传统聚能射孔的区别

传统聚能射孔是利用射孔弹被引爆后产生的高速高能量密度射流把井筒环境和地层环境

相沟通来达到采油目的的，但由于聚能射流在射孔的同时易在射孔孔眼周围形成一层致密的压实带，这种压实带形如隔离障，从而使油气井的渗透率大大降低。另外，由于聚能射流穿深的局限性，致使大量原油沉睡于地层无法开采。在此背景下，由于复合射孔技术商业化进程的加快，各种新型射孔技术竞相亮相，如定方位石油复合射孔、多级脉冲石油复合射孔、超正压石油复合射孔等。石油复合射孔除了具有传统聚能射孔的特点外，它还具有以下显著特征：(1)复合射孔技术的应用不影响聚能射孔弹自身的性能指标；(2)在不需要通井、洗井的条件下，可使射孔 - 压裂作业一次完成；(3)复合射孔具有综合造缝能力强的特点，它可在不损伤套管的前提下，利用高能燃气的后效作用对地层实施脉冲加载，从而极大地降低了地层的表皮系数，提高了地下油气的导流能力；(4)增加了油井的注入性，保证支撑剂和酸液到位；(5)含能弹架石油复合射孔，可使燃气沿射孔孔眼直接对射孔孔道实施脉冲加载，高能燃气行程最短，作用集中，能量利用率高。图 7.5 提供了石油复合射孔理想的射孔 $p-t$ 曲线。

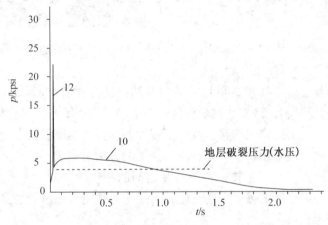

图 7.5　石油复合射孔理想射孔 $p-t$ 曲线

7.2.2　石油复合射孔的应用范围

石油复合射孔主要应用于地质结构较为致密的超低渗岩层、低渗岩层、中低渗岩层，且物性相对较好，具有一定自然产能的油气井。对于地质结构疏松的高出砂油井、浅井、超深井和高温井则不宜进行复合射孔作业。

7.2.3　一体式石油复合射孔的基本类型

一体式石油复合射孔按弹架的材质分为非金属弹架和金属弹架；按固体推进剂填装的位置分为枪内装药、枪外装药和枪内外装药；按射孔所产生的作用效果分为单级脉冲和多级脉冲；按井筒内的压力状态分为正压射孔和超正压射孔等。如我国自行研制开发的延缝射孔器属于非金属弹架—枪内装药—单级脉冲—正压射孔；多级脉冲石油复合射孔器属于金属弹架—枪内装药—多级脉冲—正压射孔。

7.2.4　一体式石油复合射孔的结构特征

7.2.4.1　高能燃气石油复合射孔

美国加里福尼亚大学利用 GasGun 成功地进行了井下射孔作业，这种 GasGun 内通过充气阀填充一定压力的氢气(H_2)或氮气(N_2)，通过导爆索及射孔弹的发火点燃枪体内的高压气体，从而达到高速射流和高速气流相互叠加，共同对地层实施作用的功效。图7.6（a）为该产品的装配总成；图7.6（b）显示了该产品对原始岩石的破碎效果。

图7.6（a）　GasGun产品的装配总成　　　　图7.6（b）　GasGun对原始岩石的破碎效果

7.2.4.2　可燃性弹架石油复合射孔

可燃性弹架石油复合射孔技术最早是由美国石油科技工作者MichelJ. Bosse – Platiere提出，并于1980年申请了专利，该专利技术较为客观准确地把握了石油复合射孔的技术特征，射孔单元与射孔单元之间采用定位连接，以保证每发射孔弹的聚能射流方向与射孔枪枪体上的盲孔相对正；可燃性弹架采用铸装工艺和机械加工的方法来完成；每个射孔单元内的导爆索均采取先裁断然后再对接的工艺技术；弹与弹之间的相位为180°；可燃性弹架的点火方式依靠导爆索和射孔弹爆炸后的爆轰产物点燃；为了防止炸枪卡枪事故的发生，聚能射流穿孔部位加工成了"W"形。

1996年，我国石油民爆专家王安仕、吴晋军等人提出了一种"射孔－高能气体压裂装置"，在该技术中，导爆索被埋置于可燃性弹架内并能可靠引爆镶嵌于可燃性弹架中的射孔弹。这种复合射孔的最大特点是，充分利用了射孔枪内的有效空间，提高了固体推进剂的装填密度和装填量，以最大限度地发挥高能复合射孔对岩石的破碎效果。但这种技术可能存在以下不足：由于射孔孔密仅为10孔/m，射孔孔密偏低，泄压渠道不畅，影响了复合射孔对岩石破碎启裂的可能性；由于弹架由固体推进剂药柱组成，无论采用铸装工艺还是机械加工工艺，在产品生产过程中，增加了操作人员的危险性；对于低爆速导爆索或稍长一些的弹架，可能会因为弹架强度不够，在射孔弹被引爆的过程中因爆轰波的剧烈扰动使传爆序列中断；由于存在固体推进剂破碎后的二次燃烧，爆生气体峰值压力成长期持续时间较长，可能影响了高能燃气一次性瞬间随进释放。

7.2.4.3　酚醛塑料弹架石油复合射孔——增效射孔器

在借鉴吸收国外石油复合射孔技术发展的基础上，我国于20世纪90年代初期自行设计完成了一种酚醛塑料弹架石油复合射孔装置（又称增效射孔器），它是最早出现于我国石油民用爆破市场的一种复合射孔产品。这种复合射孔装置由于射孔单元与射孔单元之间定位性较差，射孔孔密偏低（10孔/m），装配工艺复杂，生产成本较高，火药装填量少，系统传爆可靠性低，作用效果不甚理想等原因已悄然隐退，但它作为一种全新的设计思想，对我国石油复合射孔技术的发展与进步产生了极其深远的影响。其技术指标为：规格 ϕ 68mm ×

100mm；弹重550g；孔密10孔/m；相位90°；射孔孔径大于12mm；射孔造缝半径大于1500mm；耐温110℃、6h；耐压30MPa；配用特种枪身，对套管无损害。

7.2.4.4 酚醛塑料弹架石油复合射孔——延缝射孔器

酚醛塑料弹架石油复合射孔称为延缝射孔弹或延缝射孔器。应该注意的是无论称其为延缝射孔器还是增效射孔器，可以统称其为含能弹架石油复合射孔。延缝射孔技术的出现，可以说是我国石油复合射孔技术的一大进步。其优点主要体现在以下几个方面：射孔孔密高（12孔/m）；弹与弹、弹与枪之间定位准确，传爆序列传爆可靠性高（每0.5m为一工作单元），装枪方便快捷，泄压充分及时；火药填装工艺采用塑装方式（在粒状火药中加入3%～5%的耐高温可燃性粘结剂，用易燃性纸张包好填装于射孔单元上下位置，选用粒状双基类火药作为固体推进剂，其装填量在100～120g），简化了作业工艺，降低了生产成本，从而使弹与弹之间的不规则空间得以充分利用；每个射孔单元与射孔单元之间采用挡键定位连接，避免了各射孔单元之间的径向转动，保证了射孔弹的聚能射流方向与射孔枪枪体上的盲孔相对正。

延缝射孔器产品是在原增效射孔器基础上进行了有效改进，曾在我国石油复合射孔领域产生过一定影响。延缝射孔弹除了具有增效射孔器的相关特点外，还存在生产工艺较为复杂、生产成本较高、枪体密封效果较差、堵片脱落后易发生卡枪事故等缺点。

7.2.4.5 铁质管式弹架石油复合射孔

20世纪90年代中后期，由于市场经济的拉动，我国石油复合射孔技术获得了长足发展。其中以北京理工大学北阳公司为代表的铁质管式弹架石油复合射孔技术相继走向市场，为石油复合射孔的产业化开辟了广阔的市场前景。

铁质管式弹架石油复合射孔在借鉴吸收前人研究成果的基础上，在射孔枪有限空间内提高了射孔孔密，增加了固体推进剂的装填量，该技术和增效射孔、延缝射孔相比较具有以下优点：

① 射孔孔密高。该技术射孔孔密为13孔/m；火药装填量大，通常在100～250g，其火药装填量大小可根据地质结构做相应调整；

② 射孔弹定位准确；

③ 系统传爆可靠性高。由于整根导爆索不需要进行剪裁，避免了人为因素对系统传爆可靠性的影响；

④ 操作装配工艺简单。采取火药塑装工艺，即在粒状火药中加3%～5%可燃性粘结剂，混合均匀后，用易燃性纸包好填装于射孔单元上下位置，从而使弹与弹之间的不规则空间给予充分利用。同时由于弹架和枪体之间留有足够空间，缓解了爆轰爆燃压力对射孔枪枪体的脉冲加载，避免了井下意外事故的发生；

⑤ 成本低廉。由于该技术以传统的铁质管式弹架为基础，所以大大降低了复合射孔的生产成本，提高了市场竞争力；

⑥ 射孔枪枪体泄压安全及时。在该产品设计过程中，由于加装复合型堵片，且枪体采取对开式泄压，避免了枪体鼓胀、炸枪卡枪等意外事故的发生。图7.7为一种国外早期的含能弹架石油复合射孔产品装配图。

尽管铁质管式弹架表现出诸多优点，但其仍然存在下述缺点：射孔孔密有限；由于枪身的密封均匀一致性较差，枪体发生渗漏后，药剂易

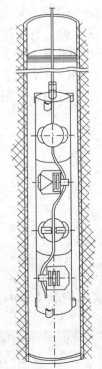

图7.7　含能弹架石油复合射孔装配图

受潮失效；复合射孔完成后，复合型堵片易造成卡枪事故；枪体内未加支撑剂等缺点。

图 7.8 是在射孔枪内填装单一种类火药所测试的 $p-t$ 曲线。该试验所选用的射孔弹为 89-Ⅲ型，射孔枪为 102 型枪，压力传感器的测试位置在射孔枪与套管的环空位置。从测试结果可以看出，射孔波峰值压力 $p_s = 160 MPa$，压裂波峰值压力 $p_y = 62 MPa$；射孔波完成时间 $t_s = 20 \mu s$，压裂波完成时间 $t_y = 15 ms$。

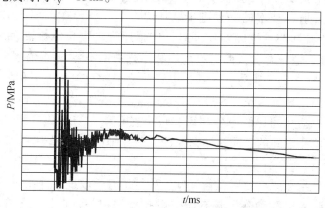

图 7.8　射孔枪内单一装药的环空 $p-t$ 曲线

为了最大限度提高复合射孔作业过程中的能量利用率，同时又确保井下爆破作业安全、高效、可靠实施，2005 年刘向京等人设计完成了一种射孔枪枪体单侧双盲孔泄压结构，该结构的设计思想是利用枪体盲孔非重叠部分的薄弱部位，对枪体内的爆轰、爆燃压力进行及时有效释放，同时又提高了复合射孔作业过程中燃爆能量的利用率及施工过程中的安全系数，但其缺点可能导致射孔系统承压能力降低。编者在此基础上提出了以下两种结构设计（图 7.9）。其中图 7.9（a）是在射孔枪原有盲孔基础上，进行了简单技术改造，其中圆环部分壁厚较薄，便于爆燃压力集束释放；图 7.9（b）是在射孔枪原有盲孔圆周上加工有 120° 相位分布，其直径、深度与原有盲孔尺寸相当的 3 个盲孔（非同一平面），图中虚线部分为原有盲孔位置，其余非重叠部分即构成过载压力泄放通道。

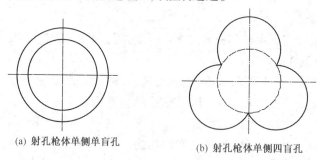

(a) 射孔枪体单侧单盲孔　　　　　　　(b) 射孔枪体单侧四盲孔

图 7.9　射孔枪体单侧单盲孔和四盲孔

（1）三相流石油复合射孔

1996 年，卫小平提出了一种三相流石油复合射孔技术概念，并申请了国家新型实用专利。该实用新型是一种三相流复合射孔压裂装置（图 7.10），它由射孔弹、导爆索、射孔枪身、堵头、复合药片、砂片等组成。其特征是在通过电缆引爆起爆器，导爆索向下传爆，引爆射孔弹和复合药片，使射孔弹在地层中形成射流孔道的瞬间，复合药片燃烧产生大量的高温高压气体进入射流孔道。同时砂片颗粒也进入射流孔道和岩石裂缝之间，整个射孔过程在金属液流，高温高压气流和砂片颗粒流的综合作用下完成。

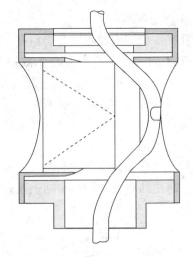

图 7.10　一种三相流复合射孔压裂装置

（2）弹架内套筒式石油复合射孔

为了提高射孔枪内单位长度的装药量，国内外有关专家提出，采用固体推进剂套装工艺技术。这种技术简化了操作工艺，提高了复合射孔的米装药量，强化了复合射孔的作用效果。图 7.11 提供了国内弹架内套装式石油复合射孔装置。

图 7.11　国内套装式石油复合射孔装置

（3）大孔径深穿透石油复合射孔

大孔径深穿透石油复合射孔是在常规复合射孔技术基础上开发设计完成的一种具有多级射流特征的新型石油复合射孔技术。它主要表现在对石油射孔产品的深度技术改造方面，这类射孔弹打破了传统射孔弹产生单级射流的思维模式，通过对弹体结构的合理设计，使射孔弹在爆炸过程中形成具有不同速度梯度的聚能射流，以达到大孔径深穿透的目的，为后续高能气体对岩石裂缝的延伸与扩展创造了便利条件（图 7.12）。

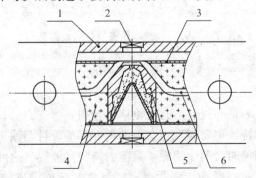

图 7.12　大孔径深穿透石油复合射孔器

1—射孔枪；2—密封垫；3—弹架；4—固体推进剂；5—射孔弹；6—导爆索

123

（4）大孔径高孔密石油复合射孔

大孔径高孔密石油复合射孔又称为双射流石油复合射孔或大功率石油复合射孔［图 7.13（a）］，该产品是在前人研究基础上对石油复合射孔技术的提升和发展。该技术与常规石油复合射孔相比较，具有以下特点：①射孔孔密高，可达 26～32 孔/m，穿孔深度理想，其射孔孔密等同于常规聚能射孔；②射孔枪枪体无须开孔密封，避免了井液进入射孔枪枪体内而造成的哑炮及药剂失效问题；③大孔径、高穿深射孔孔道的形成为后续高能气体破岩作用的实施创造了极为便利的条件；④支撑剂的引入，有利于防止启裂的岩石裂缝二次闭合，延长了采油周期。其合理的结构设计，优越的技术性能和潜在的商业价值为石油复合射孔技术的产业化提供了良好的发展契机。该产品对弹架进行不同燃速火药浇铸处理，亦可形成双射流多级脉冲石油复合射孔的新型产品。

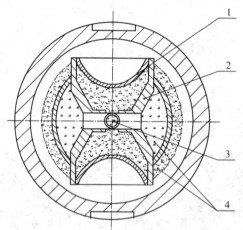

图 7.13（a）　大孔径高孔密石油复合射孔剖面图

1—抛物线型药型罩；2—双射流石油射孔弹；3—导爆索；4—固体推进剂

就总体而言，高孔密条件下的复合射孔［图 7.13（b）］能够将高孔密的多孔道、多相位的射孔特点与高能气体压裂造缝机理有机地结合，形成了孔缝结合的深穿透、高孔密和多相位的沟通通道，有效地改善了近井带的渗流能力，实现了油井的高产和稳产。

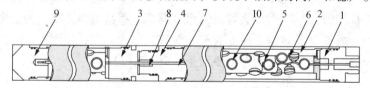

图 7.13（b）　一种高孔密复合射孔器总成

1—枪头；2—枪身；3—上接头；4—下接头；5—弹架系统；6—射孔弹；
7—导爆索；8—传爆管；9—枪尾；10—高能材料

（5）双复石油复合射孔技术

双复石油复合射孔技术是通过对射孔枪枪体以及射孔弹的有效整合，设计而成的一种石油复合射孔技术。该技术特征主要表现在对石油射孔弹的设计与改进方面，射孔弹是在原有弹体基础上采用了推进剂径向装药，缩短了聚能射流与高能燃气之间的峰压时差，提高了高能燃气的利用率，增大了水夯效应，强化了高能燃气对地层的破碎效果。该产品具有穿孔深、孔容大、造缝解堵能力强等特点，减少了对套管的损伤，但其结构较为复杂，生产成本较高、固体推进剂装填量较少、适用范围（适合于大直径和超大直径射孔枪）较为狭窄等缺

124

点。图 7.14(a)提供了一种 DP41RDX - 1(增效)射孔弹的相关照片；图 7.14(b)为该射孔弹的装配总成。应该说明的是，这种增效射孔是在原双复射孔技术基础之上做了改进和创新。

图 7.14(a)　DP41RDX - 1(增效)射孔弹照片

图 7.14(b)　DP41RDX - 1(增效)射孔弹装配总成

（6）多级脉冲石油复合射孔

为了最大限度地提高石油复合射孔技术的破岩效果，增大近井带的渗流面积，有人提出在火药装填过程中采用惰性火药与活性火药交替填装或混合填装的方式，以控制高能气体形成过程中的压力波峰，形成有连续脉冲加载的多级脉冲石油复合射孔，从而强化高能燃气对岩石的破碎效果，疏通地下油气的导流通道。

对于高能气体压裂与石油复合射孔而言，可以认为其弹体或枪体为一高压容器，根据薄壁圆筒容器的耐压公式：

$$p_{\max} \leqslant \sigma_s \left(\frac{r_1^2 - r_2^2}{r_1^2 + r_2^2} \right) \tag{7.15}$$

式中　$p_{\max}$——射孔枪枪体的最大抗压强度，MPa；

　　　σ_s——射孔枪枪体的屈服强度，MPa；

　　　r_1——射孔枪的外径尺寸，mm；

　　　r_2——射孔枪的内径尺寸，mm。

从式(7.15)可以看出，在射孔枪枪体规格尺寸一定的条件下，其屈服强度愈高，则枪体的耐压值就愈大。

在实际井下作业过程中，通常选用合金钢或加厚型射孔枪作为高能气体压裂或复合射孔的专用器材，以提高爆破系统的抗压强度，预防爆破风险的发生。

多级脉冲射孔 - 压裂复合装置，由于射孔弹爆炸产生的聚能射流在枪体上形成了泄压孔，同时火药快速燃烧产生高压气体，火药燃烧产生的气体压力越大，则通过射孔孔眼形成的气流速度就越高，对地层岩石的刺激效果就越明显。

根据火箭发动机燃烧室工作原理，也可把射孔枪的枪身看做是一个火箭发动机的燃烧室，射孔弹在枪身上射开的孔眼面积总和相当于火箭发动机的喷喉，那么依据计算火箭发动机燃烧室的计算公式：

$$p_{\max} \leqslant \left(\rho C^* \mu_0 \frac{S_1}{S_2} \right)^{\frac{1}{1-\gamma}} \tag{7.16}$$

式中　$p_{\max}$——射孔孔眼处高速气流的最大压力，MPa；

　　　　ρ——枪身内的装药密度，g/cm³；

　　　　C^*——枪身内装药的特征速度，m/s；

　　　　μ_0——装药燃烧速度系数，m/s·MPa；

　　　　S_1——枪身内装药的总表面积，m²；

　　　　S_2——枪身射孔孔眼的面积总和，m²；

　　　　γ——燃烧速度压力指数。

复合射孔作业过程中，高能燃气所做的功一部分用于压裂造缝，一部分消耗于枪体和套管的机械形变，一部分因热效应而散失掉，一部分则会推动井液急速向上运动。

对于高能燃气排液所做的功：

$$W = \int pS\Delta h = \int_{h_1}^{h_2} \rho g h \left(\frac{D}{2} \right)^2 \pi \Delta h = \frac{1}{8} \rho g D^2 \pi (h_2^2 - h_1^2) \tag{7.17}$$

式中　W——高能燃气排液所作的功，J；

　　　　p——作用在压裂层位的井液压力，MPa；

　　　　S——井筒面积，m²；

　　　Δh——井液排空高度微元，m；

　　　　ρ——井液密度，g/cm³；

　　　　g——当地重力加速度，m/s²；

　　　　h——井液垂直高度，m；

　　　　h_1——复合射孔前井液垂直高度，m；

　　　　h_2——复合射孔后井液最大垂直高度，m；

　　　　D——井筒内径，m。

由于射孔弹爆炸、高能气体燃烧是一个极其复杂的连续动态脉冲加载过程，很难用一种模型对其进行量化研究。所谓的理论模拟只能是较为简单的理性分析，在实际工作中通常以实验及测试结果作为其性能与质量好坏的评判标准。目前，我国自行开发的多级脉冲石油复合射孔装置（以 102 枪为例），除射孔弹装药量外，其枪身内火药的装药量为 1.5～2.0kg/m。

① 枪体内装药多级脉冲石油复合射孔

李洪山等人提出了一种在油气资源开发中，使井筒与地层有效连通进而增加油气井产能的多级复合射孔装置，其中包括射孔弹、导爆索、多级推进剂、密封绝缘墙等，在该装置上部的一侧依次有一级推进剂、二级推进剂、三级推进剂；另一侧有推进剂外罩，外有密封绝缘墙，推进剂外罩下部依次有二级阻燃环、一级阻燃环，密封绝缘墙内有射孔弹，其中部有导爆索。据介绍，该产品可进行深度射孔造缝作业。

② 枪体外装药多级脉冲石油复合射孔

专利 CN2628724Y 介绍了一种外套式多级脉冲复合射孔装置，该产品使射孔 - 压裂一体化，成本低廉，安全性高。其中包括射孔枪枪体和射孔枪枪体上的外套药筒，外套药筒分为内筒和外筒，外筒套在涂有粘结剂的内筒上，外筒为低燃速药筒，内筒为高燃速药筒，外套药筒的外表面涂有防水涂层。

③ 枪体内外装药多级脉冲石油复合射孔

西安石油大学王安仕教授在研究石油复合射孔的基础上，提出了一种深穿透复合射孔技术和袖套式射孔压裂复合技术集于一体的多级脉冲射孔压裂复合装置，其中包括起爆器、上挡板、慢燃速火药、快燃速火药、枪身内装火药、弹架、射孔弹、导爆索、射孔枪管、尾堵、下挡板、测压器等。在射孔枪管内置有弹架，在射孔枪管上分别置有慢燃速火药、快燃速火药，在弹架上分别装有射孔弹、枪身内火药，射孔枪具有足够的耐压能力，形成高温高压的高速气流，冲刷射孔孔眼，对地层实施一定的压裂，继而形成对地层二级压裂、三级压裂。这种集对地层冲刷，多级压裂的综合功效，必然更大范围地沟通地层，大幅度提高油气产量。

④ 多级射流多级脉冲石油复合射孔（超脉冲）

多级射流多级脉冲石油复合射孔是在研究前人技术成果基础上，编者提出的一种功能完备的石油复合射孔技术，集多功能聚能射孔与多功能高能燃气压裂技术于一身，代表着当今石油复合射孔技术的发展趋势。这里编者结合对石油射孔弹产品的认识，设计完成了一种多级射流石油射孔弹。这种射孔弹的设计思想是利用等差数列知识以及射孔弹弹体自身的结构特点，在射孔弹被引爆过程中形成具有不同速度梯度的聚能射流，以便使射孔弹爆炸后形成的射流得到逐级加速，从而达到大孔径、深穿透、防出砂的目的。图 7.15 是由上述设计思想推断出的延缝机理。

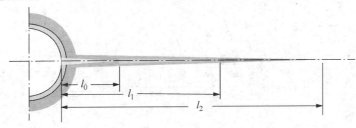

图 7.15　超脉冲射孔延缝机理

l_0—射孔孔道；l_1——级脉冲；l_2—二级脉冲

图 7.16 是一种典型的一体式多级脉冲石油复合射孔所测试的 $p-t$ 曲线。其中射孔弹选用 MC – YD127 型射孔弹、射孔枪为 DSQ102 – 13 型增效射孔枪、枪体内装有不同燃速的两种火药，套管为 139.7mm L80，压力传感器测试位置在 ϕ6m × 1.25m 混凝土靶内。从测试结果可以看出，混凝土靶内射孔波的峰值压力 p_s = 50MPa，压裂过程中出现了两个持续时间较长的脉冲周期，其中压裂波最大峰值压力 p_y = 120MPa；压裂波完成时间 t_y = 1000ms，这种较长时间的脉冲加载对于实现地层的多方位裂缝有积极的意义。

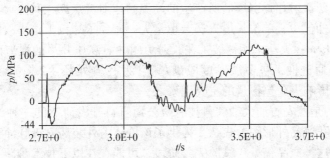

图 7.16　射孔枪内多级脉冲装药的水泥靶内 $p-t$ 曲线

7.2.4.6 全通径石油复合射孔

全通径石油复合射孔是在常规含能弹架石油复合射孔基础上发展起来的一种新型射孔技术。所谓全通径是指射孔弹、弹架等被雷管或起爆器引爆后，其壳体形成一定粒度的碎屑以便从枪体排入井底或特制的枪管底部，其主要目的是为后续测试联作提供通畅的作业空间。全通径石油复合射孔技术的开发应用对于减少管串的提升次数，降低劳动强度无疑具有重要意义。表7.1、图7.17分别提供了我国某单位开发研制的全通径石油复合射孔技术的相关信息。

表7.1　Z89B13－4全通径石油复合射孔技术参数

序号	名　称	技术指标	序号	名　称	技术指标
1	型号	Z89B13－4	8	盲区	408mm
2	枪体	$\phi88.9\times7.1$	9	弹架	$\phi48\times1.5$
3	耐压	70MPa	10	弹孔	$\phi40.5$
4	孔密	13孔/m	11	密封圈	80×3.55
5	相位	90°/90°	12	最大外径	$\phi101.6$
6	枪长	1185，2185，3185	13	通径	$\phi71$
7	旋向	右	14	推进剂装填量	$1.0\sim1.5$kg/m

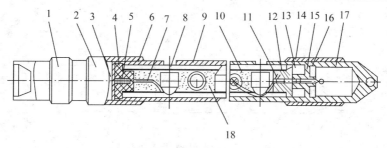

图7.17　全通径石油复合射孔产品总装图

1—全通径起爆器；2—母接头；3—止退管；4—传爆管；5—上定位盘；6—密封圈；
7—导爆索；8—射孔弹；9—枪体；10—弹架；11—下定位盘；12—螺钉；13—定位螺钉；
14—定位盘；15—下支架；16—丝圈；17—释放枪尾；18—固体推进剂

7.2.4.7 枪体外包覆火药的石油复合射孔

射孔孔密是影响采油指数能否提高的关键因素之一。在同一枪体内既要增加射孔孔密，势必要减少固体推进剂的装填量，为解决这一矛盾，美国石油科技工作者提出了一种在不改变射孔孔密前提下的石油复合射孔技术，即枪体外包覆火药的石油复合射孔。该技术具备以下特点：枪体外火药被射孔弹引爆后所产生的高温高速射流点燃，其点火方式属多点同步点火；因火药在枪体外包覆，单位长度火药装填量大，避免了炸枪卡枪事故的发生；射孔孔密高，通常可达39孔/m；火药采用铸装工艺，避免因井下高压井液的浸泡而失效。为了保证该枪体在套管中的通透性，包覆层厚度应满足：（射孔枪外径＋2×包覆层厚度）/套管内径＝0.87；密度是影响火药包覆量的主要因素之一。

图7.18显示的是西安石油大油气科技有限公司自行开发研制的一种枪体内外装药的多级脉冲石油复合射孔产品外形图；表7.2提供了该枪体内外装药多级脉冲石油复合射孔产品的性能参数。由于这类产品仍处于试验完善阶段，可能存在以下技术难题：由于固体推进剂在枪体外包覆，对射孔枪外形尺寸有一定的要求，从而影响了聚能效应的充分发挥；该产品

128

在运输、贮存、使用过程中存在明显安全隐患；高能燃气所产生的燃气压力得不到有效利用，能量利用率偏低。

图 7.18　一种枪体内外装药多级脉冲石油复合射孔产品图

表 7.2　枪体内外装药多级脉冲石油复合射孔产品性能参数

产品型号	射孔弹型	孔密/(孔/m)	装药量/(kg/m)	组装枪身外径/mm	适用套管/(″)
DMC-89-13	89 或 102	13	内装药≥0.9 外包药≥3~5	102	5-1/2, 7
DMC-89-16	89 或 102	16	内装药≥0.7 外包药≥3~5	102	5-1/2, 7
DMC-102-13	127	13	内装药≥0.9 外包药≥5	110	7
DMC-102-16	127	16	内装药≥0.9 外包药≥5	110	7

复合射孔技术主要针对低孔隙、低渗透或超低渗透地层进行完井作业的一项新型技术。石油勘探开发的实践表明，在近井带采取有效措施，解除其污染，形成高导流区，对于油气井增产有着十分重要的意义。一口井的最终成功开发，较大的产能和较长的寿命取决于井筒和地层的连通程度。

气体推进成缝器是一种把燃气动力源装在射孔器外的气体发生器，其作用主要是消除射孔孔道的压实带，并形成网络状长裂缝。可与现有的射孔器配套使用，在注意对套管、压力计、桥塞、封隔器、夹层枪保护的同时，有效地解决了射孔枪的压力卸载问题，为油田安全生产，流程化作业起到保障作用，从而真正发挥复合射孔的增产作用。

专利 CN2467793Y 介绍了一种带支撑剂的高能气体成缝器，见图 7.19(a)。带支撑剂的气体推进成缝增产技术是在成气剂内放入高强度、耐高温的颗粒物（楔进物）。当射孔弹爆炸时，射流和爆炸冲击波将成气剂点燃，瞬时产生大量高压气体，高压气体冲击射孔孔眼压实带，将射孔压实带消除，同时将楔进物射入射孔孔道内，使射孔深度增加，并形成长达 3.5m 以上的裂缝，由于支撑剂的楔

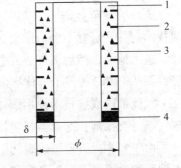

图 7.19(a)　带支撑块高能
气体成缝器

1—支撑块；2—微型爆破弹；
3—气体生成器；4—缓燃药

入，使裂缝始终保持最大宽度，防止由于地壳运动而引起的裂缝闭合。

气体推进成缝增产技术是在常规射孔枪枪身外安装袖套式推进剂药柱，图7.19（b）、图7.19（c）。射孔弹被引爆后产生高温高压高速金属流，在穿过袖套药柱的同时，利用射孔弹爆炸后的聚能射流完成点火，同步引燃包覆在枪身上的推进剂药柱，药柱燃烧瞬间产生大量的高温高压气体随射孔孔道进入地层，冲击射孔孔眼压实带，形成多条辐射状径向裂缝。由于多裂缝体系的形成，从而将射孔压实带消除，同时把支撑剂送入地层裂缝，改善了近井带地层渗透率，达到了生产井增产、水井增注的目的。

图7.19（b）　袖套式高能复合推进剂

图7.19（c）　气体推进成缝器装配总成

当射孔弹爆炸后，高温聚能射流和爆炸冲击波将外置药筒引燃，瞬时产生大量高能气体，由于推进剂燃烧后的主要产物是 HCl、N_2、CO_2、H_2O 等。这些产物遇水很容易形成酸液，从而对地层具有一定的酸化作用，由于温度和压力的催化作用，使其对地层的化学作用更加明显，从而使酸化与造缝作业进行了有效弥合。由于高能气体的成缝作用，在目的层位启裂多条径向裂缝，裂缝长度超过 3.5m，酸液可浸入油层径向范围，比单一酸化或化学解堵剂效果可能会更好。

合理的装药量是气体推进成缝技术发挥其最大效能的关键。实验结果表明，气体推进成缝技术对井下套管不会造成损伤。射孔弹被引爆后其金属射流依次穿透成缝器、套管、水泥环，进入地层，然后引燃成缝器药柱。气体推进成缝器药柱燃爆能量不会超过套管的抗压强度。图7.19（d）提供了气体推进成缝技术环形水泥靶模拟实验结果。

气体推进成缝技术使用固体推进剂、配套器材，在射孔同时进行施工。固体推进剂包括成气剂、支撑剂；配套器材包括扶正器、挡环等。

由于气体成缝器燃爆瞬间会导致套管向外轻微扩张，水泥环发生轻微变形。由于套管和水泥环弹性模量不同，套管和水泥环之间会形成微小的间隙。在装药量设计合理的情况下，气体压裂对水泥环会有轻微的形变影响，但不会对套管造成变形伤害。通过测井曲线和套压法验审，这个微小间隙不会导致流体串层。

该项技术可与现用的任一射孔器配合使用，在坚硬地层（抗压强度70MPa）压开的裂缝

图 7.19(d)　环形水泥靶靶试结果

长度达3.5m以上。由于成气剂内有楔进支撑剂，所以裂缝宽度始终保持最大，不小于3mm。在成气剂内加入耐高温、高强度的楔进物可有效延长油井的采油周期。

2004年5月22日、23日，北京某公司分别在华北油田晋93-25井、赵州油田赵41-50井进行气体推进成缝器施工试验，其中晋93-25井补开10.8m/4层，日产油23~42t，赵41-50井日产油20~38t，而同层段的晋93-16井、晋93-23井、赵41-23井、赵41-24井没有使用气体推进成缝技术，产液量明显不稳定，在8~15t之间变化。这表明气体推进成缝技术能显著提高油井的生产能力，具有广阔的应用前景。

图7.20(a)显示的是美国Weatherford国际有限公司开发设计的一种袖套式石油复合射孔产品结构图。该产品设计的显著优势在于把对称式与袖套式复合射孔技术进行了合理组合，以期发挥复合射孔技术的最大效能，避免枪体鼓胀及油管顶弯等意外事故的发生；图7.20(b)对袖套式复合射孔的作用过程及作用机理进行了详细图解。

7.2.4.8　液体药层内燃烧增产技术

所谓层内燃烧是指利用先后挤进地层的两种液体或固液混合物，使其在地层中燃烧产生高温高压气体，进而通过射孔孔道对地层施加压力，通过高压气体的"气楔"作用使原始地层裂缝得以扩展延伸，以大幅度提高油井产能的一项新型实用技术。

液体药层内燃烧所采用的配方主要成分为 NH_4NO_3（氧化剂）、甘油（燃烧剂）和水溶剂等。

对于生产井首先起出抽油杆、抽油泵再起出生产管柱；在地面接上无壳弹和起爆器，用油管传输工艺把无壳弹点火器下至目的层层位；在地面泵入液体药；投棒点燃无壳弹点火器，点火器点燃层内的液体药，液体药完成层内燃烧后，起出无壳弹起爆装置；下入生产管柱，开始抽油泵完井生产。表7.3提供了液体药层内燃烧技术在我国有关油田施工的效果参数。

扶正器

接头

射孔弹

袖套药

射孔枪

图7.20　袖套式复合射孔产品结构图

表7.3　与液体药层内燃烧有关的油田施工效果参数

序号	油田	井号	套管规格	施工日期	施工层段/m	施工前产量/(t/d)	施工后产量/(t/d)
1	火烧山	H1141	7″	1998 – 10 – 15	1633.0 ~ 1646.0	1.3	6.9
2	火烧山	H1425	5½″	1998 – 10 – 23	1548.0 ~ 1557.5	0.7	5.6
3	火烧山	H1421	7″	1999 – 09 – 25	1539.3 ~ 1561.8	3.0	6.3
4	火烧山	H2443	5½″	1999 – 10 – 10	1566.0 ~ 1593.0	2.1	5.6
5	火烧山	H1128	5½″	1999 – 10 – 21	1476.0 ~ 1538.0	1.0	3.1
6	辽河油田	前2 – 26 – 9	7″	2001 – 08 – 30		1.3	3.0
7	长庆油田	杏14 – 28	5½″	2001 – 11 – 05	1620.4 ~ 1645.4	0	3.0
8	长庆油田	冯52 – 59	5½″	2003 – 10 – 17	1452.0 ~ 1455.0	0	10.0

石油复合射孔正朝着多元化、多功能、系列化、复合化等方面发展，随着人类对石油复合射孔技术认识的不断深化细化以及相关技术要求的规范化、标准化，可以相信，石油复合射孔技术作为一种高新技术产业必将在地下原油的开发开采，未来石油工业的发展方面发挥积极的作用。

7.3　一体式石油复合射孔实验方案设计

7.3.1　一体式石油复合射孔敞环境模拟试验

7.3.1.1　实验目的

建立石油复合射孔技术概念，观察并详细记录实验过程中出现的各种现象；在保证射孔孔密一定的条件下，通过改变枪体内的火药装药量，观察了解点火、传火、泄压以及枪体的结构变化情况。

7.3.1.2　仪器、设备

3m长加厚射孔枪、孔密为12孔/m的铁质管式弹架、射孔弹、火药装药、塑料皮或铅锑合金导爆索、电雷管、导线、发爆器、上下密封接头、管钳、量具、记录本等。

7.3.1.3　工作原理

石油复合射孔是近20年来发展起来的一种新型射孔完井技术，它集射孔－压裂的特点于一身，利用导爆索、射孔弹完成爆轰过程中的热效应点燃火药装药，并利用火药燃烧产生的高温、高压气体挤压油气层，以启裂岩石裂缝，增大渗流面积，提高采收率的一种快速、简捷而又实用的作业工艺。图7.21给出了一体式石油复合射孔敞环境模拟试验原理图。

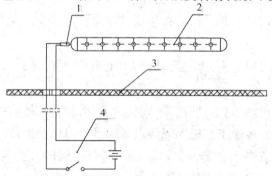

图7.21　一体式石油复合射孔敞环境模拟试验原理图

1—电雷管；2——体式复合射孔枪；3—障碍物；4—发爆器

7.3.1.4 实验内容

（1）复合射孔试验完成后，打开枪体的上下接头，倾倒出枪体内的爆炸残留物，观察并记录射孔弹的引爆及火药燃烧情况；

（2）仔细检查枪体上射流作用位置与枪体上的预制孔是否正对；

（3）统计并计算射孔弹的起爆率：

$$起爆率 = \frac{已起爆的射孔弹数}{试验弹数} \times 100\%$$

（4）测量并计算枪体的径向变形量；

枪体径向变形量（mm）= 复合射孔完成后枪体的径向尺寸（mm）- 枪体原有尺寸（mm）

$$\Delta x = d - d_0 \tag{7.18}$$

7.3.1.5 实验结果分析

（1）枪体中的火药需充分燃烧；

（2）射流作用位置应处于射孔枪上预制孔的中央位置；

（3）射孔弹的起爆率不小于98%；

（4）枪体的径向变形量 $\Delta x \leqslant 5mm$。

7.3.1.6 注意事项

（1）实验过程中必须保证射孔枪内的爆炸装药与电雷管处于断开状态，电雷管需专人负责、专人保管；

（2）爆破试验环境应选择恰当，爆炸源与实验者之间距离不应小于150m，中间须有安全隔离障碍物；

（3）试验过程及试验完成后，应仔细观察并详细记录所发生的现象，并进行分析讨论。

7.3.2 一体式石油复合射孔环形水泥靶模拟试验

7.3.2.1 目的

（1）熟悉了解石油复合射孔作业环境，对试验过程中出现的有关现象及测试数据进行记录；

（2）观察记录套管在爆破作业前后的变形量及损伤情况；

（3）了解环形水泥靶的破裂情况，记录其综合造缝长度和宽度。

7.3.2.2 仪器、设备

抗压强度40MPa左右、高1.1m、直径3m的环形水泥靶1个；直径139.7mm（5½″）套管一段；电雷管、发爆器、导线、压力测试仪、射孔弹4发（相位90°）；火药、弹架、套管、两端装丝扣连接的密封帽、量具、管钳、记录本、美国石油学会 API - RP - 43 检测标准等。

7.3.2.3 模拟装置

环形水泥靶试验较为客观、逼真地反映了一体式石油复合射孔的全过程。环形水泥靶高1.1m，直径3m，抗压强度40MPa左右，套管选用外径为139.7mm（5½″）套管。该试验可直观反映出水泥靶的破裂情况及套管的损伤情况，其模拟实验装置如图7.22示。

7.3.2.4 实验内容

（1）了解一体式石油复合射孔是否发生炸枪、卡枪事故，检查并核实套管的损伤情况；

（2）观察并测量环形水泥靶综合造缝的形状、长度及宽度。

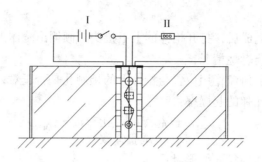

图 7.22　环形水泥靶模拟试验演示图

Ⅰ—起爆系统；Ⅱ—压力检测系统

7.3.2.5　实验结果分析

（1）要求火药完全燃烧，射孔弹的起爆率为 100%；

（2）要求套管的变形量 $\Delta x \leqslant 5mm$，不允许套管有轻微裂纹及撕裂现象；

（3）综合造缝长度不小于 1500mm；

（4）火药燃烧过程中的峰压应满足 $40MPa < \sigma_{max} < 120MPa$。

目前，对于复合射孔环形水泥靶试验仍存在争议，主要是因为现有试验方法没有充分考虑地应力、环境温度以及高压井液对破岩效果的影响。在长期跟踪研究国内外复合射孔的基础上认为，应从以下工艺角度完善复合射孔模拟试验的设计思想：（1）在现有环形水泥靶的周围加装一定强度的钢圈，以充分显示井下射孔作业过程的地应力影响；（2）选择与待射层岩石性质相同或相近的地质地貌，在模拟井中进行相关性能试验，以弥补现有技术的不足，揭示井下岩石破碎后的真实状况。

7.3.3　一体式石油复合射孔生产井试验

7.3.3.1　目的

（1）对一体式石油复合射孔各项性能进行全面考核；

（2）要求一体式石油复合射孔满足井下高温、高压环境要求；

（3）观察井口电缆及压井液的状态变化。

7.3.3.2　仪器、设备

3m 长复合射孔枪、注水车、电缆车、起爆仪、电雷管、钳子、榔头、工具钩等。

7.3.3.3　试验步骤

（1）射孔前用榔头和堵片冲堵工具对枪体上的堵片再冲堵，以确保整个枪体的密封均一性；

（2）连接电雷管，使其处于待发状态；

（3）用工具钩钩住枪体的尾部，使其缓缓进入注水井中；

（4）通过电缆车对其所处位置定位；

（5）点火、起爆；

（6）起出射孔枪，作业完毕。

由于我国井下测试水平相对落后，在作业现场很难准确、客观判断井下的作业情况，通常只能通过观察井口液面状态以及电缆状态的变化来判断井下发生的各种现象，这显然是不科学、不符合实际操作规范的。

7.3.3.4 生产井试验工作原理

同敞环境模拟试验和水泥靶模拟试验相比，生产井模拟试验增加了温度和压力双重因素的影响，即要求射孔系统耐温、耐压、防渗漏，不发生炸枪、卡枪、掉枪，不形成套损，不发生电缆打结（射孔枪枪体上举所致），要满足这些要求可以说是对一体式复合射孔器的一次全面系统的检测，其工作原理如图 7.23 所示。

7.3.3.5 实验内容

（1）堵片的密封一致性；

（2）火药的耐温性；

（3）射孔弹的起爆率；

（4）射孔系统的点火、传火、密封及泄压；

（5）枪体的径向变形量；

（6）射孔枪炸枪、卡枪、掉枪现象；

（7）压井液液面的变化及射孔电缆的变化；

（8）油井产出率。

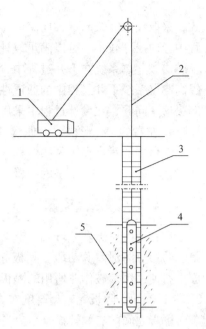

图 7.23　生产井模拟试验图
1—电缆车；2—电缆；3—压井液；
4—复合射孔枪；5—待射层

7.3.3.6 实验结果分析

（1）为了避免炸枪，卡枪事故的发生，要求枪体要泄压充分及时，枪体的变形量不大于 5mm；

（2）为了防止套损现象的发生，要求射孔弹的起爆率不应小于 98%；

（3）一体式石油复合射孔的最终目的是为了提高油气井的采收率，采油开始后通过相关采集数据与在同一条件下的传统聚能射孔效果做一比较，通过实验数据来证实一体式石油复合射孔技术的实用性。

石油复合射孔被认为是 21 世纪石油工业发展的一场伟大变革，未来石油复合射孔技术正向着高效环保、系列化、复合化、标准化方向发展。但由于企业生存的需要，市场上出现了多种结构形式、设计方法迥异的复合射孔产品，这些复合射孔技术的出现，导致目前复合射孔没有一个较为统一客观的评判标准。石油复合射孔国家标准代号为：GB××××—×××；GB/T××××—×××；SY/T××××—×××；WJ××××—×××。

7.4　结构对称式石油复合射孔

所谓对称式石油复合射孔是指以起爆器为中心，结构呈对称分布的一类复合射孔技术。

对称式石油复合射孔，其结构组成可分为下面 3 种组合方式：第一种为复合射孔枪＋起爆器＋复合射孔枪型；第二种为压裂弹＋射孔枪＋起爆器＋射孔枪＋压裂弹型；第三种为压裂弹＋复合射孔枪＋起爆器＋复合射孔枪＋压裂弹型。之所以采取对称式结构，国内外专家普遍认为，是出于利用上下弹体或枪体产生的压力叠加效应以最少的装药量达到最大的岩石破裂之目的。

7.4.1　起爆器

油气井起爆器材是井下远距离爆破作业中的首发火工件，通常分为电起爆和非电起爆两类。编者曾设计出一种压力双发火起爆器，这种起爆器设计突破了传统起爆器设计的思维模式，采取径向冗余起爆轴向聚能传爆的方式进行压力作动起爆。由于该起爆器在结构设计过程中径向尺寸较小，难以满足设计要求，笔者在尺寸允许范围之内对其结构进行了改进，为了解决该起爆系统在下井过程中管串遇阻情况，起爆器设计成扁平结构，形成返水通道，以提高起爆系统下井过程中的通透性。该起爆器的设计关键在于如何进行轴向可靠传爆，为了解决这一问题，在设计过程中采用了聚能结构，即在扩爆元件外侧中心线位置车有 90°、深 1.2mm 左右的"V"形槽，以便爆炸能量能可靠引爆射孔系统中的传爆元件。从整体来看，这种起爆器的优点在于采取对称式径向起爆与对称式轴向传爆相结合的冗余技术，简化了设计工艺，提高了起爆系统的起爆传爆可靠性。

7.4.2　隔板点火器

在石油民用爆破领域隔板起爆技术有着极其广泛的用途，主要是因为隔板起爆具有密封、防渗、防泄漏等功能。隔板起爆器通常由施主装药、受主装药以及隔板本体三部分组成。石油民用爆破作业所用的隔板起爆器分为隔板破裂型和隔板完整型，隔板破裂型厚度在 0.5~1.0mm；隔板完整型厚度在 4.0~5.0mm，这两种隔板起爆器均可实现爆轰 - 燃烧、爆轰 - 爆轰之间的有效转换。

7.5　分体式石油复合射孔

分体式石油复合射孔是指射孔装置与高能气体压裂装置通过转换接头（爆轰转燃烧）实现射孔 - 压裂作业的一种复合施工工艺。

目前，国外分体式石油复合射孔已在石油射孔领域有所应用（图 7.24）；1996 年，大庆石油管理局试油试采公司梁岩、韩永福等人申请了"分体复合式射孔压裂器"标志着我国分体式石油复合射孔技术已获得突破性进展。

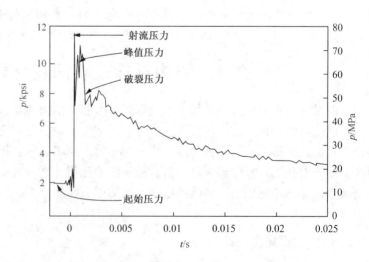

图 7.24　一种分体式复合射孔装置及其 p - t 曲线

分体式石油复合射孔因射孔孔密不受固体推进剂装填量的影响而受到关注，同时分体式石油复合射孔可根据目的层岩石性质对火药装填量进行调整，以期达到最佳射孔—压裂效果。应该注意到，在分体式石油复合射孔施工过程中，一方面，由于高能燃气压力的剧烈作用，易造成弹体上串、电缆打结、油管顶弯、夹层枪压扁等事故的发生；另一方面，火药燃烧产生的峰值压力能否与地层破裂压力相匹配，构成了分体式石油复合射孔能否正常作业的关键。

7.5.1　脉冲分体式石油复合射孔

　　具有脉冲作用的分体式石油复合射孔，在防止弹体上举方面采用向上排气方式，向上排气孔在通常情况下处于关闭状态，主要是为了防止火药因高压液体的浸泡而失效，只有当火药被点火器点燃后产生一定压力时，密封塞才被打开，从而达到向上排气抑制弹体上举的目的，其排气孔大小为 6~16mm。

　　该结构复合射孔，采取隔板点火方式，这种点火方式较导爆索点火具有一定的滞后性，从而避免了射孔峰值压力与高能燃气峰值压力的叠加。压裂装置采用对开式泄压，火药燃烧表现为平行层燃烧；脉冲作用的完成主要依靠延时传火接头来完成，由于延时传火接头中的 3# 小粒黑的缓燃作用，使该装置呈现出脉冲压裂的特征，从而对地层进行脉冲加载，使地层岩石以缝的形式延伸。

7.5.2　机械制动式石油复合射孔

　　和具有脉冲压裂作用的分体式石油复合射孔相比，这种结构的复合射孔在弹体上举方面增加了机械制动功能(图7.25)。其作用原理是点火器点燃弹体内的火药后，由于火药燃烧产生高压，进而使制动机构中的卡爪因活塞外推而卡在套管内壁，压力越大，卡爪作用越牢靠。当压裂作用完成后，由于弹体内压力迅速下降，卡爪制动作用随之大大降低。当射孔—压裂作业完成后，起出管柱时，由于管串的向上拉动，卡爪会自动收拢。

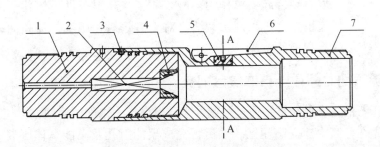

图7.25　机械制动式石油复合射孔
1—点火接头；2—隔板点火器；3—螺钉；4—定位螺钉；5—活塞；6—卡爪；7—制动接头

　　这种结构复合射孔的点火方式、火药燃烧方式以及压裂装置的泄压方式同脉冲式石油复合射孔。

　　值得注意的是，这种分体式复合射孔也增加了瞬时过压保护功能，增加该装置的目的是，当遇到较为坚硬的地层岩石时，由于井腔内压力突升易发生炸枪、卡枪事故，而瞬时过压保护装置可有效避免这种事故的发生。其作用原理是，当压裂装置所产生的峰值压力大于 0.8 倍左右的射孔枪破裂压力时，瞬时过压保护装置中的销钉即被剪断，活塞向下运动，从而有效缓解了高能燃气压力的快速爬升，起到了过压保护作用。有意义的是，过压保护装置中的泄压管采取了有条件逐渐缩小的泄压方式，其目的还是在于提高压裂效果。瞬时过压保护装置的引入，使分体式石油复合射孔更具有通用性，以适应不同地质特征的油气井压裂。

7.5.3　二次增效式石油复合射孔

二次增效射孔器是通过合理的结构设计和药量设计，将分体式、一体式增效射孔器有机地结合在一起，用电缆将其送到预定位置后，引爆射孔弹。随后射孔枪内(枪外)火药迅速

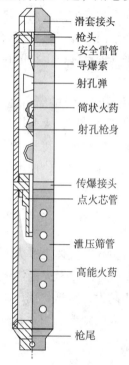

图 7.26　一种二次增效式复合射孔装置

滑套接头
枪头
安全雷管
导爆索
射孔弹
筒状火药
射孔枪身
传爆接头
点火芯管
泄压筛管
高能火药
枪尾

燃烧达到峰值压力，通过射孔孔道对地层实施第一次脉冲加载，在井筒周围形成网状裂缝。在裂缝还没有闭合的情况下，枪体下部火药开始燃烧，产生大量高温高压气体，对地层进行第二次脉冲加载，二次增效射孔延长了火药对地层的作用时间，使裂缝长度得以延伸，提高了地层的渗流面积和导流能力，达到了增产增注的目的。

二次增效式石油复合射孔其本质是一体式石油复合射孔技术与高能燃气压裂技术的有机组合。图 7.26 显示的是袖套式石油复合射孔和高能气体压裂装置的一种组合形式，从测试曲线可以看出，袖套式复合射孔压力与高能气体燃烧产生的峰值压力没有发生叠加，并充分发挥了袖套式复合射孔高峰值压力的技术优势，延长了高能气体压裂的作用时间，形成了对地层的连续动态脉冲加载。

专利 CN2391987Y 介绍了一种适合于油田井下作业的多元增效复合射孔器，它是由枪头、枪身、射孔弹、弹架、定位盘、燃烧剂片、传爆接头和高能气体压裂装置组成。枪身外有凝胶酸套，位于射孔枪与高能气体压裂装置之间有空心传爆接头，空心传爆接头内装有支撑剂，在射孔过程中支撑剂随着高速气流进入射孔孔道，对岩石裂缝起支撑作用。凝胶酸套在高温条件下熔化，产生的气流液流也随之进入地层裂缝，对于消除射孔压实，提高油藏的导流能力有积极的意义。

7.5.4　燃气动力超正压石油复合射孔

所谓超正压石油复合射孔是指通过控制爆轰与爆燃压力之间的时间差，使高能燃气峰值压力前移，首先在井筒内建立高压区，然后再完成聚能射孔及高能气体压裂的一种施工工艺。普通正压射孔的液体静压稍大于油藏静压，而超正压射孔的流体压力远大于油藏压力。

燃气动力超正压复合射孔技术的工作原理是投棒撞击点火引燃或电点火引燃一级燃气动力装置内的火药装药，产生高温高压气体，当燃烧室内压力大于井下环空液柱压力时，泄压孔被打开排气并升高射孔枪环空压力，当燃烧室内压力升高到撞击活塞杆上剪切销钉的最大抗压值时，撞杆撞击起爆器引爆射孔器射孔，同时通过和射孔器枪尾相连接的爆燃转换器点燃二级燃气动力装药，实现二次脉冲加载扩缝延缝。其作用过程为：点火→起爆→射孔→造缝。持续时间大于 500ms。其结构组成与理想 $p-t$ 曲线如图 7.27 所示；其中应用于超正压复合射孔中的燃烧转爆轰装置和爆轰转燃烧装置如图 7.28 所示。

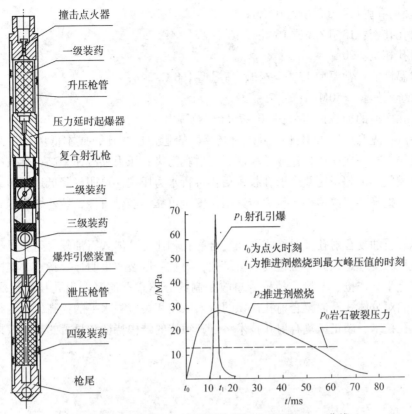

图 7.27　典型的超正压复合射孔装置及其理想 p - t 曲线

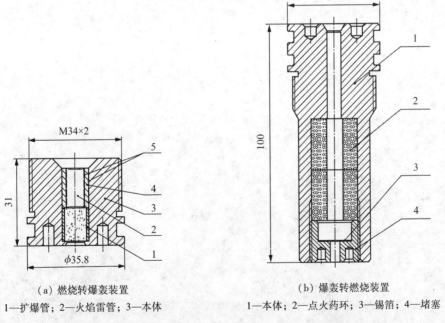

（a）燃烧转爆轰装置

1—扩爆管；2—火焰雷管；3—本体

（b）爆轰转燃烧装置

1—本体；2—点火药环；3—锡箔；4—堵塞

图 7.28　超正压复合射孔中的燃烧转爆轰装置与爆轰转燃烧装置

主要用途：用于油气井射孔增产措施，尤其适用于特低渗、低渗低压及中低渗油气井射孔作业。其技术指标如下。

（1）射孔器采用 89 型射孔弹（配 89 型射孔枪）、127 型射孔弹（配 102 型射孔枪）或

BH57 大孔径射孔弹(配102型射孔枪);

（2）射孔孔密：13孔/m或16孔/m；

（3）射孔相位：90°；

（4）耐温性能：常温型120℃/24h、高温型160℃/24h；

（5）系统耐压：≥50MPa；

（6）射孔之前的加载正压力在30～70MPa范围内。

技术特点：先升压后再射孔压裂；和充氮气的超正压相比，成本低廉，工艺简单；射孔－压裂联作工艺一次完成，作业效率高，无射孔污染；压力加载速率高，燃气冲刷作用时间长；使用燃气动力超正压复合射孔技术后再进行水力压裂，可明显降低地层破裂压力，强化裂缝网络，提高地层渗透率；点火传火结构安全可靠，能量可控，装药燃烧稳定，作用效果显著。

与一体式石油复合射孔及对称式石油复合射孔相比，分体式石油复合射孔具有射孔孔密高，聚能穿孔深度理想，固体推进剂装填量大，射孔－压裂效果明显等特点，但同时应该注意到，弹体上举、炸枪、卡枪、掉枪等事故是制约分体式石油复合射孔技术发展的关键因素。随着人们对分体式石油复合射孔认识的深入以及相关检测水平的提高，大孔径高孔密分体式复合射孔技术、超正压复合射孔技术将以其独特的结构特征和显著的作用效果被用户所认可。

第8章 高能气体压裂与油井增产

钻井是石油和地热开采总成本中的一个主要部分。因此，激活一口不产油的井比钻一口新井更为经济。

工业上采用各种各样的压裂技术压裂油层，最常用的技术是水力压裂。水力压裂产生的裂缝通常平行于主要的天然裂缝，没有附加的裂缝与井筒衔接。水力压裂处理通常是在稍高于最低裂缝就地应力的压力下进行的，产生一对翼向裂缝定向垂直于最大就地应力，经水力压裂产生裂缝的长度可达几十米，甚至上百米。但这种压裂技术只能产生单一平面裂缝，对地层有损害，需要大型设备，工作周期长，且需要连续加水加砂，开采成本较高。采用高能炸药，例如 TNT 和硝化甘油进行压裂，高速爆炸会在井筒附近产生破碎的压实区，这种压实区就象一个"应力罩"，导致流油通道封闭堵塞，井眼坍塌和无法预见的其他问题，因此大大制约了高能炸药激活油井的可能。

高能气体压裂（英文名称 High Energy Gas Fracturing，简称 HEGF）又称可控脉冲压裂、气动脉冲压裂（DGPL）、多缝径向压裂（MRF）等，它是 20 世纪 80 年代中期我国发展起来的一项新型的油田油层改造技术。其本质是利用发射药和火箭推进剂燃烧产生的高温高压气体压裂油层，使致密或堵塞的油层形成多条辐射状裂缝，从而使油层中的天然裂缝与井筒相沟通，有效改善油层渗透率和导流能力，以提高油气井采收率的工艺方法。

高能气体压裂产生的多条裂缝将天然裂缝与井筒连通，高能气体压裂特别适用于激活具有天然裂缝的油层。高能气体压裂可以避免高能炸药产生的应力罩效应和水力压裂产生的单一平面裂缝。这种压裂不需大型设备，也不需要加砂，不需水源，施工工艺简单；适应性强，可用于增产增注，探井求产，深层油气井解堵，也可作为酸化或水力压裂的预处理；见效快、无污染。高能气体压裂允许进行精确的燃爆技术控制，因而优于任何其他类似的压裂系统，在某些适合的条件下，能够达到其他处理方法不能达到的效果。

8.1 爆炸压裂、水力压裂与高能气体压裂的技术特征

很明显，这三种增产技术的加压速度有明显的区别（图 8.1）。爆炸压裂的最高压力超过了岩石的屈服应力，在井筒周围产生压碎区，岩石压碎区堵塞了原油流经井筒的通道；而可控脉冲压裂和水力压裂的最大压力则低于岩石的屈服应力。对于可控脉冲而言，岩石裂缝是通过气流来延伸的。由于可控脉冲压裂没有产生残余应力，从而使高能燃气进入裂缝并使裂缝得以扩展延伸，并与天然裂缝相沟通，形成裂缝网络。

这三种压裂技术在时间计量刻度方面也是不相同的，爆炸压裂以微秒计量，可控脉冲压裂是以毫秒计量，而水力压裂是用分甚至小时来计量的。

高能气体压裂过程中，高能气体燃烧压力持续上升时间介于爆炸压裂与水力压裂之间，即：

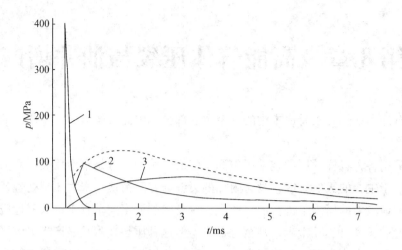

图 8.1　爆炸压裂、可控脉冲压裂与水力压裂的 $p-t$ 曲线

$$\frac{\pi d}{2v_s} < t_m < \frac{8\pi d}{v_s} \tag{8.1}$$

式中　t_m——高能燃气压力上升时间，s；

$\quad\quad d$——井筒直径，mm；

$\quad\quad v_s$——地面波速度，m/s；

$\quad\dfrac{\pi d}{2v_s}$——爆炸压裂压力上升时间，s；

$\quad\dfrac{8\pi d}{v_s}$——水利压裂压力上升时间，s。

图 8.2 显示的是这三种压裂技术破岩效果对比。

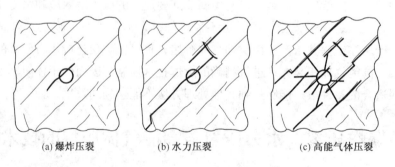

(a) 爆炸压裂　　　　(b) 水力压裂　　　　(c) 高能气体压裂

图 8.2　三种压裂技术破岩效果对比

图 8.3 是一种典型的高能气体压裂 $p-t$ 曲线，该曲线显示结果表明，当压裂弹中的火药被引燃后，火药迅速燃烧，释放出大量气体，井筒内压力从初始的液柱压力上升到地层破裂压力；地层的破裂，增加了气体所占有的自由容积，压力曲线突然下降，形成了一个压力台阶，这段时间大约为 1/4ms；火药继续燃烧，释放气体，由于高能燃气释放速率比裂纹的扩张速率快得多，气体膨胀体积远大于地层裂缝扩张的自由容积。因此，压力继续上升，达到峰值压力；峰值压力过后，压力迅速下降；压力、时间变化过程从不稳定状态过渡到稳定状态，高能燃气压力值降到最低，裂缝延伸停止。

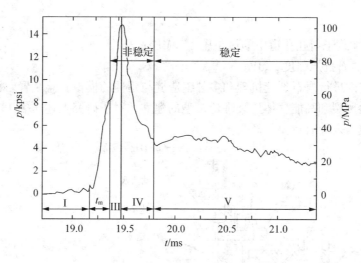

图 8.3　高能气体压裂 p - t 曲线

8.2　高能气体压裂的作用

（1）机械作用。火药或推进剂燃烧产生的高压气体，在超过岩石破裂压力的条件下，在近井带产生多条径向裂缝，并形成有效流油通道。

（2）水力振荡作用。高能气体压裂装置是在井筒内存在液柱的条件下对地层实施作用的，随着高温、高压气体的产生，将会推动井筒内液柱向上运动，随着高能燃气体积增大，压力又会下降，从而引导液柱向下运动，这种压力周期波动有助于岩石裂缝形成和清理油层堵塞。

高能压裂装置点火后，火药柱迅速燃烧，释放出大量气体，推动液柱上下振荡，从而形成较强的压力脉冲。对于敞口电缆传输压裂工艺而言，压井液的运动符合下列微分方程：

$$\frac{\mathrm{d}^2 h}{\mathrm{d}t^2} = \frac{p}{\rho H} - g \tag{8.2}$$

式中　h——压井液向上运动位移，m；

　　　H——压裂弹上方液柱高度，m；

　　　t——时间，s；

　　　p——井筒压力，MPa；

　　　ρ——井液密度，g/cm^3；

　　　g——重力加速度，m/s^2。

在高能气体压裂作业过程中，当液柱压力较低时，高能燃气很容易将液柱推开，降低了高能燃气的峰值压力，不利于岩石裂缝的生成；当液柱高度增加，高能燃气大量聚集于射孔孔道，有利于地层网状裂缝的形成与延伸。理想的压井液高度在 1000m 左右。

（3）高温作用。高能气体压裂后的井温测试表明，在高能气体压裂装置点火后的一段时间内，井温升高到 500 ～ 700℃，开始下降很快，以后在几小时内变慢，该温度足以熔化沉淀在油井附近的石蜡与沥青，从而降低了油井的黏度。

（4）化学作用。火药燃烧后产物主要是 CO_2、CO、H_2O、NO_2 和部分 N_2，这些气体在高压条件下都会溶于原油，这进一步降低了原油的黏度和表面张力，达到了增产的目的。

岩石裂缝的生成条件。高能气体压裂过程中，岩石裂缝产生的条件需满足：

$$\sigma_{min} > \sigma_0 \tag{8.3}$$

式中 σ_{min}——加载于射孔孔道中的最小压力，MPa；

     σ_0——岩石抗压强度，MPa。

图 8.4 是室内进行岩石裂缝机理和多裂缝造缝与延伸的模拟实验装置。该实验装置对于爆炸压裂、水力压裂和高能气体压裂理论模型的建立，对于研究上述压裂工艺的作用过程以及多裂缝的形成与发展有重要的意义。

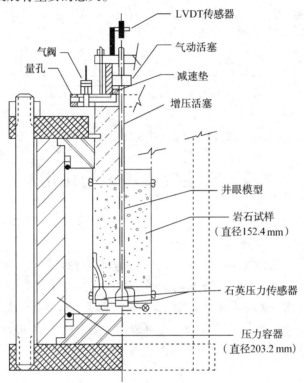

图 8.4   压力脉冲发生器模拟装置

图 8.5 是两种典型的高能气体压裂压井作业工艺。图 8.5(a) 是电缆传输的高能气体压裂工艺，其点火方式为电点火器点火，采用压井液压井；图 8.5(b) 是油管传输的高能气体压裂作业工艺，其点火方式为投棒撞击点火，采用封隔器封井。目前，我国高能气体压裂作业多采用油管传输、封隔器封井压裂作业工艺技术。

8.3   高能气体压裂装置

8.3.1   钢壳高能气体压裂装置

文献[23]介绍了一种钢壳压裂弹，压裂弹壳体由合金钢(38CrMoAl)组成，弹体上开有一定数量规则排列的泄压孔，弹体内火药未点燃时，井筒内高压液体不会浸入，火药点燃后堵片被高压气流冲开，气体泄放，对地层实施压裂。装药采用双层复合装药，内层为燃烧性能好，弹道性能稳定的制式火药，外层为耐高温、性能良好的复合推进剂。装药方式采取单元装药，每单元装药高为 50mm，这样可以根据井深变化和地质结构特征进行适时调整。

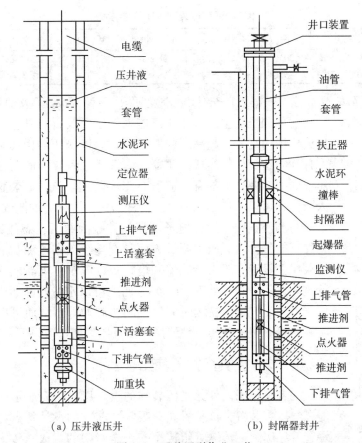

（a）压井液压井　　　　　（b）封隔器封井

图 8.5　两种压裂作业工艺

文献[24]介绍了一种钢性壳体高能气体压裂装置（图 8.6），这种压裂装置在实施作业中，由点火器点燃弹体内火箭推进剂"1"，由点火药大粒"2"和硝化棉"3"点燃主装药双芳-3"4"，双芳-3在弹体内燃烧后产生气体并形成高压，继而打开堵片进入井中，通过油层层位处孔眼进入地层，压裂地层，形成裂缝，原油随新裂缝进入井筒，进而达到油井增产的目的。

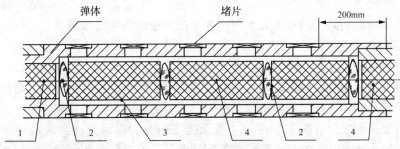

图 8.6　一种钢性壳体高能气体压裂装置

1—火箭推进剂；2—大粒黑；3—硝化棉；4—双芳-3

我国某研究所研制开发了一种钢壳高能气体压裂产品，其主要用于油井和天然气的压裂增产，可用于注水井的增注处理、水力压裂的预处理，也可与水力压裂、酸化压裂等配套使用。其作用原理是利用发射药和推进剂燃烧产生的高温、高压燃气以脉冲加载的方式压裂油气层，使油气层产生多方位辐射状裂缝，改善油气层的渗透性和导流能力，以提高油气井的产量。表 8.1 是国产钢壳压裂弹技术性能指标。

表 8.1　钢壳压裂弹技术性能指标

型号	耐温	耐压	壳体材料	最大外径	每节弹长	装药量	适用井深
TYD-89-Ⅰ	110℃、24h	30MPa	合金钢	98mm	1.0m	2~3kg/节	中深井
TYD-89-Ⅱ	160℃、24h	45MPa	合金钢	98mm	1.0m	2~3kg/节	深井

1994 年原西安石油学院教授王安仕设计发明了一种超高压水油不浸入测压器（CN2175929Y，图 8.7）。这种测压器主要应用于高能气体压裂及石油复合射孔作业过程弹体或枪体内高压、超高压的跟踪测试。该测压器由压盖、套筒体、活塞杆和测压铜柱等组成。压盖和套管体之间有一道上 O 形密封圈，测压腔内的活塞杆下部有两道下 O 形密封圈。该测试装置具有水油不浸入特征，可以满足高能燃气脉冲冲击过程中压力的测试。

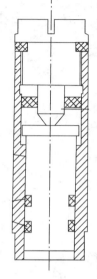

图 8.7　超高压水油不浸入测压器

与测压铜柱相比，电子测压计被喻为井下动态测试的"黑匣子"，它在高能气体压裂压力测试方面具有连续动态监测功能。电子压力计记录仪上设置有压力传感器和电路板，可对井下高能气体压裂过程进行监测，依据微机处理后的 $p-t$ 曲线可以定量判断压力加载速度、峰值压力大小，压力持续时间以及间接脉冲等，从而可以估计压裂作业实施后岩石裂缝长短、裂缝形状以及压裂增产效果等。

8.3.2　无壳高能气体压裂装置

编者根据国内外无壳压裂弹的设计思想，完成了一种油气井用高能燃气压裂装置，该装置充分吸收了前人的设计特点，通过芯杆内传爆管 - 导爆索 - 传爆管组成了一个全封闭的点火、传火系统，采用导爆索在爆炸过程中的热效应完成压裂弹的点火与传火过程。

在该产品设计过程中，为了确保无壳弹在长储过程中的稳定性与安全性，在弹体空心轴外缠绕有比容大、燃速快的双芳 - 3 药条。那么如何使火药在井筒中可靠点火且不受潮，在该产品设计过程中，编者在导爆索两端增加了隔板传爆装置，在空心轴上开设有径向传火孔，在两根接头外有三道起密封防潮作用的密封圈，中心轴最外侧有铸装固体推进剂及防潮纸。这些工艺措施的实施，增加了无壳弹在井下的承压能力和防渗漏能力，保证了井下传火作用的可靠实施。

该产品的设计避免了钢壳弹掉弹、卡弹事故的发生，具有压力上升速度快、脉冲宽、可形成双压力峰或多压力峰，使启裂岩石的裂缝错位不易闭合，装药耐高温，可以满足 5000m 以内深井施工，从而使我国无壳弹的发展进入一个较为先进的技术领域。

我国某研究所开发设计的 TYD-89-Ⅲ 无壳压裂弹的作用原理是通过科学合理的装药设计，精确控制固体推进剂的点火和燃烧过程，调整压裂过程中的峰值压力、压力上升时间和压力持续时间，使油层在短时间内产生多方位辐射状裂缝，以达到增产增注的目的。

该产品主要应用于低产能和低渗透油气井的复合压裂增产处理；污染、堵塞严重的油气井的解堵处理；频临报废井的产能恢复；注水井的降压增注处理；勘探井储层的试油评价；地层破裂压力高、天然裂缝不发育油层的水力压裂预处理。

TYD-89-Ⅲ 型系列高能气体压裂弹也称无壳压裂弹或全可燃压裂弹。无壳压裂弹采用军工技术和多级组合装药，燃烧作用后，壳体全部燃烧，无金属落物，可以对油层实施脉冲连续加载，作用有效期长，效果良好，是目前我国高能气体压裂的理想产品。

该产品的技术性能指标：耐温 160℃、24h；耐压 45MPa；压力上升时间 0.5 ～5ms；燃烧持续时间 600 ～1000ms；最大外径 89mm；单节弹长度 0.98m；单节弹装药量 6.5 ～7.0kg/节；适用范围深井；储存期 3 年。

8.3.3 脉冲型高能气体压裂装置

多级脉冲高能气体压裂技术是近年发展较为迅速的一种油井增产技术，它是通过对压裂装置进行技术改造而形成的全新理念的高能气体压裂新技术。其工艺实现方法有选用不同性质、不同燃烧速度的火药，利用不同种类或密度火药燃烧的时间差，实现多级脉冲压裂；选用相同性质的火药，在每个火药块之间加入燃烧速度相对缓慢的黑火药或者易燃性隔板；选用固体火药与液体火药相结合等，以控制燃烧速度，对地层实施连续多级脉冲加载，以最大限度地提高油气井的渗透率和导流能力。

2000 年美国石油科技工作者 PhilipM. Snider 等在研究高能气体和复合射孔的基础上，提出了压裂弹弹体内外填装不同燃速火药形成多级脉冲的高能气体压裂技术（图 8.8），该产品的应用避免了卡弹、掉弹等意外事故的发生，其合理的结构设计、安全性设计以及显著的作用效果赢得了用户的信赖与认可。图 8.9 是该产品现场服务装配过程实拍记录。

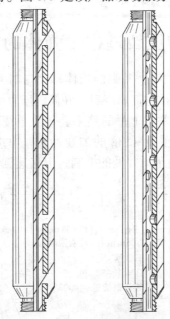

图 8.8　多级脉冲高能气体压裂装置

(a)　　　　　　　　　　(b)　　　　　　　　　　(c)

图 8.9　多级脉冲高能气体压裂装置现场服务照片

8.3.4 结构对称式高能气体压裂

结构对称式高能气体压裂方法是被国内外专家学者看好的一种高能气体压裂作业工艺。这种设计思想将在未来井下爆燃压裂及石油复合射孔领域占据极其重要的位置。

结构对称式高能气体压裂的设计方法是利用对称分布的压裂装置，在高能推进剂同步点火后，上下压裂弹产生的峰值压力得以有效叠加，使高能燃气能量进一步加大，能量利用率得到进一步提高，充分体现出了对称式高能气体压裂的实用效果。图 8.10 是一种对称式高能气体压裂装置的工作模型。

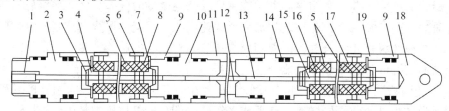

图 8.10 一种对称式高能气体压裂工作模型

1—扶正体；2—接头；3—索卡；4—胶塞；5—药饼；6—钢芯胶垫；7—纸垫；8—挡圈；9—弹体；10—双公接头；
11—点火接头；12—导爆索；13—传爆管；14—密封圈；15—导爆索；16—引燃药；17—纸筒；18—弹尾

8.4 高能气体压裂过程中弹体的上举及其对策

图 8.11 是高能气体压裂过程中，井眼内液体移动与时间的关系曲线。测试结果表明，采用电缆悬挂输送的压裂弹，当推进剂燃烧后，井筒内压力急骤升高，弹体受压，向井口方向移动，这种移动通常称其为上举，上举的结果会导致电缆打结，形成"鸟巢"状。点火后 10ms 出现第一个压力峰，弹体受到 150g 的加速冲击，电缆头上移速度达到 6.7m/s；到 50ms 时，出现第二个压力峰，由于压井液的抑制，上移速度降到 4.0m/s；到 300ms 时，上举速度降低到 1.5m/s，随后保持静止。

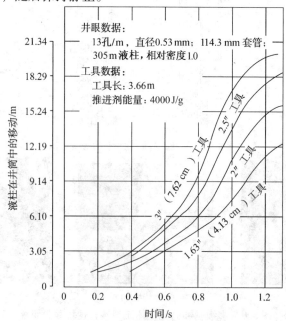

图 8.11 井筒内液体移动－时间曲线

在高能气体压裂过程中，由于弹体上举会造成电缆打结、油管顶弯压扁、掉弹卡弹以及套管破裂等事故的发生。为解决这一问题，国内外专家学者提出了许多抑制或缓解弹体上举的对策，如把电缆输送压裂作业工艺改为油管输送压裂、控制压井液液面高度、采用向上或斜向上排气法、在弹尾加辐重物法、机械安全制动法等，这些措施的提出与有效实施，对于抑制弹体上举、对于提高高能气体压裂作业过程中的能量利用率以及井下作业安全无疑具有重要的意义。

8.4.1 斜向上排气法

图 8.12 显示的是一种钢壳中心点火压裂装置（USP4798244），该装置具有以下功能：

（1）弹体内装有不同燃速的推进剂模块，这些推进剂模块在点火燃烧时能以亚音速的速率燃烧，并产生所期望的压力和气体量，使井下特定岩层产生裂缝。这些模块的纵向中心都有一个孔洞，以便安装点火杆，这些模块的形状和大小一样，每个模块的顶面和底面分别具有可以相互套接的凸锥和凹锥，并用环氧树脂将其粘结在一起，这些环氧树脂和推进剂一样具有可燃性，当推进剂燃烧时也同时被燃烧；

（2）该装置有一个填装推进剂的钢性壳体和一个反向推进器，反向推进器上有一些垂直的等距离喷气孔，气体按一定角度喷出。这种反向推进器在推进剂燃烧时能有效抑制弹体上举现象的发生；

（3）在该装置中还安装有一个压力脉冲检测系统，在检测系统中安装有一个压力脉冲记录仪，该记录仪在压力脉冲传入贮存系统时能够记录贮存这个脉冲信息。这些被记录的信息在压裂作业结束返回地面后，可以被输入计算机或其他信息处理系统进行处理。

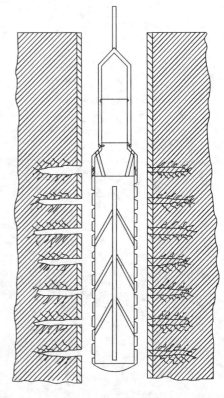

图 8.12　一种钢壳中心
点火压裂装置

8.4.2 机械安全制动法

美国石油民用爆破专家 Henry H. Mohaupt，设计完成了一种具有机械安全制动功能的高能气体压裂装置［图 8.13（a）］。该装置的机械制动机构包括活塞、连杆、销钉、弹簧和楔形块等，压裂装置点火前，制动机构中的楔形块被锁定在压裂装置实线位置，连杆一端被销钉固定，一旦点火器点火，推进剂燃烧后，压裂弹弹体内压力升高，当燃烧室内压力大于销钉的抗剪强度，销钉被剪断，在弹簧弹力作用下，连杆向上运动，楔形块被释放，制动机构开始作用。

8.4.3 加辐重物法

在高能气体压裂装置底部增加一定形状、一定重量的重物，利用高能气体压裂过程中井液的阻力，减缓弹体上举，以避免井下意外事故的发生。

8.4.4　齿轮转动法

这种制动法的作用原理是，当压裂弹中的火药被点燃后，弹体内高压气体推动弹体顶部的活塞，活塞在高能燃气的作用下，向上移动，带动与其紧密接触的齿轮及齿轮连杆，使齿轮连杆紧紧卡在套管内壁，以阻止弹体上移，确保压裂作业的可靠实施。

第9章　石油套管的燃爆处理

9.1　油井深度测量声弹

SLM 系列声弹为声源弹种(图 9.1)，专门为石油抽油机井测量静、动液面深度而设计的，借助配套回声仪可获得理想的井深记录曲线，操作简便，安全可靠。该系列产品的使用温度为 ±50℃，起爆率大于 98%。其技术规格和性能指标见表 9.1。

图 9.1　国产系列声弹产品

表 9.1　SLM 系列声弹技术规格和性能指标

弹种	弹长/mm	底部直径/mm	头部直径/mm	装药量/g	爆声强度/db
SLM1	53.7	14.48	8.4	3.7	115
SLM2	38.5	12.2	11.5	2.5	110
SLM3	38	11.8	10	2.5	110
SLM4	45	12.5	11.15	3.5	115
SLM5	62	24.5	21.4	15	120
SLM6	107.6	21.8	14	20	125

9.2　油管、套管、钻杆、钻铤的爆炸松扣

爆炸松扣(break – outing pack of dynamite)是指利用炸药爆炸产生的作用力使油管、套管、钻杆或钻铤螺纹联接部位产生震击松动的一种作业工艺。爆炸松扣技术的应用为油田井

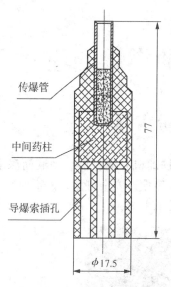

传爆管

中间药柱

导爆索插孔

77

φ17.5

图 9.2　P190687 解卡接力管

下作业的顺利实施提供了技术支撑。

图 9.2 是一种国外 P190687 解卡接力管，这种接力管由一个传爆管引爆一个中间药柱，然后由中间药柱同时引爆 7 根直径为 5mm 的导爆索，利用导爆索的同步爆炸使联结螺纹产生松动。其结构特征表现为多孔接头，可以根据实际需要对导爆索的数量进行取舍；传爆管的作用主要是为了增强雷管的输出威力，实现传爆序列的作用可靠性。

爆炸松扣弹内装有新型低爆速炸药，壳体采用非金属材料，爆炸后没有大尺寸的金属残留物，适用于钻杆、钻铤接箍松扣。以下资料提供的是我国某研究所生产的爆炸松扣弹的应用特征及其性能参数，表 9.2。

表 9.2　爆炸松扣弹型号及性能指标

型号	规格/mm	耐压/MPa	耐温/(℃/4h)	适用范围	弹长/mm
SK35 – 1	φ35	30	150	φ45～φ62	
SK38 – 1	φ38	30	150	φ45～φ62	
SK40 – 1	φ40	30	150	φ45～φ62	1350
SK50 – 1	φ50	30	150	φ55～φ66	
SK60 – 1	φ60	30	150	φ66～φ118	

其他规格的松扣弹可以根据用户要求定制。

据资料报道，川南测井分公司试制成功了一种新型超高压爆炸松扣装置，并在中国石化南方项目部普光 3 井施工获得成功。该装置用新型高压管材制成微型松扣弹，可承压 120 兆帕，耐温 180℃，最小外径 24mm，以此取代传统的导爆索松扣产品。该产品具有成本低、使用范围广，成功率高等特点。

9.3　石油套管及油井结蜡处理

在长期的原油开采过程中，由于原油自身的化学特征，会在油管或套管内壁形成一层厚厚的蜡质，正是由于这些蜡质的存在，会严重影响地下原油的开采及老井的技术改造。图 9.3 显示的是油管内部结蜡的实物照片。

专利 CN1038269C 介绍了一种油井清蜡弹，它是由弹头、弹身、弹尾组成，是为了解决现有清蜡方法无法彻底清除深井结蜡和高含量高凝固点结蜡的问题。其显著特征是应用弹体内火药燃烧产生的热量通过金属壳体传递给井筒内的油水介质使之汽化、裂解，并利用清蜡弹燃烧释放的高热量与强力气流冲刷套管内壁积蜡，形成高压气区把蜡液排出井口。

图 9.3　油管内壁
结蜡实物照片

专利 CN1184200A 提供了一种油井油层孔道裂缝清洗装置及处理方法(图9.4)，其结构是在一个无缝钢管的管体上开有多个泄压孔，在管道内放有火药和溶解剂，管道两端有上接头和下堵头，在上接头内设有雷管室，雷管通过导爆索伸入火药和溶解剂内，导爆索呈大"U"形或小"S"形。当导爆索被引爆后，导爆索爆炸过程中的热效应将管体内的火药迅速点燃，火药燃烧体积急剧膨胀，其本质是对套管内壁实施热作用、力学作用与酸化作用的三联作工艺，从而达到清洗油层孔道和对地层裂缝实施压裂酸化的目的。

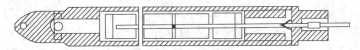

图9.4　一种油井油层孔道裂缝清洗装置

资料4介绍了一种油井清蜡弹(图9.5)，该弹主要适用于139.7mm(5.5in)、178mm(7in)套管井压裂解堵、探井试油压裂、水井增注、气井增产等。

该产品是利用高能火药燃烧产生的高温高压气体和弹体结构的特殊设计，对地层持续加载，有效释放能量，达到启裂油层，解除污染、蜡堵的目的。

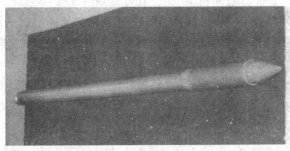

图9.5　一种油井清蜡弹

主要性能弹体外径 ϕ100mm；单级弹长930mm；主装药剂高能火药，10～12kg；装药密度1.79g/cm³；最高温度160℃；最大额定压力35MPa；使用方式采用油管输送，撞击点火。表9.3提供了油管和套管的规格及钢级。

表9.3　油管和套管的规格及钢级

管的外径		壁厚/mm	管的标称质量		API 钢级*
mm	in		kg/m	1b/ft	
60.8	2－3/8	4.83	6.9	4.6	L－80
73.0	2－7/8	5.51	9.5	6.4	L－80
88.9	3－1/2	6.45	13.7	3.2	L－80
114.3	4－1/2	6.35	17.3	11.6	L－80
127.0	5	7.52	22.3	15.0	L－80
139.7	5－1/2	7.72	25.3	17.0	L－80
177.8	7	11.51	47.7	32.0	L－80
198.7	7－5/8	10.92	50.2	33.7	L－80
210.1	9－5/8	11.40	50.6	40.0	L－80
244.5	9－5/8	11.99	70.0	47.0	L－80
273.1	10－3/4	11.43	76.0	51.0	L－80
230.5	11－3/4	11.05	80.4	54.0	L－80
380.7	13－3/8	10.92	90.9	61.0	L－80

*　在无L－80钢级套管时，可用J－55钢级套管代替。

9.4 石油套损及爆炸整形

构成套损的基本形式有颈缩、弯曲、错断等。石油套损主要由电化学腐蚀、地层围压、地壳运动、地层出砂以及误射孔等原因引起。目前国内外关于套管整形主要有机械大修整形法、高压水动力整形法和石油套管爆炸整形法等。我国油田井下套管的规格大致有两种，一种是5½英寸，一种是7英寸；5½英寸套管的内径尺寸是121mm，外径尺寸是139.7mm；7英寸套管的内径尺寸是158mm，外径尺寸是178mm。

石油套管爆炸整形是指利用炸药在充满泥浆的套管内爆炸后产生的作用力使弯曲或颈缩的套管恢复到初始状态，以达到重新采油，恢复通径的一种快速、简捷而又有效的方法。

对套管爆炸整形作业工艺有影响的因素有地质结构、固井质量、套管钢级、套管壁厚、套管自身的变形程度以及井液围压引起的变化等。

经过对胜利、大庆、青海、大港、新疆及全国各大油田井下套损情况统计，显示数据表明，套管颈缩占86.6%；套管弯曲占10%；套管错断占3%。

图9.6是编者设计完成的一种石油套管爆炸整形弹产品图，该产品主要由上接头、弹体、主装炸药以及底堵组成。上接头的功能具有定位、扶正、返水、连接功能；主装炸药主要提供爆炸所需的能量，其组成通常为硝酸脲85%，TNT15%，也可外加其他成分，如黑索今、锯末、石墨等，以调整炸药的爆速及其做功能力；弹体材料选用易碎性材料或耐高温耐腐蚀橡胶材料。

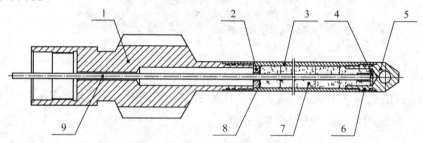

图9.6 石油套管爆炸整形弹产品图

1—定位接头；2—缓冲垫；3—弹体；4—止退管；

5—底堵；6—密封圈；7—低爆速炸药；8—防潮蜡；9—导爆索

由于各次定位位置的差异，可能会导致每次整形部位有所变化；由于井况及井液围压引起的变化，在产品设计过程中，整形弹的装药量应做适度调整。

对于颈缩变形小于5~12mm时，可用机械方法和胀管器的机械能修复；对于通径大于ϕ65mm的可直接整形；对于通径小于ϕ65mm的可通过预整形再整形的方式达到恢复生产的目的。

石油套管爆炸整形弹主要适宜于井下颈缩、弯曲、错断等变形套管的恢复，对于套管通径大于ϕ65mm的井况可直接整形；对于通径小于ϕ65mm的可通过预整形再整形而达到恢复生产的目的。

外形尺寸：弹体ϕ35~80mm、长度1~3m；修复范围：通径不小于ϕ40mm的套管变形井；修复后通径：大于原通径的95%，如5-1/2英寸套管内径ϕ124mm的套管修复后通径不小于ϕ118mm；投送方式：管柱投送，自带定位器；起爆方式：投棒撞击式和电子定时器两种方式。

专利 CN2437843Y 介绍了一种石油套管爆炸整形器,该套管爆炸整形器由于将装满低爆速炸药(主要为硝酸脲炸药,外加 5% ~15% 的黑索今)的软管缠绕在中心杆上,防护外壳设在软管的外部,中心杆的一端与导向头螺纹连接,另一端与起爆装置连接。这种方法可灵活调整主装炸药的装药密度,以便对变形量不同的油(水)套管使用不同装药密度的爆炸整形器实施作业,确保爆炸整形后既可恢复使用通径又不损坏套管,爆炸后也不污染井筒环境。该整形器结构简单,使用方便、快速有效。

中国新型实用专利 CN2532924Y 介绍了一种油田井下套管胀形弹,该产品主要由连接体、撞击起爆器和胀形弹组成。胀形弹刚性纸筒内分别填装高爆速炸药和低爆速炸药,利用胀形弹被引爆后产生的爆轰叠加效应,提高胀形弹的爆炸作用力和持续时间。据介绍,该胀形弹还具有爆炸后冲击波在沿径向扩张的同时,又沿轴线滑移,可防止套管出现不必要的损伤,成功率达 95.5%。

9.5　石油套管补贴技术

9.5.1　石油套管爆炸补贴

石油套管的补贴是利用金属管材的塑性变形来达到套管破损部位密封、堵漏与焊接加固的目的。

归纳起来,国内外关于套管爆炸补贴的设计思想有以下几点:

(1)全圆管法。这种补贴方法要求弹体径向不大于 $\phi114mm$,补贴管长度视焊接加固长度而定,焊接壁厚不小于 6mm,强度与 J-55 套管相当,延伸率不小于 40%。

(2)卷管法。这种补贴方法是对原有钢管先沿其母线进行切割分离,然后对有割缝的钢管缩径焊接,当补贴管到达需要焊接加固的位置后,在炸药爆轰冲击作用下,补贴管沿母线位置打开,利用补贴管自身的弹性对套管进行补贴、堵漏和加固。

(3)波纹管法。这种补贴管的断面形状似梅花形,也称其为梅花管。这种梅花管用于套管爆炸补贴,补贴管不易破裂,易于胀形,但其管材加工及端部密封则相对困难。

经过长期研究与技术跟踪,认为由于爆炸补贴技术难度较大,成功率低而正在被燃气动力补贴和高压水动力补贴技术所取代。究其原因,主要存在以下技术障碍:

(1)井液的迅速排空。由于需要进行套管补贴的井况大都为老井,高压井液、套管内壁结蜡以及泥砂等客观因素都可能对套管补贴形成阻力,如果不对补贴管与套管之间的环空井液进行及时排空,可能会因为高压井液的阻滞作用,使补贴作业前功尽弃;

(2)套管的补贴。这一步是实施爆炸补贴作业的最终目的,也是最为关键的一步。补贴后的质量好坏,需要通过地面加压进行验证。目前,我国套管爆炸补贴后地面加压技术指标仅为 15MPa、30min。

(3)接头与补贴管的可靠分离。我国套管爆炸补贴其接头与补贴管之间的分离采取爆炸粉碎分离方式。

资料 5 介绍了一种井下套管焊接加固弹,其作用原理是利用气体发生器产生的高温、高压气体排空套管与焊接管之间的井液,利用焊接管内的炸药爆炸释放的能量完成环焊、扩径以及传送管柱分离等动作,达到破损套管焊封加固的目的。

该产品主要应用于井下错断、破裂及严重腐蚀等泄露型套损井的焊接加固。

主要性能：弹体径向不大于ϕ114mm，长度视焊接井段长度而定；焊管壁厚不小于6mm，强度与 J-55 套管相当，延伸率不小于40%；耐温85℃、6h；焊后通径不小于ϕ110mm，无金属落物；耐压35MPa，30min 不泄压。

9.5.2　石油套管燃气动力补贴

每年因套损而报废减产的油井在国内外各大油田普遍存在，归纳起来可分为两大类型：非泄漏型套损，如颈缩、弯曲变形等和泄漏型套损，如破裂、错断等。

燃气动力补贴技术是一项适合套管井全井段套损修补加固技术，以含能材料作动力源，替代地面大型动力设备的补贴加固器，补贴加固器由悬挂系统、点火系统、动力系统和加固系统四部分组成，工作时修井设备将加固器投输到套损部位，点火系统引燃动力药，由动力系统中火药动力源产生的高温高压气体转化为金属锚的扩径力，推动工具作功，使加固系统工作，两端金属锚受挤压膨胀，最后紧紧贴在套管上，起到固定和密封作用，当膨胀力达到几百千牛时，释放套解卡，用修井设备从井筒中起出投送管柱及传动工具，完成整个补贴工艺。

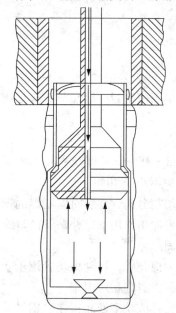

图 9.7　壳牌石油公司套管水力补贴工作原理图

燃气动力补贴产品的性能指标和产品型号如下：

技术指标：适用于 5½in、7in、9in 的套管井；耐温180℃、24h；补贴后通径：5½in 套管井 ϕ100~110mm，7in 套管井不小于ϕ140mm；补贴加固长度 3~20m（补贴管长度大于 10m 时，必须用大修作业车方可投送）；补贴后承受内压 20MPa。

补贴工具主要有以下型号：RB140-1、RB178-1，分别适用于套管外径为ϕ140mm 和ϕ178mm 的套损井补贴施工。

9.5.3　石油套管水动力补贴

由于燃爆行业特殊性的限制，近年来石油套管高压水动力补贴技术得到了迅猛发展。其作用原理是以高压水流作为动力源，通过对胀形管连续加压，迫使胀形管紧贴破损套管内壁，对套管实施密封、堵漏和补贴。图 9.7 是壳牌石油公司提出的一种套管水力补贴工作原理图（USP6604763）。

9.6　油田井下爆炸切割

对于油田井下油管套管的切割通常可分为机械旋转切割、水力切割、化学切割和爆炸聚能切割。由于机械切割、水力切割作业周期长，施工费用高，化学切割除了具有上述切割技术的缺点外，还存在产品生产成本高，腐蚀性化学成分易对人体造成伤害，污染环境等缺点。正是由于上述原因的存在，目前我国油田井下切割广泛使用聚能切割的方式来完成井下作业。

油田井下爆炸切割可适用于各种规格的钻杆、钻铤、油管、套管以及海洋油田海床上位多重套管的爆炸分离等。

油田井下爆炸切割的作用原理是利用炸药面对称聚能效应，把线性聚能切割转化为环形聚能切割，使切割弹被引爆后形成呈360°分布的环形高速聚能射流，对目标实施切割分离。

图9.8提供了几种国外具有典型意义的聚能切割装置的装配总成。从图9.8(a)可以看出，聚能切割装置通常由点火接头、弹体和聚能装药几部分组成。点火接头中电雷管两根脚线进行了转换，形成了芯极和壳体极；切割弹弹体内具有环形对称聚能装药；弹体底部有限位簧片，以确保切割弹在工作状态时始终处于管体的中央位置；图9.8(b)采取电雷管直接起爆的方式，在弹体内对电雷管的两根脚线进行了有效转换；连接体采用环形易碎性结构，便于在意外情况下切割装置顺利起出；图9.8(c)在点火接头中引入了独脚式冲击片雷管，大大提高了操作者的安全性，简化了装配工艺。

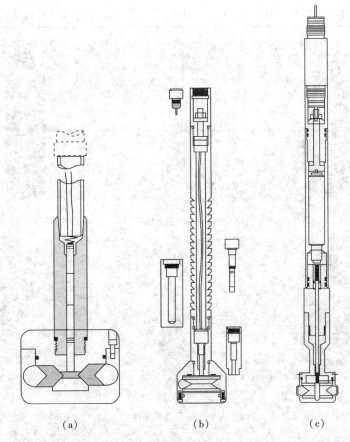

(a)　　　　　　(b)　　　　　　(c)

图9.8　几种国外聚能切割器的装配总成

9.6.1　油管套管钻杆的爆炸切割

表9.4提供了国内油管切割弹的有关技术参数；表9.5为套管切割弹的有关技术参数；表9.6是钻杆切割弹的有关技术参数；表9.7是国内某研究所油田井下爆炸切割系列产品性能参数一览表。图9.9是国内系列切割弹产品照片；图9.10是国内某单位切割产品及其爆炸切割后套管的切口形状，该照片显示表明，切割弹底部有锯齿形橡胶材料进行中心限位控制；套管切口均匀整齐，略有胀径，但可以满足施工要求。

表 9.4　油管切割弹技术参数

序号	产品代号	生产单位	切割弹外径/mm	适用油管外径/mm	炸药装药/g	壳体材料	耐温/℃	耐压/MPa
1	UQ46－1	大庆弹厂	46	60	RDX，7	45#钢	165	30
2	UQ54－1	大庆弹厂	54	73	RDX，10	45#钢	165	30
3	UQ54－1	四川弹厂	54	73	RDX，24	45#钢	150	40
4	UQ57－1	204 所	57	63.5	RDX，24	铬锰硅	180、2h	60～70
5	UQ57－1	河北二机	57	73	RDX，40	铬锰硅	180、2h	60
6	UQ70－1	大庆弹厂	70	89	RDX，26	45#钢	165	30
7	UQ89－1	河北二机	89	114.3	RDX，55	铬锰硅	180、2h	60
8	UQ112－1	大庆弹厂	112	140	RDX，52	45#钢	165	30

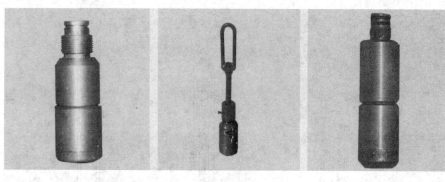

　（a）UQ46－1 油管切割弹　　　（b）UQ54－1 油管切割弹　　　（c）UQ57－1 油管切割弹

　（d）TQ108－1 套管切割弹　　　（e）TQ140－1 套管切割弹　　　（f）TQ300－1 套管切割弹

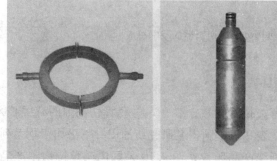

　（g）TQ540－1 套管切割弹　　　（h）ZQ60－1 钻杆切割弹　　　（i）ZQ85－1 钻杆切割弹

图 9.9　国内系列切割产品照片

表 9.5　套管切割弹技术参数

序号	产品代号	生产单位	切割弹外径/mm	适用油管外径/mm	炸药装药/g	壳体材料	耐温/℃	耐压/MPa
1	TQ108 – 1	204 所	108	139.7	RDX，150	45#钢	180、2h	50
2	TQ110 – 1	四川弹厂	110	139.7	RDX，140	45#钢	150	40
3	TQ120 – 1	河北二机	120	139.7	RDX，70	铬锰硅	180、2h	60
4	TQ140 – 1	四川弹厂	140	177.8	RDX，240	45#钢	150	40
5	TQ140 – 1	河北二机	140	165.1	RDX，90	铬锰硅	180、2h	60
6	TQ170 – 1	204 所	170	244.48	RDX，250	45#钢	180、2h	50
7	TQ300 – 1	204 所	300	339.73	RDX，350	45#钢	180、2h	50
8	TQ540 – 1	204 所	540	508	RDX，7000	45#钢	180、2h	50

表 9.6　钻杆切割弹技术参数

序号	产品名称	生产单位	切割弹外径/mm	适用钻杆外径/mm	炸药装药/g	壳体材料	耐温/℃	耐压/MPa
1	ZQ60 – 1	204 所	60	127、钻铤 177.8	塑性 RDX	30 铬锰硅	180℃/2h	60 ~ 70
2	ZQ75 – 1	204 所	75	127	塑性 RDX	30 铬锰硅	180℃/2h	60 ~ 70
3	ZQ85 – 1	四川弹厂	85	114	塑性 RDX	45#钢	150℃	40

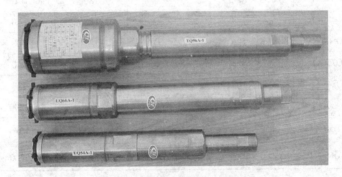

图 9.10(a)　国内某企业切割产品

图 9.10(b)　爆炸切割后套管的切口形状

表 9.7　国内某研究所油田井下爆炸切割系列产品性能参数一览表

分类	名称	型号	规格/mm	耐压/MPa	耐温/(℃/2h)	药量/g	说明
油管系列	2″	UQ46－1	φ46×178	60～70	180	18	切油管本体
	2½″	UQ48－1	φ48×293	60～70	180	275	切油管接头
		UQ54－1	φ54×174	60～70	180	25	切油管本体
		UQ57－1	φ57×174	60～70	180	26	
	3″	UQ66－1	φ66×194	60～70	180	34	
		UQ68－1	φ68×194	60～70	180	34	
	3½″	UQ79－1	φ79×188	50～60	180	60	
套管系列	4½″	TQ92	φ92×119	30～40	85	40	切套管本体
	5″	TQ102	φ102×119	30～40	85	60	
	5½″	TQ113－1	φ113×325	30～40	180	210	
	7″	TQ140－1	φ140×356	30～40	180	420	
	9⅝″	TQ200－2	φ200×293	30～40	85	600	
钻杆系列	2⅜″	ZQ42－1	φ42×1083	50～60	180	1310	切钻杆本体
	胜利用	ZQ45－1	φ45×1083	50～60	180	1310	切钻杆接头
		ZQ50－1	φ50×1083	50～60	180	1616	
	2⅞″	ZQ48－1	φ48×584	50～60	180	600	切钻杆本体
	3½″	ZQ60－1	φ60×596	50～60	180	408	
	4″	ZQ75－1	φ75×428	50～60	180	960	
	4½″	ZQ84－1	φ84×188	50～60	180	118	
	5″	ZQ60－2	φ60×1097	50～60	180	2200	切钻杆接头
钻铤系列		ZTQ50－1	φ50×1038	50～60	180	1616	切钻铤接头
		ZTQ60－1	φ60×1097	50～60	180	2200	

9.6.2　垂向切割

垂向切割是为适应油田修井需要开发研制的一种新型产品,主要用于小直径油管及钻杆接箍的爆炸切割。

垂向切割器(图 9.11)的工作原理是用带磁定位器的电缆将垂向切割器下放至油管或钻杆接箍处,垂向切割器在自身磁定位装置的作用下,紧贴管材接箍,用专用磁电起爆器点火起爆,产生高速高压聚能射流将管材接箍纵向切开一条缝,失去约束的管材接头通过倒扣脱离,并提出井口。表 9.8 是有关垂向切割装置的性能指标。

表 9.8　垂向切割器的性能指标

型号	最大外径/mm	有效切割长度/mm	耐压/MPa	耐温/(℃/2h)	切割深度/mm	说　明
CQ35	φ35	500	40	180	16	切割 2½″油管接箍
CQ40	φ40	500	40	180	25	切割 2⅞″油管接箍

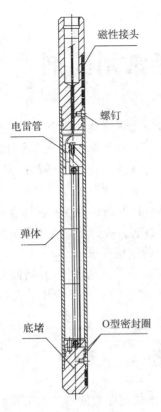

磁性接头

螺钉

电雷管

弹体

底堵

O型密封圈

（a）垂向切割器剖面图

（b）实际切割效果

图9.11　垂向切割器

9.6.3　海洋多重套管的爆炸切割

淮南工业学院张立等人在海底多重套管的爆破拆除过程中（二重套管 $13\frac{3}{8}''$、30″；三重套管 $13\frac{3}{8}''$、20″、35″），选用岩石水胶、露天乳化和硝化甘油 3 种普通抗水炸药，采用药柱长径比为 1∶1 的设计方案完成了多重套管的爆破拆除。实际上，编者认为这是一种较为简易而又粗放的聚能爆破作业。

9.7　石油套管的爆炸开窗

套管爆炸开窗是油气井井眼多方位开采的有效手段之一，它是指利用爆破技术手段完成油井一定层位套管的侧向开窗，以便实施侧钻工艺。套管开窗通常为单侧开窗，在设计过程中，参考了国内外对套管爆炸开窗的认识，提出了轴向聚能与径向聚能相互交替的方式，以便开窗弹被引爆后，套管侧壁形成的碎块不堆积、不搭桥落入井底。

第10章 石油火工品常用药剂

石油火工品用药剂是火工产品在井下高温、高压环境下能否安全、稳定、可靠作用的关键，也是石油民用爆破器材能否完成起爆、传爆、点火、传火以及爆炸做功的动力源。石油火工品用药剂只有通过药剂与机械零配（部）件的合理组合以及燃烧爆炸药剂的有效填装，才能充分发挥爆破器材的应有作用，才能使井下点传火序列按设计要求得以顺利完成。

在井下高温、高压环境下，通常要求火工品用药剂具有良好的耐温性能，即在井下作业过程中不自燃、不自爆、不失效，性能稳定，作用可靠。目前，我国石油火工品的耐温技术指标大都定为180℃、2h和160℃、48h，以满足井下环境的使用要求。

作为石油民用爆破用火工药剂，由于受环境温度的限制，供其选择使用品种相对较少，特别是对于高温或超高温井况而言，其选择范围更为狭窄。石油火工品常用的药剂有起爆药、击发药、点火药、延期药、高能炸药以及火药系列等。

10.1 起 爆 药

起爆药是用来激发引爆猛炸药，使其在极短时间内达到稳定爆轰的一类火工药剂。

起爆药能在较弱的外界能量，如撞击、针刺、火焰、电能、摩擦作用下发生爆炸而引爆主装炸药。它的爆炸威力和猛度比猛炸药相对要差一些，但其感度高，易于激发，爆轰成长期短，能瞬间由燃烧转变成爆轰。因此，起爆药的这种特性使它广泛应用于各种雷管、火帽的初始装药，用来起爆火焰雷管、导爆索以及传爆管等。

起爆药按其特性，可以采用不同的激发方式，如各种油气井起爆器材中的火帽采用撞针撞击激发；火焰雷管中的起爆药以点火形式激发；电雷管中的起爆药以电能的方式激发等。

尽管国外已有爆炸桥丝雷管（EBW）、冲击片雷管应用于石油射孔领域，但目前我国各类油气井射孔用起爆器和电雷管中均以填装起爆药为第一装药。因此，高安全性、高可靠性、工艺简单、成本低廉的无起爆药火工器材在石油民用爆破领域中的应用构成了未来石油民用爆破技术发展的一个方向。

起爆药按其组分可分为单质起爆药和混合起爆药。混合起爆药是由单质起爆药、炸药、氧化剂、可燃剂、敏感剂、钝感剂、导电物质等两元或多元体系按一定比例混合而成。

应用于石油民用爆破中的起爆药有：羧甲基纤维素叠氮化铅（CMC – PbN_6）、二银氨基四唑高氯酸盐（DATP）、六硝基二苯胺钾（KHND）等。

10.1.1 羧甲基纤维素叠氮化铅

羧甲基纤维素叠氮化铅，CMC Lead Azide，美国称 RD – 1333 叠氮化铅（MIL – L – 46225），是以羧甲基纤维素作为结晶控制剂的叠氮化铅品种，性能较糊精叠氮化铅和结晶叠氮化铅优良。分子式 CMC – $Pb(N_2)_3$，相对分子质量291。主要用于小型电雷管起爆装药和耐温250℃以下耐高温雷管起爆装药。

主要性能：

物理状态	白色粒状圆滑球形结晶
相对密度	4.889
假密度	$\geqslant 1.2 g/cm^3$
溶解度	$0.022 \sim 0.046 g/100mL$
DTA 试验	236℃
真空安定试验	$1.08 \sim 1.29 mL/g$
吸湿性	室温 22~28℃相对湿度92%条件下，存放96天，质量增加0.10%
与金属相容性	与 RDX、太安及镍–铜、铝相容性良好
爆热	1.85kJ/g（444.50cal/g）
比容	118.7mL/g
爆速	3991m/s
爆发点	345~350℃
活化能	129.23kJ/mol（30.99kcal/mol）
撞击感度	27.4cm
火焰感度	18.0cm
摩擦感度	表压490kPa（5kgf/cm²）发火率65%
针刺感度	0
静电火花感度	3.58kV
起爆能力	0.991mg

羧甲基纤维素叠氮化铅（WJ 1968—1990）应符合下列技术要求：

颜色	白色到浅黄色
形状	流散性好的颗粒，不含清晰半透明晶体，大小和形状可以不规则
叠氮化铅含量	质量分数不低于97.5%
30%（质量）乙酸铵不溶物	不允许有玻璃、硅土等硬杂质；允许有微量纤维素、纸屑等软杂质
水分及挥发物	质量分数不高于0.20%
氯化物	不超过0.0065%
硝酸盐	不超过0.015%
乙酸盐	不超过0.07%
铁	不超过0.001%
铜	不超过0.001%
羧甲基纤维素铅	质量分数不高于1.20%，不低于0.30%
假密度	不低于1.18g/cm³

10.1.2 二银氨基四唑高氯酸盐

耐温250℃起爆药二银氨基四唑高氯酸盐（简称DATP）是一种耐高温的起爆药。它是通过5–氨基四唑溶于高氯酸中与高氯酸银进行离子互换反应生成的一种耐高温起爆药，可用于250℃以上的高温雷管装药，也可以做击发药的敏感成分使用，英美等国已大量使用。此药具有耐温稳定性好，机械感度适宜等优点。分子式 $Ag_2N_5CH_2ClO_4$，相对分子质量399.25，DTA 试验 328～331℃。

二银氨基四唑高氯酸盐应符合下列技术要求：

外观	白色易散颗粒，无肉眼可见杂质
水分及挥发分/%	不超过 0.01
氨水不溶物	用 5 倍放大镜观察，不应有明显可见的硅土和玻璃硬杂质
银含量/%	不低于 53.00
高氯酸根含量/%	24.00～25.24
假密度/(g/cm³)	不低于 1.4

10.1.3　六硝基二苯胺钾

六硝基二苯胺钾(KHND)是六硝基二苯胺与乙酸钾在丙酮溶液中进行反应而生成的一种性能介于起爆药与炸药之间的新型药剂，其耐温性能好，可用于耐温雷管装药。

六硝基二苯胺钾是一种机械感度与黑索今相似、耐温性能较好的传爆药。1968 年，F. Taylorjy 将它作为耐温扩爆药取得美国专利。1974 年 R. M. Joppa 将它用于烟火熔丝电雷管中，研制成一种对静电及射频安全的电雷管。六硝基二苯胺钾热安定性好，机械感度低，具有抗静电作用。分子式 $C_{12}H_4N_7O_{12}K$，相对分子质量 477.30，DTA 试验 336.5℃。

六硝基二苯胺钾应符合下列技术要求：

外观	棕红色易散性颗粒，无肉眼可见硬杂质
水分及挥发分/%	不大于 0.30
氮含量/%	19.23～20.53
钾含量/%	6.07～8.17
水中不溶物	用 5 倍放大镜观察，不允许有玻璃和硅土等硬杂质；允许有微量纤维素、纸屑等软杂质
假密度/(g/cm³)	不低于 0.6

1914 年，F. Yon Herz 首次制得 2，4，6－三硝基间苯二酚铅，1920 年德国将其作为起爆药，用于雷管装药。前苏联将其定名为斯蒂酚酸铅(THPC)，主要用于击发药组分。该药火焰感度好，机械感度低，特别适用于与叠氮化铅一起作雷管的混合装药。在击发药、针刺药和电点火头中，其主要起引燃作用，单独使用时，要注意防止静电引起爆炸。分子式 $C_6H(NO_2)_3O_2P_b·H_2O$，相对分子质量 460，爆发点 267～268℃。

关于叠氮化铅和三硝基间苯二酚铅采用共沉淀的方法生产共晶起爆药，美国和德国均有专利报道(USP3634155，GD1771720)。我国于 20 世纪 70 年代开始研制这种共晶起爆药。该起爆药集中了叠氮化铅起爆威力大、三硝基间苯二酚铅火焰感度好的优点，可解决火焰雷管多次装药的问题。D·S 共晶起爆药在生产中需加入一种共沉淀剂使其结晶密实和圆滑。这种共沉淀剂是用二硝基间苯二酚和酒石酸钠制成的。分子式 $PbN_6·C_6H(NO_2)_3O_2P_b·H_2O$，爆热点 304℃。

1880 年，C. Graebe 制得四硝基咔唑(TNC)，后来研究了它的制备工艺和性能。将咔唑硝化制得四硝基咔唑的产品得率为 73.3%。熔点 280℃，分子式 $C_{12}H_5N_5O_8$，相对分子质量 347.2。

在有些情况下需要耐热起爆药，六硝基草酰替苯胺铅就是其中的一种。1971 年美国专利 USP3565932 公布了这种起爆药。分子式 $C_{14}H_4N_8O_{14}Pb$，安定性 232℃/2h。

10.2 击 发 药

和石油射孔用所有药剂一样，用于撞击起爆器、压力起爆器中的击发药同样应具有良好的耐温性能。应用于石油民用爆破器材中的击发药应具有耐热性能稳定、对撞击敏感，火焰输出能力强等特点。常用的耐热击发药有 180℃耐热击发药、200℃耐热击发药、230℃耐热击发药以及 Ti 与 $KClO_4$ 组成的击发药和 G 型击发药等。

10.2.1 180℃耐热击发药

耐热 180℃击发药主要由羧甲基纤维素叠氮化铅和硫化锑组成，最佳配比为 80∶20。试验表明，硫化锑含量为 20% 感度最高，这是因为在 0～20% 范围，硫化锑消耗的能量低于它本身所形成热点的能量，其感度随硫化锑含量的增加而增加；当硫化锑含量大于 20% 时，硫化锑本身所吸收的热量占主导地位，这就导致感度随硫化锑含量增加而降低。

180℃耐热击发药理化性能：外观为灰（黑、白）色，无杂质；水分及挥发分不大于 0.1%；假密度不小于 1.8g/cm³。

180℃耐热击发药撞击感度：使用 0.5kg 落锤，50% 发火落高不应大于 40cm。

180℃耐热击发药差热分析：在 200℃以前，该击发药很稳定，说明在 180℃条件下应用是可行的。图 10.1 是一种压力延时起爆器及其火工组件，其中在撞击火帽中所填装的药剂为耐高温击发药。

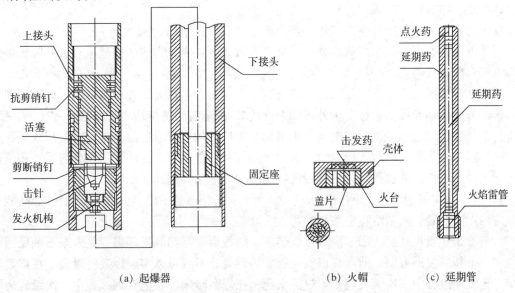

(a) 起爆器　　　　　　　　(b) 火帽　　　(c) 延期管

图 10.1　一种压力延时起爆器及其火工组件

10.2.2 200℃和230℃耐热击发药

耐热 200℃击发药（简称 2# 击发药）和耐热 230℃击发药（简称 3# 击发药）由高氯酸钾、钛粉、三氧化二铁、硫化锑、碳化硅等组成。

2#击发药与3#击发药类似，属于烟火型击发药，外观为灰褐色粉末状；水分及挥发分不大于0.1%；假密度不小于0.9g/cm³。

2#击发药使用1.2kg落锤，50%发火落高不应大于40cm；3#击发药使用2.0kg落锤，50%发火落高不应大于40cm。

1958年，美国专利（USP4522665）公开了一种由钛粉和高氯酸钾组成的击发药，这种击发药属于烟火型击发药，其中钛含量26%~66%，高氯酸钾含量74%~34%。

由Ti和$KClO_4$组成的击发药在285℃高温环境下，性能非常稳定，在100h内不会发生分解，为了可靠发火，装填这种击发药的火帽至少需要55kg·cm的撞击能量。填装这种击发药的火帽已成功应用于井下射孔作业。

1959年，美国富兰克夫兵工厂发展了"G"型击发药，共有23个配方，G-1~G-23。其中以G-11和G-16耐温性能最好（表10.1）。

表10.1　G型击发药

项　目	G-11	G-16	项　目	G-11	G-16
高氯酸钾	53	53	硅化钙	12	17
硫化锑	25	30	TACOT*	10	—

注：TACOT是一种耐高温炸药，其名称是四硝基二苯-并四吖-戊搭烯。

10.3　耐热点火药

耐热点火药主要由可燃剂和氧化剂组成。可燃剂有硅、硼、钛、锆等；氧化剂有高氯酸钾、铬酸钡、铬酸铅、四氧化三铅、三氧化二铁等。

点火药的命名通常用可燃剂名称+点火药来命名。如锆（系）点火药。

耐热点火药在石油民用爆破器材中，其点火方式主要表现为灼热桥丝电点火和隔板爆轰冲击点火两种形式。

对国外石油射孔用电火工品而言，点火药主要应用于电点火头式电雷管中，以期实现对火雷管部分的可靠起爆。通过对国外石油射孔用23种电雷管解剖后发现，除G-21、G-51电雷管外，其余均为灼热桥丝式电点火头结构。焊桥后的电极塞经蘸药头，直接压入装有起爆药和炸药的大管里，然后进行紧口；而我国油气井射孔用电雷管均采用先将起爆药和覆盖炸药装入带有电极塞的加强帽中，然后进行压装的工艺来实现。

另外，3#小粒黑作为一种耐热点火药也广泛应用于各种点火器产品的设计中，如高能气体压裂用点火装置，杰尔哈特电缆桥塞用点火器等。

目前，耐热点火药还应用于隔板点火器中。隔板点火器和隔板起爆器是未来石油民用爆破技术一个新的发展方向，前者可以实现爆轰转燃烧，后者可以实现爆轰转爆轰。在爆轰转燃烧工艺实现过程中，次级装药是耐热点火药；在爆轰转爆轰工艺实现过程中，次级装药则是感度较高、耐热性能较好的起爆药或火雷管。但在这类产品设计过程中，无论是爆轰转燃烧还是爆轰转爆轰，均要求爆破作业完成后，隔板不破裂、不渗漏，密封性能好且具有足够的承压能力。

在分体式石油复合射孔、无枪身射孔用石油射孔弹及其他石油做功火工品设计过程中，为了确保火工品结构的密封性，这里采取了隔板点火的方式。隔板点火可实现爆轰转燃烧或爆轰转爆轰。图 10.2 提供了一种典型的分体式复合射孔用点火具的结构图，这种隔板点火器可实现爆轰转燃烧，并能可靠点燃距其输出端 300mm 远的易燃性纸片。

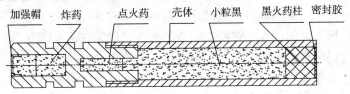

图 10.2　复合射孔用点火具
1—加强帽；2—主装炸药；3—隔板点火器；
4—点火药；5—壳体；6—小粒黑；7—黑火药柱；8—密封胶

10.3.1　电雷管用耐热点火药

1970 年，美国专利公开了一种能耐 354℃的点火药，这种点火药的发火电流为 3A，是一种抗静电、抗射频的耐热点火药。其配方是：

硼：二氧化碲：黏合剂 = 7:88:5

1984 年，美国专利 USP4484960 公布了用于石油射孔作业的点火药，这种点火药属于高温点火药，在 500℃的高温下，热稳定性很好，其优选配方是：

硼：三氧化二铁 = (10~20):(90~80)

据资料介绍，斯蒂酚酸铅是一种耐热性能和火焰感度较好的起爆药，也可用于石油射孔作业中电雷管点火药头的点火，其配方是：

斯蒂酚酸铅(THPC)：黏合剂 = 3:97

其中黏合剂配方为：硝化棉：乙酸丁酯 = 3:97。

10.3.2　隔板点火器用点火药

隔板点火器中点火药作为次级装药，其耐温性能优劣与否，直接关系到井下点火、传火作业的可靠实施。常见隔板点火器用点火药有硅系点火药和钛系点火药。其中硅系点火药的配方为：

硅(Si)：四氧化三铅(Pb_3O_4) = 22:78

该点火药是一种耐温性能较为优越的点火药，它既可用做点火药，也可用做延期药，用作点火药时，因其自身的燃烧热较高，所以点火较为困难。

10.4　延　期　药

延期药在石油民用爆破作业中的应用主要体现在延期电雷管(选发射孔，垂向切割)、压力延时起爆器(延期索延时，实现负压射孔)、延时传爆接头(延期管延时，提供枪与枪之间的爆炸脉冲信号)、多级投棒起爆装置(延期管延时，实现棒尖自毁)、尾声信号弹(延期管延时，提供射孔系统爆炸脉冲信号)以及高能气体压裂作业工艺中等。

在油气井井下爆破作业过程中，通常要求延期时间在数秒到数分钟不等，延期时间的长短是按照爆破作业要求而定，如对垂向爆炸切割装置中的电雷管，要求其延期时间在 0.5~2s 范围，利用该延期时间来完成切割装置磁性的侧向推靠，以确保其紧贴管壁的切割效果。

延期药的应用实现了爆破器材的延期功能，同时使爆破系统形成了爆轰－燃烧－爆轰的循环转换，或多次循环转换，从而使系统的可靠性大为降低，因此，在用户不需要进行延时要求的条件下，尽可能不采用延时工艺设计，以确保爆破系统的安全性与可靠性。

爆轰－燃烧－爆轰之间的相互转换，构成了石油民用爆破技术的发展核心之一，也是石油民用爆破技术发展的难点所在。

在高能气体压裂作业过程中，为了实现高能燃气的脉冲式压裂，通常在压裂药与压裂药之间填装一定量的黑火药(大粒黑，5g左右，用稠布包好扎紧)，以缓解压裂弹中压裂药的燃烧速度及其峰值压力，使其以多级脉冲加载的方式作用于岩层，使岩石裂缝得以最大限度的延伸、扩展。

在国外脉冲式高能气体压裂产品中，也有通过黑火药药柱的燃速来调整弹与弹之间的脉冲峰值压力，以实现多级脉冲压裂。

黑火药在石油民用爆破产品中的应用以 3# 小粒黑为最多，就具体工艺而言，有散装、压装(加入1%～2%可燃性黏结剂，压合后烘干)两种，主要应用于点火、传火、燃烧做功等方面。

10.4.1 黑火药

黑火药(GJB 1056—1990)按颗粒大小分为八类(表10.2)，颗粒大小以筛网孔的基本尺寸表示。

表10.2 黑火药的基本分类

类(品号)	代 号	筛网孔基本尺寸/mm	
		上 筛	下 筛
1	HY－1	10.0	5.00
2	HY－2	5.60	2.80
3	HY－3	4.00	2.00
4	HY－4	2.24	1.00
5	HY－5	1.18	0.630
6	HY－6	0.850	0.400
7	HY－7	0.500	0.280
8	HY－8	0.250	—

注：HY表示黑色火药(黑药)；X表示类别。

黑火药标记用品号的代号和本标准编号表示，如1类黑火药标记为 HY－1 GJB 1056。

制造黑火药使用的原材料应符合下列标准的规定：工业硝酸钾 GB 1918(一、二级)；工业硫酸 GB 2449(一、二级)；黑火药用木炭 WJ 572；鳞片石墨 GB 3518。

黑火药外观应符合下列规定要求：不涂石墨的1至7类药粒为滚光，呈黑灰色且有光泽，不含目视可见杂质和药粉滚成的颗粒，不许有用手指拨动与轻轻挤压散不开的药粒结块，药粒表面不许有析出的硝酸钾白霜或硫黄斑点；涂石墨的1至7类药粒应呈钢灰色，且有光泽，不含目视可见杂质；第8类黑火药应为灰黑色粉末，不含目视可见杂质，不许有用手指轻轻拨动而散不开的结块。

黑火药的理化性能指标应符合表10.3规定。

表 10.3 黑火药的理化性能指标

项 目	指 标	
	1~7类	8类
硝酸钾含量/%	75.0±1.0	75.0±1.5
硫黄含量/%	10.0±1.0	10.0±1.5
木炭含量/%	15.0±1.0	15.0±1.5
水分/%	<1.0	<1.0
吸湿性(以吸湿后水分含量计)/%	<1.5	—
灰分含量/%	<0.8	—
药分含量/%	<0.10	—
密度/(g/cm³)	1.65~1.78	—
假密度/(g/cm³)	>0.90	—

10.4.2 3#延期药

3#延期药主要由钨粉、高氯酸钾、铬酸钡组成，属于钨延期药。钨延期药能够满足燃烧精度高和燃烧时间长的技术要求，其配方中的高氯酸钾增加了反应热，确保了该延期药具有良好的燃烧性能，可以在低温条件下燃烧传播；其中惰性添加剂——硅藻土，改善了延期药的储存性能，降低了铬酸钡的分解温度，加速了延期药的燃烧速度。

3#延期药应符合表 10.4 所规定的技术要求。

表 10.4 3#延期药技术指标要求

序 号	项 目	指 标
1	外观	浅绿色小粒，无肉眼可见杂质
2	假密度/(g/mL)	1.7~2.0
3	粒度/%	40Å 筛上物不大于2.0 80Å 筛下物不大于3.0
4	水分及挥发分/%	不大于0.2

10.5 耐 热 炸 药

按照热爆炸理论，炸药的安定性和效能首先取决于炸药的热安定性及其化学安定性，油气井井下用火工品不安定的主要原因是火工品中的药剂在高温状态下发生缓慢的热分解，由于这些药剂的分解会产生一些具有催化作用的物质，使药剂的自催化反应速度加快，热量积累增加，从而使炸药由热分解过渡到热爆炸。

油气井井下火工品用药剂，在高温状态下所进行的化学反应同样可用化学反应速度即阿伦尼乌斯(Arrhenius)方程表示：

$$K_r = Ze^{-\frac{E}{RT}} \qquad (10.1)$$

由上式可以看出，在其他条件一定时，温度升高，药剂的化学反应速度呈指数曲线上升，同时温度升高，会使凝聚相炸药分子中活化分子数目增多，活化分子振动幅度和频率增加，使炸药分子中最薄弱的键断裂几率增大，如 N－N、O－N、C－N 等。也有学者认为，炸药热分解不一定始于化学键的断裂，有可能是分子内部的氧化。

炸药的敏化表现在炸药在受热过程中机械感度、热感度增加，分解现象明显。这种效应在自爆温度到达之前表现不甚显著；另一种效应是固 – 固相之间的转化，例如装有高分子聚奥系列混合炸药的电雷管，在180℃、48h高温环境下，电雷管会出现自爆或半爆，受热后的电雷管冷却到室温后，有的也会发生自爆，其原因是在高温环境下，HMX炸药晶形由β形变成γ形，变形后的晶体恢复到室温后由于处于不稳定状态，最终导致自爆现象的发生。

一般来讲，油气层分布客观存在一确定的温度，而一个爆炸元件则客观存在温度 – 时间曲线，长时间的高温贮存必然会导致火工品失效、拒爆甚至自爆。

对于单质炸药来说，通常温度每升高10℃，其化学反应速度约增加2~4倍；对于高分子混合炸药，其化学反应速度可能会大幅度增加。图10.3(a)提供了美国斯伦贝榭公司关于RDX、HMX、HNS单质炸药温度随时间的变化曲线。

图10.3(b)显示的是美国欧文石油工具公司温度 – 时间关系曲线；图10.3(c)是美国射孔研究中心提供的几种耐高温炸药在高温状态下其耐温性能与时间的关系曲线，其中黑色区域为爆破器材在井下工作的参考范围。

油田井下环境温度对火工品的影响表现在爆炸最早发生的位置，开始时药剂加热缓慢，在药剂中形成温度分布，最初表面温度升高，以后随着井深的增加，井底温度升高，最高温度点内移，随着热量的不断积累，药剂中的温度与外界环境温度相一致，甚至高于外界环境温度。长期贮存的不安定因素主要是由热分解引起的，不适当的使用条件(井底的环境温度超过产品的耐温技术指标)是将热分解过渡到热爆炸的主要原因。对于井下火工品来说，造成热爆炸的条件是得热大于失热，即

$$\sum \mathrm{d}Q_i > \sum \mathrm{d}Q_j \qquad (10.2)$$

式中　　$\sum \mathrm{d}Q_i$——为系统中装药微元接受来自地球内部的热能和装药微元化学反应释放出的热量；

　　　　$\sum \mathrm{d}Q_j$——为系统中装药微元热传导、热辐射和热扩散散失掉的热量。

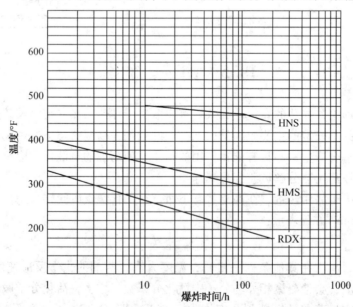

图10.3(a)　RDX、HMX、HNS单质炸药温度随时间的变化曲线

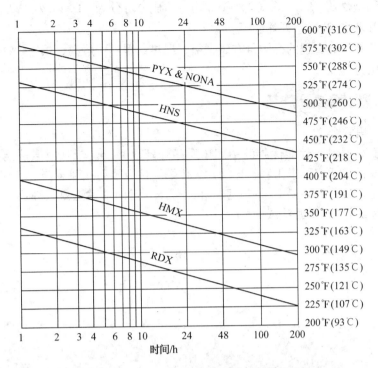

图 10.3(b)　耐高温炸药温度 – 时间关系曲线

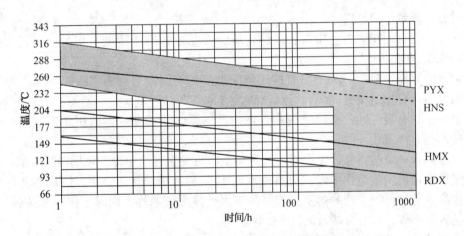

图 10.3(c)　耐高温炸药温度 – 时间关系曲线

可以认为，对于圆柱形装药(井下火工器材主要采用这种装药)，当装药长度大于 2 倍直径时，爆炸品的耐热性不取决于炸药量，而取决于直径。装药直径越大，其使用的极限温度就愈低。当然，这时还应考虑井下爆破器材的结构及其材料对装药极限温度的影响。

在高温环境下，每一个火工品都有一个被称为临界温度的特定温度，超过此温度，装药就可能自燃或爆炸；而低于此温度，装药缓慢分解而不自燃，但可能失效。

耐热炸药按组分可分为单质炸药和混合炸药，常见的单质炸药有 RDX、HMX、HNS、PYX、TACOT、NONA、HTX 等，常见的混合炸药有 R852、R791、JO – 6、S992、Y791 等。耐热炸药按性能可分为普通型炸药(耐温性能小于 121℃)、高温型炸药(耐温性能在 121 ~

163℃)和超高温型炸药(大于163℃)。按炸药主体成分可分为 RDX 系列炸药、HMX 系列炸药、HNS 系列炸药和 PYX 系列炸药等。

描述炸药及其爆炸过程的标志量有氧平衡、爆热、爆容、爆温、爆速、冲击感度、摩擦感度以及爆轰压力等。

10.5.1 黑索今系列炸药

10.5.1.1 黑索今

黑索今(RDX)是一种性能优越的军用单质猛炸药之一,由于其耐温性能良好,在石油民用爆破领域已被广泛应用于雷管、导爆索、传爆药柱以及射孔弹装药。

黑索今,化学名称为环三甲撑三硝胺,1,3,5 - 三硝基 - 三氮杂环己烷,其合成工艺有直接硝解法和综合法(醋酐法或 KA 法)。

结构式

分子式:$C_3H_6N_6O_6$

相对分子质量:222.12

黑索今是无臭无味的白色粉末状晶体,属斜方晶系,晶体密度 $1.816g/cm^3$,工业品的假密度为 $0.8 \sim 0.9g/cm^3$。

黑索今的熔点为 204~205℃,直接硝解法生产的黑索今熔点为 202~204℃;醋酐法生产的黑索今因含有少量奥克托今,熔点较低,约为 192~193℃。

黑索今不具有吸湿性,易溶于丙酮、浓硝酸,微溶于乙醇、苯、甲苯、氯仿,难溶于水、醋酸乙酯、四氯化碳等。

黑索今具有一定的毒性,长期吸入微量粉尘,可发生慢性中毒,短期内吸入或经消化道进入大量黑索今可发生急性中毒,但其毒性比 TNT 和特屈尔炸药要小,所以在实际作业过程中,应注意劳动保护措施的落实,如穿戴工服,佩带口罩等,同时还应按相关技安规程,在防护装置后操作,作业完毕及时洗手、漱口等。

黑索今的热力学及爆炸性能数据如下:

生成焓	17.1kcal/mol(定压)
燃烧热	2142.4kJ/mol
结晶热	21.3kcal/mol
比热容	0.446cal/(g·℃)(140℃)
	0.427cal/(g·℃)(120℃)
热安定性	100℃、第一个48h质量减少0.03%
	100℃、第二个48h质量减少0.00%
真空安定性	100℃,40h,0.7mL/5g
	120℃,40h,0.9mL/5g
	150℃,40h,2.5mL/5g

临界起爆压力	15kbar(1.5GPa)，其中装药密度 $\rho = 1.74\text{g/cm}^3$
氧平衡	−0.216
爆发点(5s)	230℃
爆温	3700k
爆热	5760J/g

一般而言，黑索今炸药的爆速随装药密度的增加而增大。图10.4中"2"为黑索今炸药装药密度与爆速的关系曲线；"3"为奥克托今炸药装药密度与爆速的关系曲线。表10.5为实际测试得到的RDX装药密度与爆速的对应关系。

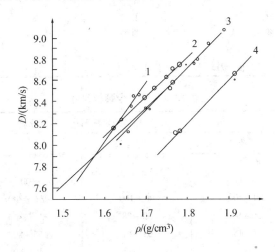

图 10.4　5 种高效炸药的 $D-\rho$ 关系曲线

1—A 区 -1；2—RDX；3—HMX；4—6 号炸药；5—8321

表 10.5　RDX 装药密度与爆速

装药密度/(g/cm^3)	爆速/(m/s)	装药密度/(g/cm^3)	爆速/(m/s)
1.00	6080	1.79	8712
1.76	8660	1.80	8741

爆压：$33.7\text{GPa} \pm 0.63\text{GPa}(\rho = 1.773\text{g/cm}^3)$

威力：铅墙扩张值 475mL，TNT 为 285mL

猛度：装药密度 $\rho = 1.0\text{g/cm}^3$ 时，铅柱压缩值为 24.9mm(TNT 为 19.9mm)

摩擦感度：76% ±8%(摆角90°，表压50个工程大气压)

撞击感度：黑索今在不同温度下的撞击感度见表10.6。

表 10.6　黑索今在不同温度下的撞击感度(锤重 2kg)

温度/℃	发火落高/cm	温度/℃	发火落高/cm
室温	22.7	104	12.7
32	20.3		

以下资料来自 GJB 296A—1995，表10.7、表10.8分别规定了黑索今生产成品应具备的技术要求和不同类别下的颗粒尺寸。

表 10.7　黑索今技术要求

序　号	指 标 名 称	指　　标
1	外观	粉末状白色结晶，允许呈浅灰色或粉红色
2	熔点(℃)，不低于	200.0
3	丙酮不溶物百分含量，不大于	0.03
4	无机不溶物百分含量，不大于	0.03
5	水分及挥发分百分含量，不大于	0.10
6	60Å(孔径0.25mm)筛上不溶颗粒数，不大于	5
7	酸百分含量 (以硝酸计)不大于　Ⅰ型 Ⅱ型 Ⅲ型 Ⅳ型	0.03 0.05 0.06 0.07
8	堆密度(g/cm³)，不小于(4类)	0.80

表 10.8　黑索今颗粒尺寸

孔径/mm	通过规定筛网孔径的百分数			
	1 类	2 类	3 类	4 类
0.800～0.900	96～100	—	—	96～100
0.500	—	—	100	—
0.280～0.300	80～100	96～100	98(最少)	—
0.149～0.154	30～90	32～98	90(最少)	0～70
0.074～0.076	5～45	31～61	55～80	0～25
0.043～0.044	—	—	40～60	—

注：1. 若丙酮不溶物含量不超过无机不溶物允许含量时，不测定无机不溶物含量。

2. 有特殊要求的技术指标，由供需双方协商，在订货合同中注明。

10.5.1.2　R852 炸药

R852 炸药又称聚黑-16(JH-16)，它是以 RDX 为主体的塑料粘结炸药，该炸药综合性能优良，占射孔弹装药的95%，用于中、深井石油射孔弹聚能装药。

外观	黑色或灰黑色颗粒，无肉眼可见机械杂质
成分	黑索今:丙烯酸丁酯与丙腈烯的共聚物:胶体石墨=97.5:2.0:0.5
水分及挥发分含量	≤0.1%
粒度	6～50Å(3.000～0.355mm)颗粒含量≥97%
耐温	130℃、48h；150℃、24h；180℃、2h 不燃不爆
威力	151(TNT=100)
猛度	122(TNT=100)
冲击感度	15%
摩擦感度	23%
松装密度	≥0.85g/cm³
理论密度	$\rho_{TMD}=1.794g/cm^3$
爆速	8390m/s±7m/s($\rho=1.728g/cm^3$)
爆发点(5s)	289℃
爆热	5770J/g

热安定性	100℃、48h 质量减少 0.01%
真空安定性	100℃，48h，0.34mL/5g
装药方式	压装
使用情况	用作中、深井射孔弹主装药
产品标准	WJ 9016—1994

10.5.1.3　SH–931 炸药

SH–931 炸药含 RDX98%，添加剂 2%，由于 RDX 含量高，在使用条件下爆速为 8400m/s 以上，其爆速稍高于 JH–16，耐温性、压制工艺和射孔弹的穿孔深度与 JH–16 相当。自 1994 年以来，SH–931 炸药已装填过许多种射孔弹。

目前，石油射孔弹应用最多的炸药是 JH–16 炸药，其次是 SH–931 炸药，它们的耐温性能均优于国外蜡钝感黑索今炸药。

10.5.1.4　R791 炸药

R791 炸药(JH–14)是以 RDX 为主体的高能敏感传爆药，与 R852 配套使用，特别适用于无枪身射孔弹用传爆药。

外观	黑色或灰黑色颗粒，无肉眼可见机械杂质
成分	黑索今∶氟橡胶∶胶体石墨＝96.5∶3.0∶0.5
水分及挥发分含量	≤0.1%
粒度	10～50Å(2.0～0.272mm)颗粒含量≥95%，其余颗粒≤8 目(2.5mm)
耐温	180℃、2h 不燃不爆
威力	152(TNT＝100)
猛度	126(TNT＝100)
冲击感度	10%～24%
摩擦感度	16%～34%
松装密度	≥0.76g/cm^3
理论密度	$\rho_{TMD}＝1.821$g/cm^3
爆速	8453m/s($\rho＝1.738$g/cm^3)
爆发点(5s)	287℃
热安定性	180℃，2h，5g 减量 0.1%～0.3%
最小起爆能量	叠氮化铅 18mg
装药方式	压装
使用情况	用作中、深井射孔弹传爆药
传爆安全性	通过 GJB 2184—1994
产品标准	Q/AY 281A—2001

10.5.2　奥克托今系列炸药

10.5.2.1　奥克托今

奥克托今(HMX)是目前单质猛炸药中性能最好的耐热炸药之一。英文名称"Octogen"，化学名称是环四甲撑四硝胺，1，3，5，7–四硝基–1，3，5，7–四氮杂环辛烷。

结构式

$$
\begin{array}{c}
NO_2 \\
| \\
CH_2\!-\!N\!-\!CH_2 \\
| \qquad\qquad | \\
O_2N\!-\!N \qquad\quad N\!-\!NO_2 \\
| \qquad\qquad | \\
CH_2\!-\!N\!-\!CH_2 \\
| \\
NO_2
\end{array}
$$

分子式：$C_4H_8N_8O_8$

相对分子质量：296.2

奥克托今为白色晶体，与黑索今为同系物，且具有相同的元素组成，其熔点为278℃，它有4种晶型：α、β、γ、δ，在常温与熔点之间这四种晶型会相互转化。在室温下β型是一种稳定的晶型。表10.9提供了Q/HH 023—1983（适用于在冰醋酸、醋酸酐和硝酸铵存在下用硝酸硝解乌洛托品，并经丙酮和乙酸乙酯混合溶剂或稀硝酸方法精制后的奥克托今）所要求的与奥克托今相关的技术特征。

表10.9 奥克托今的技术特征

序 号	指 标 名 称		技 术 指 标
1	外观		白色结晶
2	晶型		β型
3	熔点/℃	≥	273.0
4	水分及挥发物/%	≤	0.10
5	丙酮不溶物/%	≤	0.08
6	灰分/%	≤	0.05
7	硅土/%	≤	0.03
8	酸值（以H_2SO_4计）/%	≤	0.05，但不呈现酸性
9	丙酮不溶粒子（暂定）		40目筛网上：无 60目筛网上：不大于5个
10	外来杂质/（个/dm²）	≤	10

注：1. 若灰分的含量不超过硅土指标时，可不测定硅土含量。

2. 若丙酮不溶物的含量不超过硅土指标时，可不测定硅土和灰分含量。

但对于高温深井爆破，上述四种晶型结构可能会发生下列转换：

β晶型（室温）$\longrightarrow\alpha$晶型（102℃）$\longrightarrow\gamma$晶型（160℃）$\longrightarrow\delta$晶型（熔点）

其中α、γ晶型为亚稳定状态，δ晶型是不稳定的。β型晶体密度为$\rho=1.902g/cm^3$。

奥克托今在温度30℃、相对湿度95%的环境条件下，不具有吸湿性，它易溶于丙酮、硝基甲烷、环己酮、二甲基亚砜和浓硝酸等。

有关奥克托今的热力学数据及爆炸性能如下：

氧平衡　　　　　　-0.216

生成焓　　　　　　17.9kcal/mol

燃烧热　　　　　　2225～2362cal/g

爆热　　　　　　　按液态水计算为5705.7J/g

　　　　　　　　　按气态水计算为5108.0J/g

爆速	8917m/s（$\rho = 1.854g/cm^3$）
	9010m/s（$\rho = 1.877g/cm^3$）
爆压	39.3GPa
威力	铅墙扩张值486mL
冲击感度	100%
摩擦感度	100%
爆发点（5s）	327℃
半分解	220℃半分解期为311min；240℃半分解期为84.5min；230℃半分解延滞期为100min
真空安定性	100℃、第一个48h失重0.05%
	100℃、第二个48h失重0.03%

奥克托今具有高密度、高爆速、高威力、高感度、高熔点等特性，其热安定性比黑索今更稳定。把以奥克托今为主体的炸药装在玻璃管中，浸入250℃的金属浴中，加热46min才发生自爆，而以黑索今为主体的炸药，在同样条件下，只需加热12min即发生爆炸。

目前，由于奥克托今的生产成本较高，影响了该类炸药的大量使用。

10.5.2.2　JO-6炸药

JO-6炸药（聚奥-6、H781）是以HMX为主体的高能混合炸药，适用于中、深井石油射孔弹聚能装药以及导爆索、切割索和雷管的主装炸药。

外观	黑色或灰黑色颗粒，无肉眼可见机械杂质
奥克托今含量	94%～96%
氟橡胶含量	2.5%～3.5%
硅油含量	0.7%～1.3%
石墨含量	0.8%～1.2%
粒度	6～50Å（3.000～0.355mm）颗粒含量≥97%
水分及挥发分含量	≤0.1%
耐温	165℃、48h；220℃、2h不燃不爆
威力	153（TNT＝100）
猛度	126（TNT＝100）
冲击感度	0～10%（10kg落锤、25cm落高）
摩擦感度	6%～22%（表压3.92MPa，摆角90°）
理论密度	$\rho_{TMD} = 1.884g/cm^3$
爆速	8578m/s（$\rho = 1.814g/cm^3$）
爆发点（5s）	323℃
爆热	5823J/g
热安定性	100℃、48h质量减少量为0
真空安定性	100℃，48h，0.24mL/5g
装药方式	压装
使用情况	用作射孔弹等火工品主装药
产品标准	Q/AY 82A—2001

10.5.2.3　H951 炸药

H951 炸药是以 HMX 为主体的耐高温塑料粘结炸药，适用于井下耐高温爆破器材的装药。

外观	黑色或灰黑色颗粒，无肉眼可见机械杂质
奥克托今含量	96%
氟橡胶含量	3.5%
石墨含量	0.5%
粒度	6~50Å(3.000~0.355mm)颗粒含量≥97%
水分及挥发分含量	≤0.1%
威力	150±2.3(TNT=100)
猛度	120±1(TNT=100)
冲击感度	0
摩擦感度	2%
爆速	8713±24m/s($\rho=1.847g/cm^3$)
热安定性	100℃、48h 质量减少量为 0
装药方式	压装
使用情况	可用作射孔弹主装药

10.5.2.4　奥克弗尔炸药

奥克弗尔炸药(OKΦOL)是以 HMX 为主体的高能混合炸药，用于军、民品聚能破甲弹主装药。

威力	143(TNT=100)
猛度	124(TNT=100)
冲击感度	≤10%
摩擦感度	≤10%
爆速	8670m/s($\rho=1.777g/cm^3$)
爆发点(5s)	315℃
真空安定性	100℃，48h，0.11mL/5g

高温射孔弹用传爆药。通常在射孔弹壳体内顶部加少量纯 HMX 或 JO-99(HMX99.0%、氟橡胶 1.0%、外加石墨 0.15%)作为传爆药。

10.5.3　六硝基芪系列炸药

10.5.3.1　六硝基芪

六硝基芪，化学名称为六硝基二苯基乙烯，代号 HNS，HNS 有两种晶型，即 HNS-Ⅰ和 HNS-Ⅱ，HNS-Ⅱ一般由 HNS-Ⅰ经溶剂重结晶得到。

HNS 具有很高的耐热性，适宜在 260℃ 温度条件下工作，并有极好的化学安定性和良好的感度性能，即使在 -193℃ 条件下，也能被可靠引爆。将由 HNS 制成的柔性导爆索 MDF 和 CDF 已成功应用于航空航天火箭及导弹的发射；HNS 也应用于宇航、空间技术、核武器以及油气井超深井射孔弹的聚能装药和 B 炸药、TNT 注装药的添加剂。

六硝基芪吸湿性为 0.04%，易溶于二甲基甲酰胺、硝基甲烷和硝基苯等，不溶于氯仿、异丙醇，与铅、铜、锌、铁不发生化学反应。

外观	浅黄色晶体
分子式	$C_{14}H_6N_6O_{12}$
相对分子质量	450.2
结构式	

氧平衡	-0.676
熔点	$316 \sim 317℃$
结晶密度	$1.73g/cm^3$
爆速	$7019m/s(\rho=1.656g/cm^3)$
爆热	$2775.5J/g(\rho=1.56g/cm^3)$
威力	$102(TNT=100)$
猛度	$109(TNT=100)$
冲击感度	40%
摩擦感度	36%
爆发点(5s)	350℃

10.5.3.2　S992 炸药

S992 炸药是以 HNS 为主体的塑料粘结炸药，主要应用于超深井石油射孔弹装药。

外观	黄黑色颗粒
水分及挥发分含量	≤0.1%
粒度	$0.25 \sim 1.80mm$
松装密度	$>0.65g/cm^3$
理论密度	$\rho_{TMD}=1.676g/cm^3$
爆速	$6879m/s(\rho=1.607g/cm^3)$
耐温	200℃、200h；220℃、48h 不燃不爆
威力	$100(TNT=100)$
猛度	$104(TNT=100)$
冲击感度	$0 \sim 10\%$
摩擦感度	4%
爆发点(5s)	$>350℃$
热安定性	250℃，4h 失重 0.167%
真空安定性	100℃，48h，0.15mL/5g
装药方式	压装
使用情况	用作超深井耐超高温射孔弹主装药

10.5.4　PYX 系列炸药

10.5.4.1　PYX 炸药

PYX，化学名称是 2，6 - 双 - (三硝基苯胺基) - 3，5 - 二硝基吡啶。PYX 耐热炸药是目前世界上耐热性能最好的单质炸药，应用于石油井下爆破、航空航天和核技术等高科技领域。

外观	淡黄色晶体
分子式	$C_{17}H_7N_{11}O_{16}$
相对分子质量	621
结构式	

氧平衡	-0.554
熔点	360℃
纯度	≥99%
晶体密度	$1.78g/cm^3$
爆速	$7254m/s \pm 16m/s(\rho = 1.695g/cm^3)$
热安定性	（差热）≥370℃

10.5.4.2　Y971 炸药

Y971 炸药是以 PYX 为主体的塑料粘结炸药，应用于超深井石油射孔弹及其爆破系统的火工品装药。

外观	灰黑色颗粒
水分及挥发分含量	≤0.1%
粒度	0.35～2.00mm
松装密度	≥0.65g/cm³
理论密度	$\rho_{TMD} = 1.713g/cm^3$
爆速	$6800m/s(\rho = 1.68g/cm^3)$
爆热	3999J/g
耐热性	250℃、48h；200℃、200h 不燃不爆
冲击感度	≤15%
摩擦感度	≤10%
爆发点(5s)	415℃
真空安定性	100℃，48h，0.04mL/5g
装药方式	压装
使用情况	用作超深井耐超高温射孔弹主装药

10.5.5　塔柯特

塔柯特，其学名是四硝基二苯并－1，3a，4，6a－四氮戊搭烯——简称 TACOT，译名为塔柯特。塔柯特为橙红色晶体，密度 $1.85g/cm^3$，熔点 410℃，不溶于水和多种溶剂，只稍溶于硝基苯和 $N,N-$ 二甲基甲酰胺，但溶于 95% 的发烟硝酸，与金属铝、铅、铜和钢铁不发生作用。热安定性好，在 316℃ 高温下可长期保存而不爆炸，378℃ 时才明显分解。其机械感度、静电感度低。密度为 $1.64g/cm^3$，爆速为 7250m/s，是耐热性能较好的炸药。用于制造导爆索、装填雷管等。经常将它与聚四氟乙烯混合加工成高分子粘结炸药。

制备塔柯特的方法是：将原料二苯并 $-1,3a,4,6a-$ 四氮戊搭烯，以过量的发烟硝酸或硝 $-$ 硫混酸进行硝化，即可制得塔柯特产品。

10.5.6 六硝基二苯砜

六硝基二苯砜(HNDS)，分子式为 $C_{12}H_4N_6O_{14}S$。HNDS 为黄色晶体，熔点 307℃，熔化时分解，难溶于大多数有机溶剂，其撞击感度与特屈儿相近，爆炸威力比苦味酸大。美国把该炸药作为石油射孔弹和铅锑合金柔性导爆索的主装炸药，其耐温性能为 260℃、1h。

除此之外，各种资料常见的耐热炸药还有三硝基均苯三胺(TATB)、三硝基间苯二胺(DATB)、六硝基联苯胺(DIPAM)以及九硝基三联苯(NONA)等。

表 10.10 是美国射孔弹现用炸药的配方，从表中可以看出，大多数炸药增加有蜡类钝感剂，由于蜡类耐热性能较差，因此炸药的耐热性能相对偏低。

表 10.10 美国射孔弹用炸药

序　号	组成/%（质量）	性能和说明
1	RDX98.2~98.5，石墨(G)0.3~0.5，蜡1.1~1.2	美国阿特拉斯公司用于装填多种普通射孔弹，传爆药大多用纯 RDX
2	RDX96.7，聚异丁烯和蜡0.9，G2.4	
3	RDX98.0，蜡1.5，G0.5	
4	RDX98.9，蜡1.1，代号 W21	美国原杰尔哈特公司用于装填多种普通射孔弹，传爆药大多用纯 RDX
5	RDX≥98，蜡1，G≤1，代号 G11	
6	RDX≥97，蜡2，G≤1，代号 G12	
7	RDX94~96，蜡4~6，代号 35#	
8	RDX98.5~99.0，硬脂酸1.0~1.5，代号 A5	
9	RDX98.5，蜡1.0，G0.5	斯伦贝榭公司用于装填普通射孔弹，分解温度不小于220℃(DSC)，165℃、1h 减量不大于5%(TGA)，耐热性不够好
10	RDX95.0~99.0，Viton A(氟橡胶)1.0~5.0，G0.5（外加）	用于普通射孔弹，耐热性好，未见使用
11	HMX98.5，蜡1.0，G0.5	斯伦贝榭公司用于装填高温射孔弹，分解温度不小于260℃(DSC)，204℃、1h 减量不大于5%(TGA)，耐热性不够好
12	HMX 加少量蜡	用于填装高温射孔弹
13	HMX95.0~99.0，Viton A 1.0~5.0，G0.5（外加）	填装高温射孔弹，耐热性好，未见使用
14	PCS95.0~99.0，Viton A 1.0~5.0，G0.5（外加）	用于填装超高温射孔弹
15	HNS 加少量蜡	用于填装超高温射孔弹
16	TACOT85~95，环氧树脂3.5~10.4，苯均四酸二酐及其衍生物1.5~4.6，共有4个配方	抗压强度≥70MPa，爆速6650~7200m/s(1.50~1.66g/cm³)，可制耐热260℃的无壳超高温射孔弹

10.6 火　药

随着钻井完井技术的迅猛发展，石油民用爆破对以火药为动力的爆炸能源依赖性越来越强，其市场需求量也逐年上涨。提高完井技术手段，开发研制适合于井下高温环境爆破作业用火药已成为石油民用爆破技术发展的一个重要组成部分。

由于历史的原因，目前我国高能气体压裂以及石油复合射孔等井下爆燃作业所选用的火药大多为军用退役火药，其压力范围在200～500MPa，而石油民用爆破对其爆燃压力要求控制在20～200MPa范围内，温度通常要求为180℃、2h或160℃、48h。而以硝化棉为主要成分的压裂药，受硝化棉自身耐温性能的限制，其耐温上限为135℃，即使硝胺类压裂药，其耐温值也在150℃，这势必影响了射孔系统整体耐温性能的提高。因此，对于深井、超深井、高温井等复杂井况，应慎重选择，合理使用。

火药是井下燃烧爆炸装置的动力源，通常是通过填装或浇铸的工艺方法装入压裂弹或复合射孔枪的枪体内，以实现高能燃气对地层的脉冲加载。

作为油田井下燃爆装置作用的重要能量来源之一，井下民用爆破作业对火药提出了一系列基本要求：

（1）火药必须具有一定的耐温性，通常要求在135℃条件下，不发生自燃或爆燃；

（2）火药必须具有足够的产气量和做功能力；

（3）火药在井下燃爆过程中能正常燃烧，且能保持技术条件规定的燃烧速度，以避免峰值压力过低而造成的资源浪费或峰值压力过高而引起的井下意外事故。

目前，就我国油田井下高能气体压裂和石油复合射孔作业用火药而言，有单基药、双基药和复合药等，但就武器装备用火药按其用途可分为发射药和固体推进剂；按其组分可分为单基发射药、双基发射药、三基发射药、双基推进剂、复合推进剂、复合改性双基推进剂和NEPE推进剂。图10.5（a）是常见火药柱的端面形状；图10.5（b）显示了一种某军用火药药粒等级差异实验结果。一般而言，质量相同的药粒，其直径越小，比表面积就越大，燃烧速度越块，压力成长期就越短。

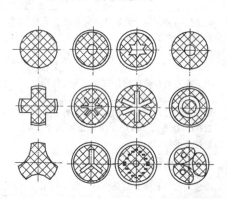

图10.5（a）　火药柱的端面形状

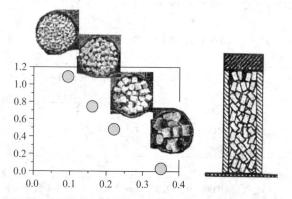

图10.5（b）　某军用火药药粒等级差异实验结果

1—实心圆柱；2—内燃管状；3—内燃星形；4—管状；
5—十字形；6—车轮形；7—树枝形；8—套管形；
9—三臂形；10—狗骨形；11—多槽形孔；12—椭圆形

10.6.1 单基发射药

所谓单基发射药是指以硝化纤维素为基本能量组分的火药称为单基发射药或单基火药。

硝化纤维素(又称硝化棉)在单基发射药中是唯一能量来源,其含氮量在90%以上。火药在贮存或井下高温环境下,硝化纤维素会发生自动的热分解反应,加入安定剂,能有效抑制火药分解中的催化反应,提高火药的安定性和贮存寿命。单基发射药常用的安定剂是二苯胺,除此之外,单基火药中还加有缓燃剂、光泽剂、消焰剂等。表10.11是一种单基火药的配方组成。

表 10.11 单基火药的配方组成

火 药 成 分	枪 药	炮 药
	$\omega(i) \times 100$	
硝化纤维素(NC)[$\omega(N) \times 100 \geqslant 13.0$]	94~96	—
[$\omega(N) \times 100 = 12.8 \sim 13.0$]	—	94~96
二苯胺(DPA)	1.2~2.0	1.2~2.0
樟脑	0.9~1.8	—
石墨	0.2~0.4	—
剩余溶剂及水	1.7~3.4	1.8~3.3

10.6.2 双基发射药

以硝化纤维素与硝化甘油或其他爆炸增塑剂为基本能量组分的发射药称为双基发射药,又称为双基火药或双基药,其主要组成部分有硝化纤维素、爆炸增塑剂、助溶剂以及化学安定剂等。表10.12提供了几种典型的炮用双基火药配方。

表 10.12 典型的炮用双基火药配方

组分名称	$\omega(i) \times 100$			
	迫击炮药		线膛炮药	
	巴利斯太型	柯达型	巴利斯太型	柯达型
硝化纤维素	57.7	64.5	58.5	65
硝化甘油	40	34	30	29.5
二硝基甲苯	—	—	7.5	—
中定剂	2	1	3	2
二苯胺	—	0.2	—	—
凡士林	0.3	0.3	1	3.5
石墨(外加)	0.2	—	—	—
氧化镁(外加)	—	0.2	—	—
丙酮(残留)	—	0.5	—	1.5
水分(残留)	0.6	0.4	0.5	0.5

10.6.3 三基发射药

在双基发射药中加入另一种固体含能材料(如硝基胍、黑索今等)作为基本能量组份所组成的发射药称为三基发射药或三基药。根据加入固体含能材料不同来命名,如硝基胍发射药、硝胺发射药、太安发射药等。表 10.13 显示的是一种三基火药配方和硝胺火药配方组成。

表 10.13 一种三基火药配方和硝胺火药配方

火 药 成 分	三基火药	硝胺火药
	$\omega(i) \times 100$	
硝化纤维素[$\omega(N) \times 100 = 12.6$]	28.0	29.3
硝化甘油	22.5	22.7
硝基胍	47.7	5
黑索今(RDX)	—	36.5
乙基中定剂(Cj)	1.5	1.5
苯二甲酸二辛酯(DOP)	—	5.0
冰晶石	0.3	—

10.6.4 复合推进剂

复合推进剂是由高分子粘结剂、固体粉末氧化剂、粉末金属燃料和其他附加组分混合组成的一类推进剂。其主要组分由粘合剂和氧化剂组成,以无机含氧酸盐为氧化剂与非爆炸性高聚物及增塑剂等为基础组成的复合火药(表 10.14),这类火药中的氧化元素与可燃元素分别寓于不同的化合物中。氧化剂主要为高氯酸盐[高氯酸铵(AP)、高氯酸钾(KP)]与硝酸盐(硝酸钾、硝酸铵等),而非爆炸性高聚物主要有聚硫橡胶(PS)、聚氨酯(PU)等,它们兼具可燃物与粘结剂双重功能。由于这类火药中的氧化剂与可燃物在火药中分成明显的两相,也称其为异质火药或复合火药。

表 10.14 复合火药配方

火 药 成 分	$\omega(i) \times 100$	火 药 成 分	$\omega(i) \times 100$
HTPB 及其固化剂等	11.0	Fe_2O_3	0.75
AP	70.0	Al_2O_3	0.5
Al 粉	15.75	己二酸二辛酯(DOA)	2.0

表 10.15 是我国某单位生产的复合型固体推进剂的性能参数。

表 10.15 复合型固体推进剂性能参数

项 目	Ⅰ 型	Ⅱ - A 型	Ⅱ - B 型	Ⅲ 型
药型	复合药	复合药	复合药	复合药
爆热/(cal/g)	1460	>1300	1375	>1300
比容/(L/kg)	≥720	≥860	≥790	≥860
火药力/(N·m/kg)	910,000	960,000	920,000	960,000
爆温/K	3300	3000	3200	2950
密度/(g/cm³)	1.738	1.710	1.676	1.654
燃速/(mm/s)	20	10	10	5
耐温/℃	170	170	170	170
外径/mm	40~100	40~100	40~100	40~100
长度/mm	500/1000	500/1000	500/1000	500/1000

注:1. 燃速是在70℃、20MPa条件下的测试结果;

2. 技术参数以供货时的测试数据为准。

184

10.6.5 火药性能参数测定方法

GJB770B-2005 K 提供了火药性能参数测定的试验方法。图 10.6(a) 显示的是火药耐温性能参数测定的试验装置，该装置主要由胆体、温度传感器以及加热炉总成构成，为确保试验条件的一致性，试验装置采用密闭结构，每次试验试样药量可达 150g，主要用来测定火药的耐温指标、高温条件下火药的性能变化以及老化失效等。图 10.6(b) 为某种固体推进剂高温 163℃/48h 试验前和试验后用上述装置所测试的 $p-t$ 曲线（火药装填密度为 $0.2g/cm^3$）。从 $p-t$ 曲线形态上可以看出该火药经 163℃/48h 高温后，其能量和燃烧性能都发生了显著变化，除最大压力有所增加外，火药燃烧时间缩短，燃速加快。这种现象的出现可能会导致射孔系统中各火工元件匹配性能降低，造成枪体内爆炸与燃烧作用发生异常，从而导致胀枪、卡枪、炸枪事故的发生。

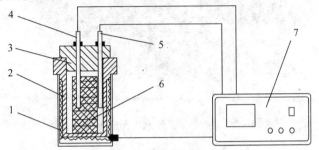

图 10.6(a)　火药耐高温试验装置系统结构图

1—加热炉总成；2—胆体；3—盖体；4—药芯温度传感器；
5—胆内温度传感器；6—火药试样；7—数字温控仪

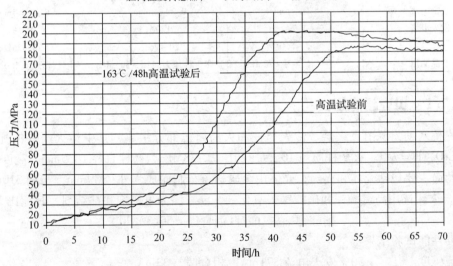

图 10.6(b)　固体推进剂高温 163℃/48h 前后的密闭爆发器 $p-t$ 曲线

10.7　电缆桥塞用火药

电缆桥塞技术是 20 世纪 80 年代中后期引入我国石油行业的一种新型完井技术。随着该技术的发展，我国已初步形成了以 1#、2#、3# 桥塞作动力源的 3 种系列产品。

在电缆桥塞动力源火工品中，对形成动力源的火药提出了下列要求：要求火药具有一定的耐温性能，即在高温环境下，不自燃、不自爆、不失效，燃烧稳定，性能可靠；火药能在密闭装置中持续平稳燃烧；火药从点火到燃烧完毕，持续时间应大于30s；火药残渣疏松，附着力小，易清除，对工具燃烧室腐蚀性小等，这些性能的满足是保证电缆桥塞做功工具各部分安全可靠作用的前提和条件。

电缆桥塞用火药系列（图10.7）由3种产品构成：1#桥塞火药（适用于贝克桥塞工具）、2#桥塞火药（适用于杰尔哈特桥塞工具）和3#桥塞火药（适用于欧文桥塞工具），主要技术指标见表10.16。

图10.7　1#、2#、3#桥塞火药筒及其点火器

表10.16　1#、2#、3#桥塞火药筒及其点火器性能指标

技术指标	1#桥塞火药	2#桥塞火药	3#桥塞火药
耐　温	150℃	210℃	210℃
安全电流	0.2A，5min	0.2A，5min	0.2A，5min
发火电流	1.2A	1.0A	1.0A
电　阻	3.5~5.0Ω	20~25Ω	20~25Ω
产品输出	产生气体压力≥70MPa	产生气体压力(110±30)MPa	产生气体压力(100±20)MPa

10.7.1　贝克桥塞用火药

贝克桥塞动力源由点火器、传火药柱和火药筒三部分组成，其中传火药柱的配方组成为：$BaCrO_4$: Ti = 7 : 3。火药柱质量10g，压药压力138MPa，药柱直径18.5mm，高度11mm。

火药筒主要包括壳体和火药，壳体由金属材料车制而成，外径39mm，长度310mm，装药500g，火药选用高氯酸钾和硝酸锶为氧化剂，沥青漆为可燃剂和粘结剂，其配比为：

硝酸锶 : 高氯酸钾 : 沥青漆 = 50 : 30 : 20

主要性能试验结果：

直流感度	50%发火电流871mA，相对偏差33mA
抗静电	电压25kV、电容500PF，可靠度90%
摩擦感度	摆角70°、表压1.25MPa，发火率0
差热分析	传火药柱120℃、1h无放热峰
撞击感度	锤重800g，落高55cm，传火药发火率36%，火药发火率4%
火焰感度	传火药50%，发火距离4.10cm，标准偏差1.1cm

10.7.2　杰尔哈特桥塞用火药

杰尔哈特桥塞用火药的主要成分为硝酸钠、E－51 环氧树脂(可燃剂)、低分子聚酰胺(粘合剂),其具体配比为:

$$硝酸钠:环氧树脂:固化剂=56:33:11$$

火药总质量为 $525g\pm25g$。

火药主要性能:

① 摩擦感度　摆角 90°、表压 4.5MPa,发火率 0%。

② 撞击感度　锤重 1.2kg,落高 55cm,发火率 0%。

③ 火焰感度　高度 2cm,发火率 0%。

④ 火药静电感度　火药 99.99% 的静电发火能量为 0.79J。

⑤ 差热分析　第一放热峰温度为 297℃;第二放热峰温度为 353℃;第三放热峰温度为 408℃,说明火药可以满足 210℃、1h 的使用要求。

⑥ 相容性分析　在 100℃±1℃ 连续加热 40h,试验结果表明:黑火药 + 硅点火药、黑火药 + 火药、火药 + 硅点火药以及火药 + 钢,其产气量分别为 0.18mL/g、0.47mL/g、0.20mL/g 和 0.12mL/g,均小于 WJ 1863—1989 规定的安定性判断标准(2mL/g),说明黑火药、火药、硅点火药与钢之间相容。

第11章 石油火工品的检测检验方法

本章对石油民用爆破器材相关标准的检测检验方法进行了介绍，主要包括地震勘探用震源药柱、油气井射孔用电雷管、导爆索、射孔器、射孔枪、射孔弹、聚黑－16炸药、无壳高能气体压裂弹、切割弹、整形弹等的检测方法。

11.1 地震勘探用震源药柱检验

地震勘探用震源药柱检验主要包括主装药密度测定、爆速测定、爆炸完全性试验、爆轰连续性试验、抗水压试验、高低温爆炸完全性试验等。

11.1.1 技术要求

（1）外观要求

震源药柱表面应光滑，无破漏，无残药，并有清晰的标记。胶封质量应完好。雷管孔符合使用要求。

壳体颜色应根据主装药密度分别采用蓝（高密度）、红（中密度）、黄（低密度）3种颜色。

（2）药量

震源药柱装药量应符合表11.1要求。

表11.1 震源药柱装药量 g

装药量	500	1000	2000	2500	3000	5000
药量公差	±20	±30	±40	±45	±50	±70

（3）性能指标

震源药柱性能指标应符合表11.2要求。

表11.2 震源药柱性能指标

项　目	规　格		
	G	Z	D
主装药密度/（g/cm³）	≥1.40	≥1.20~1.40	≥1.00~1.20
抗水压试验		爆炸完全	
连接力/N	60	98	
爆炸完全性		爆炸完全	
爆轰连续性/kg	≥6	≥10	
高低温爆炸完全性		爆炸完全	
跌落试验		不燃不爆	
爆速/（m/s）	≥5000	≥4000	≥3500
保证期/a	2	1	1

11.1.2 试验方法

(1) 主装药密度测定

任意抽取用于同一批震源药柱的壳体，先称量壳体的质量，然后向壳体中注入常温水至定位槽下边缘，测出注入水的体积，该体积即为壳体容积。

用已知容积的壳体装药，装至定位槽下边缘，称其质量。

计算震源药柱的密度：

$$\rho = \frac{m_2 - m_1}{V} \qquad\qquad (11.1)$$

式中　ρ——震源药柱装药密度，g/cm^3；

　　　V——壳体容积，cm^3；

　　　m_1——壳体质量，g；

　　　m_2——装药后质量，g。

(2) 爆速测定

震源药柱的爆速应按 GB/T 13228 进行测定。

(3) 爆炸完全性试验

① 起爆器材

a. 8 号勘探电雷管。地面起爆试验时，可用 8 号（金属壳体）工业电雷管。

b. 起爆器及导线。

② 试验程序

a. 将试样、雷管、导线、起爆器放置于试验场地。

b. 导线连接前应对起爆系统进行检查，确保工作正常，连接后查验确保连接无误。

c. 将雷管插入试样，雷管必须到位，然后进行地面起爆。

操作过程的安全要求按 GB 6722 执行。

③ 试验结果评定

起爆后以声音、烟雾和现场有无残药来判定是否爆炸完全。

(4) 爆轰连续性试验

以表 11.1 规定的试样数量为一组，将试样连接到位，在起爆端插一个电雷管起爆。

其余要求按(3)条规定执行。

(5) 抗水压试验

① 设备

a. 抗水压试验容器。要求试验容器能确保使用压力和安全。

b. 压力表。测量精度不低于 1.5 级。

② 试验程序

将试样放入试验容器内进行抗水压试验，表压为 0.294MPa，保压时间为 48h，取出后按(3)条规定进行爆炸完全性试验。

(6) 高、低温爆炸完全性试验

① 设备

高温箱和低温箱。

② 试验程序

将试样分别放入高温箱(50℃)及低温箱(－40℃)内，保温 8h，取出后按(3)条规定执行，不能在 －40℃ 条件下使用的震源药柱，应根据最低适用温度进行保温。

（7）跌落试验

悬吊装置：悬吊高度为 6m，试样悬吊后能让其自由下落。

试验条件：试验场地应是硬土地面，不应有石子。

试验程序：将试样吊在悬吊装置上，试样下端面距地面垂直高度为 6m，让其自由下落。观察落地后是否燃烧或爆炸。

（8）连接力试验

悬挂装置：装置的高度，应保证悬挂试样及重砝后，离地面应有适当高度。

试验程序：将两节试样连接到位，悬挂于试验装置上，下面一节吊以重砝，重砝的重力应符合表 11.2 的规定，悬挂时间为 30min，观察两节试样连接处是否被拉脱。

（9）装药量检验

用感量不大于 5g 的衡器进行称量，药量应符合表 11.1 的规定。

11.2 油气井用电雷管检测

11.2.1 技术要求

（1）材料与零部件

用于制造电雷管的材料应符合有关标准的要求；其零部件应符合专用技术条件的要求。

（2）外观和尺寸

电雷管不得有管体破裂、严重砂眼、脚线损坏与零部件松动等外观疵病，尺寸应符合产品图的规定。

（3）电阻

电雷管的全电阻应符合专用技术条件要求。

（4）震动

电雷管在符合 WJ 231 规定的震动试验机上，在凸轮转速为（60 ± 1）r/min 与落高为（150 ±2）mm 的条件下，连续震动 10min，不得发火，不得断桥，结构不得损坏，全电阻应符合(3)规定。

（5）耐温

耐温电雷管在规定温度下，保持恒温 2h 过程中不得发火。

（6）耐温耐压

耐温耐压电雷管同时在规定温度与压力下，保持恒温恒压 2h 过程中不得发火。

（7）低温与受潮

电雷管按 －40℃、2h，室温(16～35℃，下同)、相对湿度 95% 以上、24h 的条件试验时，不得断桥，脚壳间不得短路，结构不得损坏，其全电阻应符合(3)规定。

（8）安全电流（电压）

灼热桥丝式电雷管在室温下，通电时间为 5min 时的安全电流应不小于 120mA，其他类型电雷管的安全电流（电压），应符合专用技术条件要求。

（9）抗静电

在电容器容量为 500pF ± 25pF、充电电压为 25000V ± 500V 和串联放电电阻为 5000Ω ± 250Ω 条件下，对电雷管脚壳间放电时，电雷管不得发火。

（10）发火

① 室温发火

灼热桥丝式电雷管在室温下，通入直流电流 600mA 时，电雷管应发火。

② 高温或高温高压发火

灼热桥丝式电雷管在规定温度或规定温度与压力下，保持 2h 后，通入直流电流 500mA 时，电雷管应发火。

③ 其他类型电雷管的发火要求，应符合专用技术条件规定。

（11）输出

① 室温输出

电雷管按（10）规定发火时，在规定铅板上的炸孔直径，应大于电雷管的外径。

有连接管或耐压外壳的电雷管，按（10）规定发火时，应能可靠引爆与其配套使用的油气井用导爆索。

② 高温或高温高压输出

电雷管在耐温或耐温耐压试验后的输出，应符合（11）中①规定。

11.2.2 试验方法

油气井射孔用电雷管的检验通常分鉴定检验和质量一致性检验。图 11.1 显示的是油气井射孔用电雷管鉴定检验系统框图。

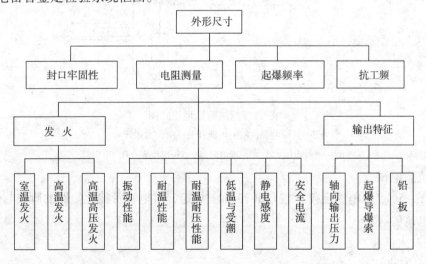

图 11.1 油气井射孔用电雷管鉴定检验系统框图

（1）材料与零部件检验

按技术要求 11.2.1 中（1）规定，对材料及其零部件进行检验和试验。

（2）外观与尺寸检查

目视检查电雷管外观，用精度不低于 0.02mm 的量具检查电雷管的尺寸。

（3）电阻测量

用测量电流小于 5mA、测量精度不小于 0.1Ω 的电阻测量仪，测定电雷管的全电阻。

（4）震动试验

将电雷管按输出端向上、向下和水平 3 个方向和 1/3 装入纸盒内压紧，纸盒装入专用木箱，用纸板压紧后，在震动试验机上，按技术要求中（4）规定连续震动 10min。取出电雷管测量全电阻，并检查其他项目。

（5）耐温试验

将耐温电雷管装入专用试验装置，置于试验箱内升温。专用试验装置内的温度，从室温升到规定温度的时间不大于 2h，温度控制误差为 ±3℃。电雷管在此温度下保持 2h。

（6）耐温耐压试验

耐温耐压电雷管的耐温耐压试验按照技术要求规定进行。

（7）低温与受潮

将电雷管放入低温试验箱，在 40min 内，使箱内温度降低到（−40 ±3）℃，恒温 2h；取出电雷管，在室温下存放 30min，然后将电雷管装在网盘式产品架上，放入室温、相对温度大于 95% 的试验箱内，存放 24h；取出电雷管，在室温下放置 2h 后测量全电阻，并检查其他项目。

（8）安全电流（电压）试验

在室温条件下，对于灼热桥丝式电雷管，按图 11.2 线路施加直流电流（120 ±5）mA 进行安全电流试验。通电时间为 5min，时间控制误差为 ±5s；对于其他类型电雷管的安全电流（电压）试验，应按专用技术条件规定的试验方法进行。

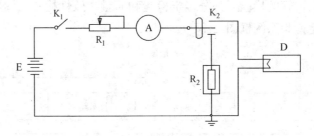

图 11.2　试验原理线路图

E—直流电源；K_1—电源开关；K_2—水银开关；

R_1—滑线电阻；R_2—标准电阻箱；A—电流表；D—电雷管

（9）抗静电试验

用 JGY−50 型静电感度仪，按 GJB 736.11 规定，对电雷管彼此短路的脚线与壳体之间，进行抗静电试验。

（10）发火试验

① 室温发火试验

在室温条件下，按图 11.2 线路，对电雷管施加直流电流（600 ±5）mA，进行发火试验。试验后检查电雷管发火情况。

② 高温发火试验

在耐温试验结束后的 15min 内，试验箱内仍保持规定温度的条件下，按图 11.2 线路，对电雷管施加直流电流 500mA ± 5mA，进行发火试验。试验后检查电雷管发火情况。

③ 高温高压发火试验

在高温高压试验结束后的 15min 内，高温高压试验装置内仍保持规定温度与压力的条件下，按图 11.2 线路，对电雷管施加直流电流 500mA ± 5mA，进行发火试验。试验后检查电雷管发火情况。

在高温高压状态下进行电雷管发火试验的条件不具备时，允许在耐温耐压试验结束后，将电雷管从高温高压试验装置中取出，在 15min 内，按图 11.2 线路对电雷管施加直流电流 600mA ± 5mA，进行发火试验。试验后检查电雷管发火情况。

④ 其他类型电雷管的发火试验，按专用技术条件规定的方法进行。

（11）输出试验

① 室温输出试验

铅板试验

电雷管按 GB/T 13226 规定方法进行铅板试验。

试验用铅板应符合 GB/T 13226 的规定。

引爆导爆索试验

将与电雷管配套使用的油气井用导爆索截取 100mm ± 5mm 长一段，插入电雷管连接管内固定。电雷管按规定方法发火后，检查导爆索爆炸情况。

② 高温或高温高压输出试验

在耐温或耐温耐压规定试验结束后，将电雷管从高温或高温高压试验装置中取出，在 15min 内，按①规定方法进行试验。

11.3 油气井用导爆索检测

油气井用导爆索检测包括外观及尺寸检测、平均药量检测、爆速测定、起爆性能试验、感爆性能试验、抗水性能试验、耐热性能试验、耐寒性能试验、装药均匀性试验及横向输出压力试验等。检测方法中使用的样本量仅适用于监督检验或型式检验。对于有规定的导爆索，还可依据相应的方法检测。

11.3.1 技术要求

（1）外观

涂层色泽、厚度应均匀一致，不得有突起物或杂质，不得有鼓包、气泡、孔眼、裂纹或裂口。

索干不得缩径或扭折，外表面不得有擦伤。

索干应标有产品规格型号、生产日期字样，间隔不大于 1m。

（2）热收缩率

热收缩率是导爆索在按其耐温指标的温度条件下恒温 2h 后，根据导爆索（或外皮及涂层）的最大收缩长度与其初始长度的百分比，分为最大收缩率和平均收缩率。其热收缩率指标应符合表 11.3 的规定。

表 11.3　热收缩率

产品类型	平均热收缩率	最大热收缩率
普通型	<6%	<8%
低收缩型	<1%	<2%

（3）性能

爆速：普通油气井导爆索不小于 6800m/s，高爆速油气井导爆索不小于 7500m/s。

起爆性能：1m 长的导爆索应能完全起爆一发符合 SY/T 5128 规定的射孔弹。

感爆性能：按 SY/T 6274—1997 中 4.6 给出的方法，在两段导爆索搭接处隔两层符合 QB325 的黄纸进行试验，应爆轰完全。

耐热性能及外观颜色：导爆索在其产品耐温指标的温度条件下恒温 24h 后，按 SY/T 6274—1997 中 4.8 给出的方法试验，应爆轰完全。且耐热性能应以导爆索的外皮颜色区分，普通温度级为黑色，高温级为绿色，超高温级为红色。

耐寒性能：导爆索在（-40±2）℃条件下冷冻 2h 后，按 SY/T 6274—1997 中 4.9 给出的方法试验，应爆轰完全。

抗拉性能：普通型导爆索在承受不小于 490N 静拉力、特殊型导爆索在承受不小于 980N 静拉力 1min 后，仍能爆轰完全。

横向输出压力：导爆索爆轰时导爆索外皮的径向上对作用物产生的压力值不小于 2.5GPa。

11.3.2　试验方法

（1）导爆索米装药量、平均直径按 SY/T 6274—1997 中 4.1.2 和 4.2 的规定方法测量。

（2）外观采用目测方法检查。

（3）起爆性能、耐温性能、横向输出压力按 SY/T 6274 中相应的方法试验。

（4）爆速、感爆性能、耐寒性能按 SY/T 6274 中相应的方法试验。图 11.3 提供了一种探针法测试导爆索爆速的试验原理图。

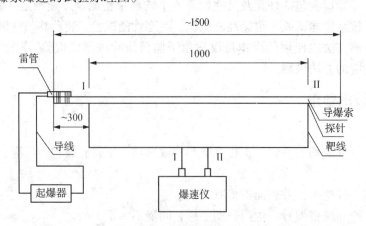

图 11.3　探针法测定导爆索爆速示意图

（5）抗拉性能按 GB/T 9786—1988 中 5.12 给出的方法试验。

（6）涂层厚度测量：在不同的 5 处利用微米表测量，取其平均值，精确到 0.01mm。

（7）热收缩率试验：将 3 段 0.5m 长的试样，按其产品耐温指标的温度恒温 2h。在恒温条件下测量其收缩长度。其热收缩率按下式计算：

$$S = \frac{l - l_1}{l} \times 100 \qquad\qquad (11.2)$$

式中　S——热收缩率，%；

l——导爆索初始长度，m；

l_1——收缩后的涂层及外皮长度，m。

11.4　油气井用射孔枪耐温耐压试验

（1）方法原理

通过对密闭系统加温、加压，在预定温度、压力条件下对射孔枪进行试验，以评价射孔枪的耐温、耐压性能。该方法等效采用 API RP43（第五版）标准。

（2）试验装置

试验装置主要由高压器、加热器、高压泵、压力平衡阀、时间曲线记录仪和控制仪等组成。

试验装置应符合下列要求：

额定工作温度 250℃，控制精度为 2%。

额定工作压力最高 100MPa，控制精度为 2%。

（3）试样准备

每批产品至少试验 2 支射孔枪，试样的理化性能及外观尺寸应符合该产品标准规定。

（4）试验方法

① 按设计要求组装射孔枪（不装爆炸品），密封尺寸应调至最大挤压间隙。并将射孔枪放置在高压容器中。

② 按试验要求加温、加压。达到规定值后，对枪体保持恒温、恒压 1h。试验的温度和压力指标应为产品设计指标的 1.05 倍，给出一定的安全系数。

③ 泄压、降温，取出试样，对射孔枪进行渗漏和变形情况检查，并给出试验结果。

11.5　油气井射孔弹模拟运输振动试验

油气井射孔弹模拟运输振动试验是射孔弹模拟汽车在三级公路上运输振动的试验方法。为安全起见，试验应在抗爆小室或爆炸塔内进行。

（1）方法原理

该方法以疲劳线性损伤的机械模拟振动条件为理论，按正态平衡随机过程模拟汽车运输振动代替实际条件汽车运输振动试验。

（2）试验设备及装置

试验设备推荐采用 J-300 型强化模拟运输振动台，振动台的振动波形为宽带随机振动，在功率谱密度曲线上第一主频率为 $f_1 = (3 \pm 1)$ Hz，第二主频率为 $f_2 = (7 \pm 1.5)$ Hz。

模拟运输振动台工作载荷为（300 ± 10）kg，在装置左边放置样本，并在该处配重到 130kg，在装置右边配重到 170kg。配重物应紧固于台面，用麻绳扎紧。

（3）试验程序

① 抽取一箱射孔弹，试验前首先要对包装和射孔弹进行检查。对包装的检查要求完整、无破损、包装方式符合该产品标准规定；对射孔弹的检查，将弹壳有裂缝、药柱与弹壳脱离、药型罩脱落、有漏药等有缺陷的射孔弹全部检出，不足部分从另一箱补齐，然后按原包装形式包装。

② 将射孔弹放在装置左边位置，并配重到130kg；在装置右边配重到170kg，试样与配重物要紧固于台面，并用麻绳扎紧。

③ 开机振动，达到规定时间后停机。振动时间按下式确定，几个主要路程与振动时间对照表见表11.4。

$$t = \frac{S}{(\upsilon, \varphi)} \tag{11.3}$$

式中 t——振动时间，h；

S——汽车运行路程，km；

υ——汽车平均行驶速度，取35km/h；

φ——强化倍数，对于J-300型振动台一般为6.3。

表11.4　路程与振动时间对照表

路程/km	200	300	500	840
振动时间/h	0.9	1.4	2.3	3.8

④ 异常情况处理。振动中发生停电或设备发生故障时，应记录时间，待恢复供电或设备修复后继续振动，如在振动过程中包装箱损坏，应立即停止振动。

⑤ 试验结果记录与处理。应记录振动中有无爆炸、燃烧或其他危险现象发生，检查振动后的包装损坏情况，对射孔弹检查以下几项：射孔弹壳体裂缝、药柱与弹壳是否脱离、药型罩是否脱落、炸药外漏等情况。

11.6　油气井射孔器模拟井射孔试验

油气井射孔器模拟井射孔试验是我国20世纪60年代建立的综合评价射孔器的一种方法。1961年4月，大庆油田北2区-43井固井替空，用58-65型射孔弹处理事故，失败后拔出套管，发现射孔后造成套管破裂长达430mm，引起了石油工业部和大庆油田领导的高度重视。此后，在全国进行射孔质量大检查，发现更多的油井投产不久即发生油水窜槽现象，后经模拟井射孔检查证实，是由于58-65型射孔弹射孔后套管破裂造成的。模拟井射孔试验方法一方面对将要下井使用的油层套管进行模拟井射孔检验，淘汰质量次的套管；另一方面，采用射孔质量合格的套管进行射孔器射孔试验，通过观察套管的变形、开裂、穿孔及射孔枪的变形、裂缝、部件脱落等情况来综合评价射孔器的性能。

11.6.1　方法原理

通过加热、循环，使井筒中介质升温。当温度达到规定要求后，将射孔器下入模型井内，并对井筒内介质加压至规定值，引爆射孔器。通过射孔后对试验套管射孔枪及水泥环的检测，综合评价射孔器的性能。

11.6.2 试验套管靶

试验套管结构示意图见图11.4。

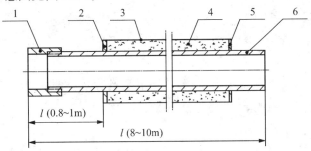

图11.4 试验套管靶结构示意图

1—套管接箍；2—上扶正套；3—养护套；4—水泥环；5—下扶正套；6—试验套管

11.6.2.1 试验套管靶材料

（1）试验套管

根据试验射孔器型号选定适宜的套管，应符合表11.5规定。

表11.5 套管规格及钢级

套管外径/mm	套管壁厚/mm	套管钢级	套管外径/mm	套管壁厚/mm	套管钢级
114.3	6.35	J－55	139.7	7.72	J－55
127.0	7.52	J－55	177.8	8.05	J－55

（2）靶壳

一般采用2.0～2.5mm厚钢板卷制的圆筒形养护套。靶壳与套管外径之间有不大于25mm厚的环形空间，靶壳长不小于7m，上、下端应设有扶正圈。

（3）水泥环

在靶壳与套管之间应灌满水泥浆，水泥采用A级油井水泥，水泥浆相对密度为1.85～1.93。

11.6.2.2 试验套管靶制备

（1）试验套管要从经检验合格的批次中选取，并经超声波探伤检查合格。

（2）将靶壳套固定在试验套管上，并下入模拟井中。

（3）配制水泥浆，将水泥浆灌入套管与靶之间的环形空间内。

（4）水泥初凝后，井温保持在45℃以上，总养护时间不少于48h。

（5）将养护完毕的套管靶提出待用。

11.6.2.3 试验设备

本试验方法中推荐采用下列设备：

（1）模拟井一口，井深不小于200m，井筒内径不小于335mm，其结构示意图11.4。

（2）钻机一部，提升力不小于300kN。

（3）高压泵一台，额定工作压力为50MPa。

（4）电缆绞车一台，电缆长度不小于500mm。

（5）清水池一个，容积不小于10m³，并有加温装置。

（6）超声波探伤仪一台。

11.6.2.4 试验条件

（1）试验采用清水作试验介质。

（2）试验温度为 50~60℃。

（3）试验压力为 18~20MPa。

11.6.2.5 试验程序

（1）试验选择

下井射孔器有效长度不大于 6.5m，每次下井射孔弹数一般为 60 发，同时，从保护井壁角度出发，规定每次下井爆炸品总装药量不大于 1.8kg。

（2）下套管

将试验套管与蹩压套管连接后，下入模拟井中预定深度，然后安装密封加压装置。

（3）加温

开泵循环加温，使试验温度达 50~60℃。

（4）下射孔器

根据设计要求组装射孔器，并下入模拟井中（模拟井示意图如图 11.5），在电路断路的情况下接通电缆，在电缆上标记射孔器预定深度。

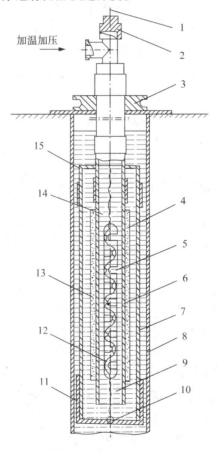

图 11.5 模拟井结构示意图

1—电缆；2—密封装置；3—吊卡；4—水泥环；5—射孔枪；6—试验套管；7—蹩压套管；8—表层套管；
9—射孔液；10—密封球；11—蹩压凡尔座；12—射孔弹；13—养护套；14—测温仪；15—蹩压大小头

198

（5）加压与引爆

射孔器下入模拟井中后，对井筒中介质加压，当压力达到规定要求时，引爆射孔器。

（6）起套管

射孔器爆炸后停泵泄压，分别起出试验套管靶和蝥压套管。剖开试验套管靶上的靶壳和水泥环。

（7）数据测量与采集

对于蝥压套管只检查穿孔数和堵孔数。

对于试验套管应测量和采集如下数据：

① 穿孔数量。

② 堵孔数量。

③ 裂孔数量。

④ 穿孔孔径：将卡尺量爪伸入孔眼内成90°方向测量长轴、短轴的值。

⑤ 裂缝长度与宽度：裂缝长度取孔眼上、下裂缝长度之和，裂缝宽度可记录最大值。

⑥ 套管外径胀大：射孔后套管外径与原始外径的差值。

⑦ 内毛刺高度：任取邻近的至少5个孔的一段试验套管剖开，用深度游标卡尺在套管内壁孔眼处进行测量，取最大值。

对于射孔枪应测量和采集如下数据：

① 检查枪头、枪尾及接头脱落情况。

② 检查非孔眼处裂纹及断裂情况。

③ 检查射孔孔眼与盲孔对位情况。

④ 测量射孔枪外径胀大。

⑤ 测量孔眼处裂纹长度。

测量精度：穿孔孔径、内毛刺高度及外径胀大精度为0.1mm，裂缝（纹）长度精度为1mm。必要时，可对样品和试验结果进行拍照，将照片作为补充的正式检测记录。图11.6提供了美国哈里伯顿公司的一种射孔流动试验装置原理图。

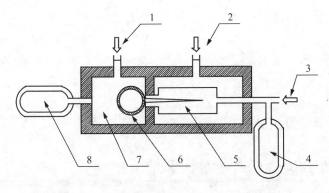

图11.6 哈里伯顿公司射孔流动试验原理图

1—井眼压力入口；2—模拟上覆岩层压力入口；3—孔隙压力入口；

4—过滤器；5—模拟上覆岩层压力容器；6—射孔器；7—模拟井；8—充气储罐

11.7 聚黑-16炸药检测检验方法

11.7.1 技术要求

（1）聚黑-16炸药

符合表11.6要求。

表11.6 聚黑-16炸药

序 号	指 标 名 称		指 标
1	外观		灰黑色颗粒，无肉眼可见机械杂质
2	粒度在0.355~3.350mm之间颗粒含量		≥97%
3	组 分	丙烯酸丁酯与丙烯腈共聚物含量	2.0%±0.3%
		胶体石墨含量	0.5%±0.2%
		黑索今含量	97.5%±0.5%
4	水分及挥发分含量		≤0.10%
5	热减量180℃，2h		≤2.5%
6	撞击感度		≤48%

（2）原材料

应符合以下要求：

黑索今：GB 12435优等品；

丙烯酸丁酯与丙烯腈共聚物（202橡胶浆BA）：外观为稳定的白色乳液，固体物含量33%~38%；

胶体石墨：粒度：1.5μm不小于95%；水分：不大于0.5%；灰分：不大于1.0%。

11.7.2 试验方法

（1）外观检查

取约20g试样放在白纸上摊开，在日光灯下直接观察。

（2）粒度的测定

测定方法采用GJB 772.108或其他等效方法，测定两个筛子之间的质量百分数。筛子应符合GB 6003要求，具体规格为：

d200mm，h50mm，方孔边长3.350mm筛子一个；

d200mm，h50mm，方孔边长0.355mm筛子一个。

（3）组分的测定

① 丙烯酸丁酯与丙烯腈共聚物含量的测定

方法提要或原理：

由于三氯甲烷易溶解丙烯酸丁酯与丙烯腈共聚物，微溶解黑索今，不溶解胶体石墨，所以采用黑索今饱和三氯甲烷溶液可分离出该共聚物。

试剂和材料：

三氯甲烷 GB 682分析纯；

黑索今 GB 12435 优等品;

仪器、设备:

天平(分度值 0.0001g,载荷 200g);

烘箱;

电动离心沉淀器;

离心试管;

滴管;

干燥器。

试样:

准备 5~10g 试样。

分析步骤:

先配制黑索今饱和三氯甲烷溶液。在已恒量的离心试管内加入约 0.5g 试样,进行称量,精确至 0.0002g。加入 30mL 黑索今饱和三氯甲烷溶液,用玻璃棒搅拌 5~10min,使试样溶散,把试管放入离心沉淀器中进行离心沉淀。取出试管,用滴管吸出上部清液。然后再按上述操作顺序重复萃取 3 次后,把试管放入恒温至 100℃ ±5℃的烘箱中 1h,取出放入干燥器中冷却 30min 后进行称量。再按前述的干燥、冷却和称量的条件重复操作,直至恒量。

分析结果表述:

丙烯酸丁酯与丙烯腈共聚物含量(w_1)按下式计算;

$$w_1 = \frac{m_1 - m_2}{m} \times 100\% \tag{11.4}$$

式中 m_1——三氯甲烷溶液萃取前试管和试样的总质量,g;

$\quad\quad m_2$——三氯甲烷溶液萃取后试管和剩余试样的总质量,g;

$\quad\quad m$——试样质量,g。

每份试样平行测定两个结果,其差值不大于 0.2%,结果取其平均值,表示至两位小数。

② 胶体石墨含量的测定

方法提要或原理:

在①分析后的余样中,只含有墨索今和胶体石墨,因为丙酮易溶解黑索今,不溶解胶体石墨,所以可以用丙酮把两者分开。

试剂和材料:

丙酮(GB 686 分析纯)。

仪器、设备:

同①。

样品:

经①分析后的余样。

分析步骤:

在上述分离后的离心试管中,加入约 30mL 丙酮至试管 2/3 处左右,用玻璃棒搅拌 5~10min,把试管放入离心沉淀器中进行离心分离,取出试管,用滴管吸出上部清液,然后再按上述操作顺序重复萃取 3~5 次,直至无白色颗粒,即黑索今全部分离出为止。把离心试管放入恒温至 100℃ ±5℃的烘箱中,干燥 1h,取出放在干燥器中冷却 30min 后称量。再按前述的干燥、冷却和称量条件重复操作，直至恒量。

分析结果表述

胶体石墨含量（w_2）按下式计算：

$$w_2 = \frac{m_3 - m_0}{m} \times 100\%$$ (11.5)

式中　m_0——离心试管质量，g；

　　　m_3——丙酮萃取后试管和残留试样的总质量，g；

　　　m——试样质量，g。

每份试样平行测定两个结果，其差值不大不 0.2%，结果取其平均值，表示至两位小数。

③ 黑索今含量的计算

黑索今含量（w_3）按下式计算：

$$w_3 = 100\% - w_1 - w_2$$ (11.6)

式中　w_1——丙烯酸丁酯与丙烯腈共聚物含量；

　　　w_2——胶体石墨含量。

（4）水分及挥发分含量的测定

测定方法按 GJB 772.403 进行。烘箱温度为（100 ± 5）℃，干燥时间为 4h，每份试样两个平行结果之差不大于 0.03%。

注：可采用具有同样精度的其他试验方法。

（5）热减量测定

方法提要或原理：

因在较高温度下，炸药产生热分解，质量减少，故从质量变化情况，可以判断炸药的耐热性和安定性。

仪器、设备：

天平（分度值 0.0001g，载荷 200g）；

恒温加热器；

称量瓶；

干燥器。

试样：

准备 5～10g 试样。

试验条件：

温度（180 ±2）℃；

时间 2h。

试验步骤：

在已恒量的称量瓶中称取约 1g 试样，精确至 0.0002g。把称量瓶置于已恒温（180 ± 2）℃的加热器中，经 2h 后取出，放入干燥器中冷却并称量。

试验结果表述

热减量（w_4）按下式计算：

$$w_4 = \frac{m_4 - m_3}{m_1} \times 100\%$$ (11.7)

式中　m_4——试验前称量瓶和试样的总质量，g；

　　　m_3——试验后称量瓶和试样的总质量，g；

　　　m_1——试样质量，g。

每份试样平行测定两个结果，其差值不大于 0.6%，结果取其平均值，表示至两位小数。

（6）撞击感度的测定

按 GJB 772.206 进行，其中试验条件执行 7.1.1 条。

11.8　无壳高能气体压裂弹检测检验方法

11.8.1　技术要求

（1）压裂弹

外观：应无明显刻划或撞击凹痕。

外形尺寸：应符合产品图样的要求。

单节质量：应符合产品图样的要求。

耐压密封性：压裂弹和部件在 30MPa 或 50MPa 压力下放置 12h，应不渗漏。

峰值压力：应满足油气井施工工艺条件的要求。

（2）主装药

耐温性能：在 100℃或 150℃的温度条件下放置 12h，应不自燃、不自爆。

燃速：应满足压裂弹选用装药的燃速要求。

比热容：应满足压裂弹选用装药的比容要求。

爆热：应满足压裂弹选用装药的爆热要求。

摩擦感度：应不大于 18%。

撞击感度：应不大于 76%。

（3）元器件

压裂弹的主要元器件应满足产品图样的要求。

11.8.2　试验方法

（1）压裂弹

外观：目视检查。

外形尺寸：采用卷尺（精度为 1mm）、游标卡尺（精度为 0.02mm）、标准规进行测量。

单节质量：采用 10kg 台称（精度为 5g）称量。

耐压密封性：按 WJ/T 9034 附录 A 或其他等效方法进行。

峰值压力：按 GJB 2773 进行。

（2）主装药

耐温性能：按 WJ/T 9034 附录 B 或其他等效方法进行。

燃速：按 GJB 770A—1997 中方法 706.1 进行。

比热容：按 GJB 770A—1997 中方法 702.1 进行。

爆热：按 GJB 770A—1997 中方法 701.1 进行。

摩擦感度：按 GJB 770A—1997 中方法 602.1 进行。

撞击感度：按 GJB 770A—1997 中方法 601.1 进行。

11.9 油气井用聚能切割弹检测检验方法

11.9.1 技术要求

（1）切割弹外观

应无肉眼可见的锈迹、锈蚀和裂纹。

（2）切割弹外径尺寸

应符合产品图样要求，特殊要求的尺寸按合同规定执行。

（3）弹体与点火总成连接螺纹及密封面

弹体与点火总成连接螺纹应有互换性，密封面应符合产品图样要求。

（4）壳体耐温耐压密封性能

壳体在表 11.7 所列的温度、压力条件下保持 2h，应不渗漏、不变形。

表 11.7 壳体耐温耐压密封性能对温度和压力的要求

项目名称	要　　　求			
温度/℃	85	160	190	220
压力/MPa	20	40	60	70

（5）主装药耐温性能

主装药在温度为 85℃、160℃、190℃ 或 220℃ 的条件下放置 2h，应不自燃、不自爆。

（6）切割性能

切割弹应可靠切断被切试样。

11.9.2 试验方法

（1）切割弹外观

目视检查。

（2）切割弹外径尺寸

用分度值为 0.02mm 的游标卡尺进行测量。

（3）弹体与点火总成连接螺纹及密封面

用符合 GB/T 3934 规定的通端螺纹塞规(T)和通端螺纹环规(T)测量螺纹的尺寸。

（4）壳体耐温耐压密封性能

按图 11.7 或其他等效方法进行试验。

（5）主装药耐温性能

按图 11.8 或其他等效方法进行试验。

（6）切割性能

① 方法提要

在水介质中引爆切割弹，对被切试样进行聚能切割，观察其切割效果。

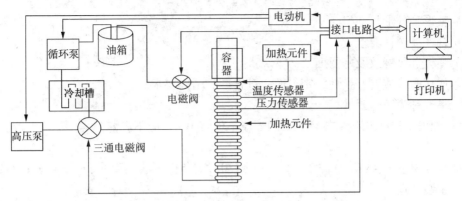

图 11.7 壳体耐温耐压密封性能试验装置示意图

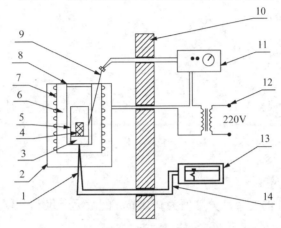

图 11.8 主装药耐温性能试验装置示意图

1—热电隅；2—加热炉；3—试样容器座；4—药柱；5—玻璃称量瓶；6—反应器；7—加热丝；
8—石棉盖；9—热电阻；10—防爆墙；11—控温仪；12—调压器；13—记录仪；14—补偿导线

② 仪器和设备

被切试样；

起爆装置；

深度大于 1m、直径大于 0.5m 的容器。

③ 试验程序

取长度大于 1m 的被切试样，放入注满清水的容器中。

取一发切割弹，装入被切试样中，连接起爆装置。

在安全的场地起爆。

观察切割效果，并记录试验结果。

④ 试验结果的表述

进行两次平行试验，试验结果均满足切割性能的要求，则为合格，否则为不合格。

11.10 油气井用爆炸整形弹检测检验方法

11.10.1 技术要求

（1）整形弹外观

弹体表面应无明显划痕和撞击凹痕，连接部分应无松动现象。

（2）整形弹外形尺寸

应符合产品图样要求。

（3）弹体连接螺纹及密封面

弹体连接螺纹应有互换性，密封面应符合产品图样要求。

（4）整形弹耐压密封性能

整形弹和部件在 20MPa 或 45MPa 的液压下保持 10h，应不渗漏。

（5）主装药耐温性能

主装药在温度为 75℃、110℃、150℃ 或 180℃ 的条件下放置 48h，应不自燃、不自爆。

（6）主装药爆速

应不大于 6500m/s。

（7）主装药摩擦感度

应不大于 40%。

（8）主装药撞击感度

应不大于 40%。

11.10.2 试验方法

（1）整形弹外观

目视检查。

（2）整形弹外形尺寸

采用分度值为 1mm 的卷尺、分度值为 0.02mm 的游标卡尺和分度值为 1mm 的标准规进行测量。

（3）弹体连接螺纹及密封面

采用符合 GB/T 3934 规定的通端螺纹环规(T)测量螺纹的尺寸。

（4）整形弹耐压密封性能

按 WJ/T 9036 附录 A 或其他等效方法进行试验。

（5）主装药耐温性能

按 WJ/T 9036 附录 B 或其他等效方法进行试验。

（6）主装药爆速

按 GJB 772A—1997 中方法 702.1 进行测定。

（7）主装药摩擦感度

按 GJB 772A—1997 中方法 602.1 进行测定。

（8）主装药撞击感度

按 GJB 772A—1997 中方法 601.1 进行测定。

第12章　井下射孔作业工具

12.1　投　　棒

机械投棒是油管输送射孔作业过程中，撞击起爆器获取起爆能量的重要来源。投棒的质量、下落速度、作用冲量以及结构尺寸是影响起爆器能否可靠发火的关键参数。

图12.1提供了一种滚轮投棒，该投棒与撞击起爆器配套使用，适用于井的斜度不大于60°的油水井油管传输射孔作业，其特点主要表现在：投棒分上下两部分，每一部分装有肘节，可使投棒在任意方向转动；整个投棒装有含密封轴承的滚轮，减小了投棒与油管内壁的摩擦力，提高了投棒的下落速度和作用效果。

投棒总长3600mm；重量21kg；外径32mm；滚轮直径45mm；打捞头直径22mm；印模直径18mm。

12.2　超负压撞击开孔器

超负压撞击开孔器(图12.2)是一种适用于油管输送射孔作业的超负压射孔工具，是一种与起爆器和射孔枪配套使用的常闭式开孔机构，其上端(内螺纹)与上油管连接，下端(外螺纹)与下油管连接。施工时，从井口投下一根投棒，撞击超负压开孔器，将易碎密封件

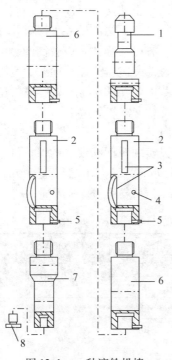

图12.1　一种滚轮投棒

1—棒尾；2—滚棒体；3—滚轮；4—轴销；
5—止退螺钉；6—长棒体；7—棒头；8—铜印模

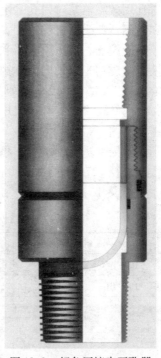

图12.2　超负压撞击开孔器

207

（钢化玻璃盘、陶瓷盖等）击碎，实现油套连通，这种负压射孔工艺的实施，为提高地层渗透率创造了良好的条件。

12.3 缓 冲 器

缓冲器是一种为了防止泥砂、铅油等脏物直接落入起爆器底部沉积而堵塞传压孔的安全保护装置，适用于联作起爆的油管传输射孔工艺。该产品串联在油管与起爆器之间，可保证压力通路顺畅。其主要技术指标见表12.1。

表 12.1 缓冲器技术指标

型　号	外径/mm	接头长度/mm	连接管长/mm	耐压/MPa	扣型
JHC－1	93	205	800	100	可订制
JHC－2	102	205	800	100	可订制

12.4 减 震 器

射孔测试联作技术是目前国内较为先进的测试技术之一，在提供真实的地层评价、减轻劳动强度、缩短生产周期、节约试油成本等方面起到了积极的促进作用。它能有效防止射孔弹在爆炸瞬间产生的巨大冲击波对电子压力计等精密仪器的冲击破坏作用以及对封隔器密封性能的影响，保证跨隔射孔测试工艺一次成功。减震系统和射孔枪引爆瞬间高压释放装置可有效保护井下工具及仪器。

油气井射孔用减震器是对射孔系统爆炸过程中的冲击波实行纵向、横向减震，以保护井下测试仪器和封隔器免受损害的一种安全保护装置。目前，国内外井下爆破作业用减震器有三种类型：胶筒减震器、液压减震器和径向减震器。胶筒减震器是以胶筒的轴向变形达到减震的目的；液压减震器是以轴向液体排泄来减震；径向减震器是以径向弹簧变形达到减少冲击震动的目的。表12.2、表12.3分别列出了我国某单位系列减震产品的规格型号和性能参数。图12.3（a）是美国欧文公司设计开发的一种胶筒减震器产品解剖图。

径向减震器，图12.3（b），其特点是对来自径向上（即垂直于仪器轴线）的震动和冲击，由仪器外部到仪器内部进行了抗震、隔震和制震，以实现对射孔仪器的保护。

技术参数：外径127mm；通径60mm；总长1080mm；最大压缩行程200mm；阻尼孔直径5mm；阻尼孔数量16；剪销数量8；剪销值3632N；抗拉强度110MPa。

表 12.2 系列减震器规格型号

名　称	型　号	外径/mm	长度/mm	内径/mm	输入扣型	输出扣型
胶筒减震器	JJZ－A1	106	820	38	2⅞UPTBG	2⅞UPTBG
	JJZ－B1	88	667	18		
液压减震器	JJZ－A2	106	1514	40	2⅞UPTBG	2⅜UPTBG
		119		40		
	JJZ－B2	127		58		
		106		60		
径向减震器	JJZ－A3	106	640	40	2⅜UPTBG	2⅜UPTBG

表 12.3　系列减震器性能参数

型　　号	JJZ – A1	JJZ – A2	JJZ – B1	JJZ – B2	JJZ – B3
耐温/(℃/h)	160/48	160/48	220/36	220/36	220/36
耐压/MPa	60	60	100	100	100
行程/mm	120	320	120	320	—
承拉力/kN	50	50	20	20	50

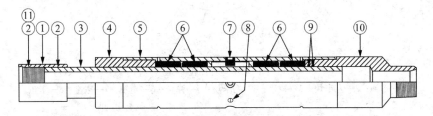

图 12.3(a)　胶筒减震器产品解剖图

1—上接头；2—螺纹(2⅞″EUE)；3—内套筒；4—定位接头；5—外套筒；
6—胶筒；7—限位螺钉；8—抗剪螺钉；9—密封圈；10—下接头(3½″EUE)

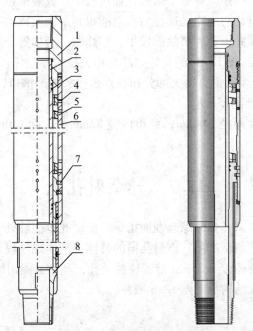

图 12.3(b)　一种径向减震器

1—上接头；2—中心管；3—O 形圈 φ79.7×3.6；
4—堵塞；5—弹簧；6—弹簧套；7—剪切销；8—滑动芯轴

12.5　射孔枪卡盘

射孔枪卡盘(图 12.4)是射孔枪加工、运输以及生产装配过程中的一种专用工具。其主要参数为：长度 265mm；外径 200mm；厚度 40mm；质量 5.5kg；承重 100t；卡槽大小依枪型而定。

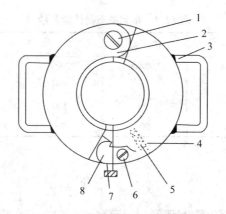

图 12.4　射孔枪卡盘

1—螺轴；2—左卡块；3—拉手；4—右卡块；5—弹簧；6—销轴；7—搬把；8—卡爪

12.6　扶　正　器

扶正器是为了确保射孔系统在井下爆破作业过程中，其装配位置偏离中心轴线的一种工艺措施，扶正器的合理设计与应用是确保射孔效能得到最大发挥的有效手段。扶正器的正确安装与使用有效地避免了井下意外事故的发生，如炸枪、套损等。以下文字提供的是我国某企业 114 射孔枪用扶正器(图 12.5)的安装方法与相关技术参数。

114 枪扶正器为两个半圆形，内突部分扣在双公接头的凹槽里，用 4 个 M6 的螺钉固定，该装置能使射孔枪离开套管 15mm。

相关技术参数：最大外径 144mm；最小内径 82mm；长度 140mm；适用于 7" 套管；材料为尼龙。

12.7　异型射孔枪

异型射孔枪是为提高射孔弹的综合性能指标，使射孔枪能够处于套管中央位置且具有可重复使用性而研发的一种新型产品。该射孔枪的具体工艺实现过程是，在射孔枪枪壁射孔弹射流经过的位置开设有直径 15 ~ 25mm 带螺纹的通孔，经密封圈用螺纹紧固密封帽，完成射孔枪枪体的封堵。其具体结构参考图 12.6 照片。

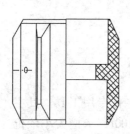

图 12.5　114 枪扶正器

图 12.6　异型射孔枪

12.8　压力开孔器

撞击压力开孔器（图 12.7）是一种常闭式油管输送装置中的反循环阀开孔机构，撞击压力复合式开孔器，其上端（内螺纹）与上油管连接，下端（外螺纹）与下油管或压力起爆器连接。开孔器管壁上有 6 个预制孔，由滑动筒和密封圈封闭。

其工作原理是：当对油管加压时，油管中的液体通过滑动筒上的孔进入环形加压腔，作用于滑动筒上。当压力达到或超过位于滑动筒与定位环上销钉的剪切力时，销钉即被切断，滑动筒向上移动，打开筛管孔，压力起爆器发火引爆射孔弹。

撞击开孔时，用一根投棒撞断位于滑动筒孔上的空心螺钉，使液体进入环形加压腔，依靠液垫压力切断销钉，推动滑动筒向上或向下运动，打开筛管。其动态工作过程见图 12.7；图 12.8 是撞击压力复合开孔器解剖图；图 12.9 是压力开孔器解剖图；撞击压力复合开孔器规格与技术指标见表 12.4。

表 12.4　撞击压力复合开孔器规格与技术指标

代　　号	外径/mm	最小内径/mm	长度/mm	销钉孔数	配用销钉	预制孔个数	预制孔直径
YK21	89	50	478	48	50	6	23

耐压 60MPa；耐温 150℃/48h；销钉切断力 3.2MPa/个；开孔器连接为 2½″平式油管扣；其他扣型按用户要求制造。

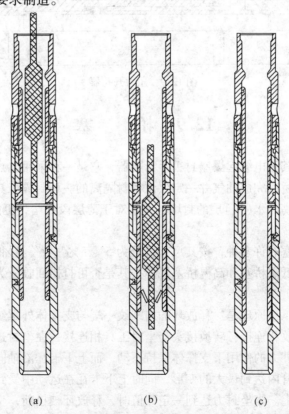

(a)　　　　　(b)　　　　　(c)

图 12.7　反循环开孔器的工作过程

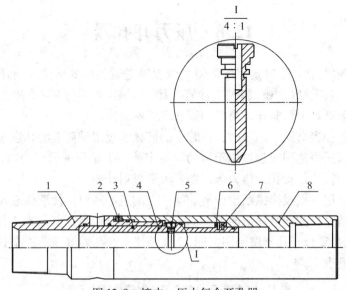

图 12.8　撞击-压力复合开孔器

1—下接头；2—紧固螺钉；3—止退环；4—滑动筒；5—剪断螺钉；6—定位环；7—销钉；8—上接头

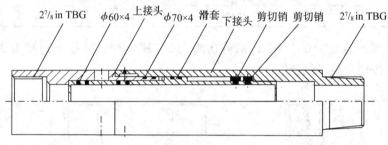

图 12.9　压力开孔器

12.9　桥　　塞

电缆桥塞，又称其为电缆起爆座封丢手封隔器，它是一种采用电点火，以火药燃烧产生的气体为动力，驱动桥塞完成油气井一定层位密封隔离的一种封隔工具。该产品适用于普通油气层、漏失层以及高压水(气)层的封堵，尤其对于薄层段封堵，更能体现出其安全便捷，快速高效的性能。

目前，国内外桥塞有许多种，按其尺寸可分为 5″、5½″、7″、9⅝″ 等套管用桥塞；按其耐温耐压性能可分为低温桥塞和高温桥塞等；按其是否可打捞回收分为可启式桥塞和可钻式桥塞等。

电缆桥塞的基本工作原理是：释放环的内螺纹一端与支撑体外螺纹相连接，另一端内螺纹与转换接头的外螺纹相连接；转换接头与坐封工具相连接；在坐封过程中，坐封工具给桥塞施加外力，桥塞在外力的作用下支撑体保持不动，而上下卡瓦沿轴向做相对运动，同时挤压胶筒，迫使胶筒在管内达到最大的变形，同时上下卡瓦在运动中受到力的作用而破裂成八片，镶嵌在套管内壁上。当坐封力达到一定数值时，释放环被拉断，坐封工具与桥塞分离。

图 12.10(a)是美国贝壳公司的一种电缆桥塞结构图；图 12.10(b)是美国欧文石油工具公司的一种电缆桥塞结构图。

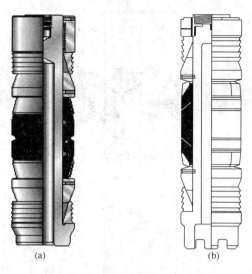

(a)   (b)

图 12.10   电缆桥塞

12.10   机械释放装置

油管输送射孔作业后，为了便于生产，并能使测试仪器下过油管，必须将点火头和射孔器丢到井底，这种工艺操作需要释放接头来完成。释放接头接在点火头上边一根油管的上端，射孔后，在井口装上钢丝防喷管，用钢丝绞车将移位工具用钢丝下入井中，下过机械释放装置，上提时将限位锁套向上拉动，销钉被剪断后，锁套被带到释放接头上部，下部的释放接头与其以下的点火头射孔枪就会脱落到井底。

机械释放装置(图 12.11)适用于射孔系统完成射孔作业后枪串的机械释放，便于后续酸化、压裂、排污以及测试联作。

技术指标：扣型 2⅞″EUE；外径 ϕ90mm；内径 ϕ54mm；长度 450mm；最大外压 100MPa；承拉力大于 100T。

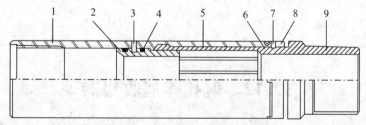

图 12.11   机械释放装置

1—外管；2—锁套；3—剪切螺钉；4，6—密封圈；
5—卡爪；7—止退螺钉；8—调整丝圈；9—下接头

12.11   过压保护装置

过压保护装置是为防止压力过载而设计的一种安全保护装置(图 12.12)，是一种防止井下意外事故发生的有效手段。当射孔枪内压力超过保险销的抗剪值时，销钉被剪断，枪体或弹体内的压力得以缓释。其具体参数见表 12.5。

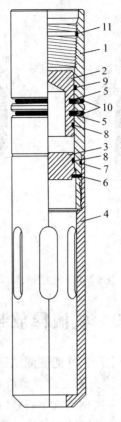

图 12.12　过压保护装置

1—本体；2—活塞；3—密封帽；4—捕捉接头；5—承压销钉；6—铜销；7、8、9、10、11—密封圈

表 12.5　过压保护装置特征参数

接　头　尺　寸	2⅜″EUE	2⅞″EUE	3½″EUE
工具外径/mm	79.5	93.7	114.0
作用后工具内径/mm	57.2	63.5	76.0
最大抗剪值/MPa	151.7	117.2	117.2
最大压差值/MPa	103.4	103.4	103.4

12.12　射孔碎屑收集器

射孔碎屑收集器是防止井下落物以及射孔后弹体碎屑落入井底的一种打捞工具。其显著特征表现在上半部分呈花瓣状，下半部分管体上设有方形小孔，可对直径不小于 3mm 的落物进行打捞；适用于 7″、9⅝″套管；下井时无障碍约束，并在实际工作中得到了应用。其具体结构参见图 12.13。

12.13　触点式加重杆

触点式加重杆(图 12.14)主要用于增大射孔器自身重量，使其入井重量大于上顶压力，以便使射孔器下入井中。

图 12.13　射孔碎屑收集器

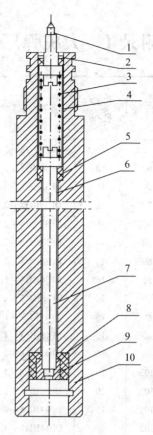

图 12.14　触点式加重杆

1—活动接线柱；2—孔挡；3—弹簧；4—短绝缘套；
5—绝缘垫；6—长绝缘套；7—固定接触杆；8—绝缘套；
9—接触铜套；10—加重杆

附录1 大庆弹厂射孔弹性能指标总汇

序号	射孔器名称	枪外径	孔密/ (孔/m)	射孔弹名称	药量/g	耐温/℃	混凝土靶检测			贝雷砂岩靶检测		
							套管外径	孔径/ mm	穿深/ mm	孔径/ mm	穿深/ mm	CFE
1	51DP7	51	16	DP26RDX-2	7	180	89	7.2	202	7.5	122	0.78
2	60DP11	60	12	DP30RDX-2	11	180	140	7.2	321	8.5	183	0.78
3	68DP16	68	16	DP32RDX-2	16	180	102	8.2	458			
4	73DP16	73	16	DP33RDX-2	16	180	140	8.5	395	9.7	207	0.75
5	73DP16	73	16	DP33RDX-2	16	180	114	8.2	436	—		
6	73DP16	73	16	DP33RDX-5	16	180	140	7.8	429			
7	89DP25	89	20	DP33RDX-2	16	180	140	8.2	473	—		
8	89DP25	89	16	DP36RDX-1	24.5	180	140	8.8	505	8.5	280	0.86
9	89DP25	89	16	DP36HMX-1	24.5	180	140	—				
10	89DP25	89	16	DP41RDX-1	24.5	190	140	10.2	543	9.1	304	0.77
11	89DP25	89	16	DP41HMX-1	24.5	180	140	—		—		
12	89DP32	89	16	DP41RDX-2	31.5	180	140	9.4	533			
13	102BH19	102	16	BH43RDX-1	19	180	140	18	223	—		
14	102DP25	102	20	DP36RDX-1	24.5	180	140	8.1	446	—		
15	102DP32	102	16	DP44RDX-1	31.5	180	140	11.3	630	11.9	299	0.91
16	102DP31	102	16	DP44HMX-1	31	190	140	—				
17	102DP30	102	16	DP44PYX-1	30	250	140	—				
18	102BH32	102	16	BH48RDX-1	31.5	180	140	16	386	17.1	304	0.84
19	102BH32	102	12	BH54RDX-1	31.5	180	140	20.7	256	—		
20	102BH38	102	16	DP48RDX-1	38	180	140	12.2	559	—		
21	114DP23	114	40	DP36RDX-2	23	180	244	7.6	273	—		
22	114DP22	114	40	DP36HMX-2	22	190	244	—				
23	114DP21	114	40	DP36RDX-3	21	180	178	9.6	332	—		—
24	114DP38	114	16	DP44RDX-4	38	180	178	11.5	737	—		
25	127DP38	127	12	DP48RDX-1	38	180	178	11.7	800	—		
26	127DP38	127	12	DP48HMX-1	38	180	178					
27	127DP38	127	16	DP44RDX-3	38	180	178	12.0	790	—		0.93
28	127DP37	127	16	DP44HMX-3	37	190	178	—				
29	127DP44	127	12	BH64RDX-1	44	180	178	27.2	246	—		
30	159BH32	159	40	BH54RDX-2	31.5	180	244	16.9	197	—		

附录2 辽宁双龙射孔弹性能指标总汇

射孔弹型号	射孔器外径/mm	相位	孔密/(孔/m)	药量/g	48h耐温/℃	套管外径/mm	API RP-43 混凝土靶		45#钢靶	
							孔径/mm	穿深/mm	孔径/mm	穿深/mm
DP25RDX-1	51	90	16	7	120	73	7.2	185	7.2	75
BH25RDX-1(浅孔)	54	90		4.5	120	73			9.9	12
DP25RDX-1(120)	102	45	120	6	120	140	7.5	185	8	71
DP30RDX-2	60	90	16	12	120	102	6.8	285	7	85
DP33RDX-1	73	90	16	19	120	140	9.2	509	8.2	141
DP36RDX-5	89	90	16	24.5	120	140	9.4	512	9	156
DP36RDX-5海洋	114	135/45	40	23	120	178	9.2	424	8.5	160
DP36HMX-5	89	90	16	24.5	160	140	8.9	485	8.9	160
DP36PYX-5	89	90	16	24	250	140	8.5	420	8.9	115
DP41RDX-1	102	90	16	31.5	120	140	9.5	620	10	170
DP41HMX-1	102	90	16	31.5	160	140	9.5	590	10	170
DP41PYX-1	102	90	16	31.5	250	140	9.5	550	10	165
DP44RDX-1	127	90	16	37.7	120	178	11.9	826	12.5	200
DP44HMX-1	127	90	16	38	160	178	11.7	755	12	200
DP44PYX-1	127	90	16	38	250	178	11.5	700	12	175
DP44RDX-4	127	90	16	40	120	178	11.7	900	12	220
DP44HMX-4	127	90	16	40	160	178	11.7	850	12	220
DP46RDX-1	127	90	16	43	120	178	11	1002	12.5	230
DP46RDX-1海洋	178	135/45	40	43	120	244	11.5	722	11.5	238
DP46HMX-1	127	90	16	43	160	178	11	950	12.5	230
DP46PYX-1	102	90	16	43	250	178	11	850	12.5	210
DP48RDX-1	127	90	13	45	120	178	12.5	1085	13.5	245
DP48HMX-1	127	90	16	43	160	178	11	950	12.5	230
DP51RDX-3	127	90	13	49	120	178	10.9	910	14.5	240
BH54RDX-1	127	135/45	36	26	120	178	21.8	179		
BH61RDX-1(127)	127	90	13	43	120	178	28.6	257		
BH61RDX-1(102)	102	90	13	43	120	140	24.9	286		
JRC100005326	117	150/30	40	22.7	120	178	16.5	156		
JRC101228161	178	138	47	39	120	244	23.6	212		

附录3 四川弹厂普通射孔弹性能指标总汇

序 号	产品型号	主要性能指标	适用射孔枪外径		适用射孔套管外径		备 注
		四川 QC 靶穿深	mm	in	mm	in	
1	DP30RDX – 34 – 73	≥220	73	2⅞	127	5	
2	DP36RDX – 40 – 89	≥320	89	3½	139.7	5½	
3	DP36RDX – 42 – 89	≥320	89	3½	139.7	5½	
4	DP41RDX – 46 – 89	≥320	89	3½	139.7	5½	
5	DP41RDX – 48 – 89	≥320	89	3½	139.7	5½	
6	DP41RDX – 50 – 102	≥400	102	4	139.7	5½	
7	BH41RDX – 52 – 102	≥200	102	4	139.7	5½	大孔径弹
8	DP41RDX – 52 – 127	≥460	127	5	177.8	7	
9	DP44RDX – 52 – 127	≥460	127	5	177.8	7	
10	DP43RDX – 52 – 127	≥460	127	5	177.8	7	
11	SDP43RDX – 55 – 127	≥550	127	5	139.7	5½	超深穿透弹
12	SDP43RDX – 52 – 102	≥500	102	4	139.7	5½	超深穿透弹
13	BH46RDX – 50 – 140	≥180	139.7	5½	177.8	7	高孔密大孔径弹
14	BH43RDX – 50 – 114	≥110	114	4½	139.7	5½	低碎屑高孔密大孔径弹

附录4 石油民用爆破科技文献中的专用名词

AFDC——铠装式柔性导爆索(Armored Flexible Detonating Cord)

AOF——渗流面积(Area Open to Flow)

APF——环空压力起爆装置(Annular Pressure Firing device)

API——美国石油学会(American Petroleum Institute)

AQL——可接收质量水平(Acceptable Quality Level)

BH——大孔径(Big Hole)

CAD——计算机辅助设计(Computer Auxiliary Design)

CAE——计算机辅助工程(Computer Aided Engineering)

CCL——磁定位器(magnetic Casing Collar Locator)

CDF——限制性导爆索(Confined Detonating Fuse)

CFE——岩芯流动效率(Core Flow Efficiency)

C-J——爆轰波的契普曼-柔格理论(Chapman-Jouguet)

CMC——羧甲基纤维素(Carboxymethyl Cellulose)

CPF——可控脉冲压裂(Control Pulse Fracturing)

CTCP——连续油管输送射孔(Coiled-tubing-conveyed Perforating)

DATB——三硝基间苯二胺(diaminotrinitrobenzene)

DATP——二银氨基四唑高氯酸盐(Disilver Aminotetrazole Perchlorate)

DDT——爆燃转爆轰(Deflagration to Detonation Transition)

DIPAM——六硝基联苯胺(DIPAM)

DP——高穿深(Deep Penetration)

DSC——差示扫描量热分析(Differential Scanning Calorimetry)

DTA——差热分析(Differential Thermal Analysis)

EBW——爆炸桥丝起爆装置(Exploding Bridge Wire device)

EED——电火工品(Electro-Explosive Device)

EFP——爆炸成形弹丸(Explosively Fromed Penetrator)

EFI——爆炸箔起爆(Exploding Foil Inititor)

ERW——电阻焊钢管(Electric Resistance Weld)

EUE——管材外加厚

GR——自然伽马(natural Gamma Ray)

GH——大孔径深穿透(Good Hole)

HEGF——高能气体压裂(High Energy Gas Fracturing)

HEPF——高能复合射孔(High Energy composite Perforating Fracturing)

HMX——奥克托今(Octogen)

HNDS——六硝基二苯砜(hexanitrodiphenyl sulfone)

HNS——六硝基芪(Hexanitrostilbene)

HSD——高孔密(High Shot Density)

HSV——大孔容(High Shot Volume)

HTDF——液压延时起爆装置(Hydraulic Time Delay Firing device)

ISO——国际标准化组织(International Organization for Standardization)

JRC——射流研究中心(Jet Research Center)

KHND——六硝基二苯胺钾(Potassium Hexanitrodiphenylamine)

LS——低收缩（Low Shrink）

MDF——柔性导爆索（Mild Detonating Fuse）

MFE——多流测试器（Multi – Flow Evaluator）

MIF——机械撞击起爆器（Mechanical Impact Firing head）

NC——硝化纤维素（Nitrocellulose）

NMR——核磁共振（Nuclear Magnetic Resonance）

NONA——九硝基三联苯（nonanitroterphenyl）

OPS——定方位射孔（Oriented Perforating System）

PA——石油文摘（Petroleum Abstracts）

PAF——压力起爆器（Pressure Activated Firing head）

PIM——粉末注射成型（Power Metal Liner）

PML——金属粉末药型罩（Power Injection Molding）

PR——产率比（Productivity Ratio）

PTDF——火药延时起爆装置（Pyrotechnic Time Delay Firing head）

PYX——2,6 – 双 – （三硝基苯胺基）– 3,5 – 二硝基吡啶（2,6 – bis（picrylamino）– 3,5 – Pinitropyridine）

QC——质量控制（Quality Control）

RDX——黑索今（cyclonite，hexogen）

RH——相对湿度（Relative Humidity）

S. A. F. E——冲击片起爆器（Slapper – Actuated Firing Equipment）

SBH——超大孔经（Super Big Hole）

SCB——半导体桥（Semi – Conductor Bridge）

SDP——超穿深（Super Deep Penetration）

SEM——扫描电镜（Scanning Electron Microscope）

SMLS——无缝管（seamless）

SPE——石油工程师协会（Society of Petroleum Engineers）

TACOT——塔柯特（tetranitro – 2,3,5,6 – dibenzo – 1,3a,4,6a tetrazapentalene）

TATB——三硝基均苯三胺（Triaminotrinitrobenzene）

TBI—— 隔板起爆器（Through Bulkhead Initiatior）

TCP——油管输送射孔系统（Tubing Conveyed Perforating）

TCPDS——油管输送射孔监测系统（Tubing Conveyed PerforatingDetection System ）

TDF——延时起爆装置（Time Delay Firing device）

TGA——差热分析（Differential Thermal Analysis）

THPC——斯蒂酚酸铅（Lead – 2,4,6 – Trinitroresorcinate Styphnate，Normal）

TMD——最大理论密度（Theoretical Maximum Density）

TNC——四硝基咔唑（tetranitrocarbazole）

TOP——超正压射孔（Techniques of Overpressure Perforating）

TWCP——油管电缆组合射孔（Tubing – Wire Conveyed Perforating）

UPTBG——端部加厚油管

VSP——垂直地震剖面（Vertical Seismic Profile）

WCP——电缆输送射孔（Wire Conveyed Perforating）

XHV——超高爆速（Extra High Velocity）

附录 5　石油火工品引用标准

一、术语、分类、命名

标准号	标准名称	标准号	标准名称
GB 6944—2012	危险货物分类和品名编号	WJ/T 9006—1992	索类火工品命名规则
GB/T 17582—2011	工业炸药分类和命名规则	WJ/T 9022—1995	油气井用爆破器材命名规则 聚能射孔弹
GJB 314—1987	爆破器材命名规则	WJ/T 9023—1995	油气井用爆破器材命名规则 聚能切割弹
GJB 347A—2005	火工品分类和命名规则	WJ/T 9031—2004	工业雷管分类与命名规则
GJB 551—1998	火工品术语	WJ/T 9032—1999	民用爆破器材术语、符号

二、民爆产品

标准号	标准名称	标准号	标准名称
GB 8031—2005	工业电雷管	WJ 2019—2004	塑料导爆管
GB 9108—1995	工业导火索	WJ 9027—1999	导爆管雷管
GB 9786—1999	普通导爆索	WJ/T 9034—2002	无壳高能气体压裂弹通用技术条件
GB 13230—1991	工业火雷管	WJ/T 9035—2002	油气井用导爆索
GB 15563—2005	震源药柱	WJ/T 9036—2002	油气井用套管爆炸整形弹
GB/T 16625—1996	地震勘探电雷管	WJ/T 9037—2002	油气井用聚能切割弹
GB/T 13889—1992	油气井用电雷管通用技术条件	WJ/T 9043.1—2004	工业电雷管温度和压力试验方法第 1 部分：耐温试验
GB/T 12439—1990	震源导爆索	WJ/T 9043.2—2004	工业电雷管温度和压力试验方法第 2 部分：耐温耐压试验
GJB 344A—2005	钝感电起爆器通用规范	GA 441—2003	工业雷管编码通则
GJB 344A—2005	钝感电起爆器通用规范	GB/T 3934—2003	普通螺纹量规 技术条件

三、试验方法

标准号	标准名称	标准号	标准名称
GB 12440—1990	炸药猛度试验 铅柱压缩法	WJ 2294—1995	火药和炸药发发点测试装置检定规程
GB/T 12436—1990	炸药作功能力试验 铅（土寿）法	WJ 1871—1989	火工品药剂摩擦感度测定法
GB/T 13224—1991	工业导爆索试验方法	WJ 1870—1989	火工品药剂机械撞击感度测定法
GB/T 13228—1991	工业炸药爆速测定方法	WJ 1869—1989	火工品药剂静电火花感度测定法
GB/T 13225～13227—1991	工业雷管试验方法	WJ 231—1977	震动试验机
GB/T 3520—2008	石墨细度试验方法	WJ 2287—1995	绝热式炸药爆热热量计检定规程
GJB 5309.1～5309.38—2004	火工品试验方法	WJ 2292—1995	热重分析仪检定规程
GJB 772A—1997	方法 502.1 安定性和相容性能 差热分析和差示扫描量热	WJ 2018—1991	火工品药剂静电积累试验方法
GJB 2178A—2005	传爆药安全性试验方法	GJB 770B—2005 K	火药试验方法

四、原材料

标准号	标准名称	标准号	标准名称
GB/T 699—1999	优质碳素结构钢	GJB 297A—1995	钝化黑索今规范
GB/T 4423—2007	铜及铜合金拉制棒	GJB 2335—1995	奥克托今规范
GB/T 1220—2007	不锈钢棒	GJB 553—1988	钝化太安
GB/T 1222—2007	弹簧钢	GJB 338—1987	梯恩梯
GB/T 12435—1990	工业用黑索今	GJB 296A—1995	黑索今规范
GB/T 446—2010	全精炼石蜡	GJB 1056—1990	黑火药

标准号	标准名称	标准号	标准名称
GB 2945—1989	硝酸铵	GJB 3204—1998	硝化棉
GB/T 1298—2008	碳素工具钢	WJ 2211—1994	铅带
GB/T 16626—1996	紫胶造粒黑索今	WJ 1968—1990	羧甲基纤维素叠氮化铅
GB 14470.1—2002	兵器工业水污染物排放标准 火炸药	YB 3192—1982	铅棒 LY11CZ
GB/T 394.1—2008	工业酒精	YY 0330—2002	医用脱脂棉
GB/T 686—2008	化学试剂 丙酮	JB 2761—1980	纱布
GB/T 1468—2011	描图纸	GB/T 4456—2008	包装用聚乙烯吹塑薄膜
GJB 552A—2005	太安规范		

五、包装

标准号	标准名称	标准号	标准名称
GB/T 9969.1—2008	工业产品使用说明书 总则	GB 12463—2009	危险货物运输包装通用技术条件
GB 14493—2003	工业炸药包装	GB 18191—2008	包装容器 危险品包装用塑料桶
GB 190—2009	危险货物包装标志	GB/T 4456—2008	包装用聚乙烯吹塑薄膜
GB/T 191—2008	包装储运图示标志	GB/T 6543—2008	运输包装用单瓦楞纸箱和双瓦楞纸箱
GB 2702—1990	爆炸品保险箱	GB/T 6544—2008	瓦楞纸板

六、安全、环保

标准号	标准名称	标准号	标准名称
GB 12268—2012	危险货物品名表	GB 18871—2002	电离辐射防护与辐射源安全基本标准
GB 6722—2003	爆破安全规程	GB 21146—2007	个体防护装备职业鞋
GB 5817—2009	粉尘作业场所危害程度分级	GB 50089—2007	民用爆破器材工厂设计安全规范
GB 12014—2009	防静电服	GB 14372—2005	危险货物运输爆炸品认可、分项试验方法和判据
GB 14371—2005	危险货物运输 爆炸品认可、分级程序及配装要求	GB 14470.1～14470.2—2002	兵器工业水污染物排放标准
GB 13533—1992	拆除爆破安全规程	GB/T 6721—1986	企业职工伤亡事故经济损失统计标准
GB 2894—2008	安全标志及其使用导则	WJ 2053—1991	火工品作业安全防护要求
GB 4655—2003	橡胶工业静电安全规程	WJ 1912—1990	电火工品生产防静电安全规程

七、抽样、统计、标准化

标准号	标准名称	标准号	标准名称
GB/T 8054—2008	计量标准型一次抽样检验程序及表	GB/T 15496—2003	企业标准体系 要求
GB/T 2828—2003	逐批检查计数抽样程序及抽样表(适用于连续批的检查)	GJB 1406A—2005	产品质量保证大纲要求
GB/T 4882—2001	数据的统计处理和解释 正态性检验	GJB 179A—1996	计数抽样检查程序及表
GB/T 6378—2008	计量抽样检验程序	GJB 909A—2005	关键件和重要件的质量控制

八、石油行业标准

标准号	标准名称	标准号	标准名称
SY/T 6273—2008	油气井用电雷管检测方法	SY/T 6446—2000	油气井射孔弹检验用质量控制靶制作规范
SY 6350—2008	油气井射孔用多级安全自控系统安全技术规程	SY/T 6447—2000	油气井聚能射孔弹产品标识

标准号	标准名称	标准号	标准名称
SY/T 5562—2000	油气井用射孔枪	SY/T 6549—2003	复合射孔施工技术规程
SY/T 6411—2008	油气井用导爆索通用技术条件及检测方法	SY/T 5325—2005	过油管射孔技术规程
SY/T 6491—2011	油层套管模拟井射孔试验与评价	SY 5436—2008	石油射孔、井壁取心民用爆炸物品安全规程
SY/T 5911—1994	射孔优化设计规范	SY/T 6253—2007	水平井射孔施工规范

参 考 文 献

1　郭文俊. 地震勘探中的震源——炸药震源[J]. 爆破器材, 1985
2　景乃英. 地球物理勘探用震源弹设计及组分计算[J]. 爆破器材, 1989
3　刘玉芝主编. 油气井射孔井壁取心技术手册[M]. 北京：石油工业出版社, 2004
4　张双计, 王炜编著. 油气井燃烧爆破技术[M]. 陕西科学技术出版社, 2003
5　黄文尧, 颜事龙. 低爆速细长震源药柱的研究与应用[J]. 爆破器材, 2005
6　周胜利. 国外石油用火工品(解剖测绘)性能综述[J]. 火工品, 1987
7　徐培基, 蔡景瑞. 一种新型安全的油井射孔起爆器[J]. 爆破器材, 1993
8　惠宁利, 王秀芝. 石油工业用爆破技术[M]. 北京：石油工业出版社, 1994
9　王彦明. 油田用电雷管的结构及设计原理[J]. 火工品, 1996
10　王彦明. 石油射孔用磁电起爆系统传输效率的研究[J]. 爆破器材, 1997
11　王秀芝, 邓智杰. 油气井用起爆器材的发展[J]. 火工品, 1998
12　刘星, 徐栋等. 几种典型电子雷管简介[J]. 火工品, 2003
13　周宝庆, 汪佩兰等. 浅谈油气井用火工品的安全设计[J]. 爆破器材, 2005
14　王秀芝. 耐温起爆器的研究[J]. 爆破器材, 1988
15　刘巩权, 王静等. 几种全通径起爆器初探[J]. 火工品, 2003
16　杨国, 张维山等. 安全投棒起爆装置的应用与发展. 射孔学会论文集, 2002
17　肖勇, 文世金. 测试联作技术. 射孔学会论文集, 2002
18　杨学贵等. 投球式压力起爆器的研制. 射孔学会论文集, 2004
19　刘玉芝等. 油气井射孔井壁取心技术手册[M]. 北京：石油工业出版社, 2000
20　刘玉芝等. 油气井射孔井壁取心技术手册[M]. 北京：石油工业出版社, 2000
21　魏邦劳, 谢玉立, 刘晋仁等. 高能气体压裂的研究[J]. 火炸药, 1990
22　吕文选, 夏天赦. 高能气体压裂技术[J]. 火炸药, 1991
23　汪长栓. 高能气体压裂弹发射药装药压力波对压裂效果的影响[J]. 火炸药, 1995
24　王可竹. 避免有壳体高能气体压裂弹弹体脱落的改进研究[C]. 陕西省兵工学会年会论文, 1996
25　汪长栓, 王宝兴. 燃气压裂弹装药结构和地层性质的关系[J]火炸药. 1997
26　王安仕, 秦发动主编. 高能气体压裂技术[M]. 西安：西北大学出版社, 1998
27　邵重斌, 樊学忠等. 高能气体压裂技术和油层物性关系的研究[J]. 火炸药学报, 2002
28　宋浦. 油田井下套管爆炸环焊技术研究. [J]火炸药学报, 2002
29　张立等. 废弃油井多重套管爆破拆除的设计与实践[J]. 爆破器材, 2001
30　张治安等. 聚能切割与套管聚能开窗技术的研究和应用[J]. 火炸药学报, 1998
31　孙业斌等编著. 爆炸作用与装药设计[M]. 北京：国防工业出版社, 1987
32　陈福梅编著. 火工品原理与设计[M]. 北京：兵器工业出版社, 1990
33　惠宁利, 王秀芝编著. 石油工业用爆破技术[M]. 北京：石油工业出版社, 1994
34　世界爆破器材手册[M]. 北京：国防工业出版社, 1996
35　史慧生, 王志信. 增效射孔中火药装药的实验研究[J]. 爆破器材, 2000
36　符全军, 封雪松. 国内外耐热炸药发展现状[C]. 第一届射孔学会论文集, 2000
37　孙国祥, 王晓峰等. 油气井射孔器用炸药及其安全性[J]. 爆破器材, 2002
38　王艳萍等. 复合射孔技术的现状与趋势[J]. 爆破器材, 2002
39　冯国富, 汪长栓. 多脉冲复合射孔技术试验研究[C]. 第五届射孔学会论文集, 2004